ABAKUS

Angewandte Mathematik

Materialien für den Unterricht im Differenzierungsbereich

Verfaßt von:

Friedrich Wilhelm Dustmann

Herausgegeben von:

Joachim Engelhardt
Wolfgang Hack
Martin Jablonski-Große-Wilde
Ulrich Kaspar
Bernd-Günther Kurtz
Jürgen Westerheide

Best.-Nr. 37 086 3

Verlag Ferdinand Schöningh

Bildquellenverzeichnis

Anthony-Verlag, Starnberg: S. 77 l. (Fuchs-Hauffen); Archiv für Kunst und Geschichte, Berlin: S. 130; Astrofoto Bildagentur, Leichlingen: S. 91 (Hale Obs.), 98/2 (Koch), 99 o. (ROE/AAT-Board); Beton-Verlag, Düsseldorf: S. 93 o., 95/3; Bibliographisches Institut & F.A. Brockhaus AG, Mannheim: S. 144, 145 o., 146 o. (aus: A. Beutelspacher/B. Petri, Der goldene Schnitt, B.I.-Wissenschaftsverlag 1989, S. 94, 123, 125f.); S. 167/2, 168, 170/2, 177, 178 M., 179, 180 u., 183/2, 184, 187 (aus: Josef Hoschek, Mathematische Grundlagen der Kartographie, B.I.-Wissenschaftsverlag 1984, S. 57, 61, 65, 67, 71, 73, 75, 79, 82, 86, 89/2, 114) ; Bollmann-Bildkarten-Verlag, Braunschweig: S. 53 (aus: Bildstadtplan Nr. 247 Siegen, Bollmann-Bildkarten-Verlag GmbH & Co. KG, Postfach 6110, 38052 Braunschweig); Bundesamt für Seeschiffahrt und Hydrographie, Hamburg: S. 33, 34 (mit Genehmigung des Bundesamtes für Seeschiffahrt und Hydrographie [BSH], Hamburg und Rostock); Werner Classen Verlag, Uitikon-Waldegg: S. 27; Dornier Medizintechnik GmbH, München: S. 106; dpa, Hamburg: Umschlag, S. 93 u. (Roland Scheidemann); Friedrich Ehninger, Wolfenbüttel: S. 31; FALKEN Verlag GmbH, Niedernhausen: S. 99 u. (aus: Detlev Block, Astronomie als Hobby, 1982, S. 93); Verlag Handwerk und Technik, Hamburg: S. 70 o. (nach Riepe, aus: Baucke/Heidorn, Technisches Zeichnen und Darstellende Geometrie für Fachoberschulen, Verlag Handwerk und Technik, Hamburg 1988, S. 13); IFA-Bilderteam, Düsseldorf: S. 16 (W. Otto, München), 77 r. (TPL), 90 (TPC), 135 (SIV); Klasing & Co. GmbH: S. 8 (aus: Stein/Kumm, NAVIGATION LEICHT GEMACHT YB 91, Delius Klasing Verlag, Bielefeld); Helga Lade Fotoagentur, Frankfurt/M.: S. 158 (© BAV/Helga Lade Fotoagentur); Landschaftsverband Rheinland/Rheinisches Landesmuseum Bonn: S. 104 u.; Luftfahrt-Bundesamt, Braunschweig: S. 18-20, 36, 37; Ott Verlag, Thun: S. 29 r., 115, 169/3, 171, 188 (sämtlich aus: Emil Bachmann, Wer hat Himmel und Erde gemessen?, 1965, S. 131, 219, 138, 42); Piper Verlag, München: S. 147 o. (© R. Piper GmbH & Co KG, München 1991); Staatlicher Lehrmittelverlag, Bern: S. 145 u.; Sybex-Verlag, Düsseldorf: S. 29 l. (aus: Dille/Leddin, Das Flugsimulator-5-Buch, Sybex-Verlag, Düsseldorf 1993); T. B. Teubner GmbH, Stuttgart: S. 181 M. (aus: G. Scheffers/K. Stornbecker, Wie findet und zeichnet man Gradnetze von Land- und Sternkarten?, Teubner, Stuttgart 1956, S. 33); transpress Verlagsgesellschaft, Berlin: S. 28 (aus: E. A. Cichon, Navigation im Sichtflug, transpress Verlagsges., Berlin 1993, S. 98); VDI-Verlag, Düsseldorf: S. 95 o. (aus: Anton Rieppel, Die Thalbrücke bei Müngsten, VDI-Verlag 1986, S. 12); Werner-Verlag, Düsseldorf: S. 92 (aus: H. Weidemann, Balkenförmige Stahlbeton- und Spannbetonbrücken, Teil 1, Werner-Verlag 1984, S. 5)

Gedruckt auf umweltfreundlichem,
chlorfrei gebleichtem Papier.

(Verlag Ferdinand Schöningh, Jühenplatz 1, 33098 Paderborn)

Printed in Germany. Herstellung: Ferdinand Schöningh, Paderborn.

Druck 5 4 3 2 1 Jahr 99 98 97 96 95

ISBN 3-506-37086-3

Inhaltsverzeichnis

Zu einem Buch braucht man natürlich

keine Gebrauchsanweisung.

Trotzdem kann man sich besser zurechtfinden, wenn man weiß, wie wir Farben und Muster genutzt haben, um einige besonders wichtige Dinge zu kennzeichnen.

Wie du weißt, kommt es in der Mathematik darauf an, die verwendeten Begriffe genau festzulegen und gegenüber anderen abzugrenzen. Das leistet die **Definition** eines Begriffs. Sie steht in einem solchen Kasten.

Sätze, die im Buch bewiesen werden oder von denen wir angedeutet haben, wie man sie beweist, stehen in einem Kasten wie diesem.

Sehr wichtig sind **Verfahren,** nach denen man etwas praktisch ausführt, zum Beispiel etwas entscheidet, ausrechnet, konstruiert. Verfahren findest du in solchen Kästen.

Zu den neuen Begriffen, zum Beweis eines Satzes und zu den praktischen Verfahren kommen wir oft, indem wir Aufgaben lösen. Den Aufgaben kannst du ansehen, um was es geht, ihre Nummern stehen nämlich in Kästchen der gleichen Farbe wie die Kästen, auf die sie hinführen.

Außerdem gibt es Aufgaben, die nicht auf etwas Neues hinführen, sondern zum weiteren Üben gedacht sind. Ihre Nummern stehen in grauen Kästchen. Schließlich gibt es noch vertiefende Aufgaben. Ihre Nummern sind einfach schwarz umrahmt.

Mathe-Brücke

In den meisten Kapiteln findest du „Mathe-Brücken". Sie enthalten interessante und überraschende Hintergrundinformationen zum Thema des Kapitels und stellen eine Verbindung zu anderen Gebieten aus Wissenschaft und Technik her, in denen mit mathematischen Methoden gearbeitet wird. Wir empfehlen dir, daß du diese „Brücken" auch liest, wenn sie im Unterricht nicht besprochen werden. Manches wird vielleicht dein Interesse wecken und kann Anstoß für weitere, eigene Nachforschungen sein.

1 Navigationsprobleme

1.1 Standortbestimmung auf See

1 Am Beginn der Ferien probiert Lisa mit ihrem Vater das neu gemietete Segelboot aus, mit dem die ganze Familie demnächst auf große Fahrt gehen will. Sie segeln in die Wesermündung hinaus. Nach kurzer Zeit flaut der Wind ab, und ganz unerwartet zieht Nebel auf. Als der Nebel sich vor ihnen lichtet, hat der Vater die Orientierung verloren. An Bord finden sie nur ein Peilgerät mit Winkelmesser und einige Seekarten, der Kompaß liegt noch im Kofferraum des Autos. In Sichtweite entdecken sie schließlich das Leuchtfeuer *Mellumplate* und die Leuchttonnen *Mellum 1* und *H-Reede*. Der Vater ist ziemlich ratlos, da er im Segelkurs auf eine solche Situation nicht vorbereitet wurde. Wie soll er nur mit diesen Hilfsmitteln seine Position bestimmen? Schließlich hat Lisa den rettenden Einfall. Sie schlägt vor, mit dem Peilgerät die Sichtwinkel zwischen dem Leuchtfeuer *Mellumplate* und der Leuchttonne *Mellum 1* bzw. zwischen den beiden Leuchttonnen zu messen.

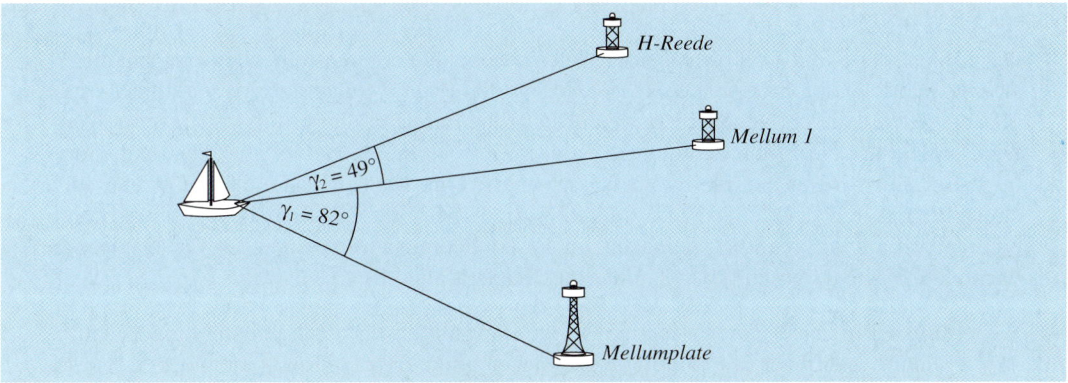

a) Zeichne den Winkel γ_1 auf Transparentpapier und lege dieses so auf die Seekarte, daß die Schenkel durch das Leuchtfeuer und die Leuchttonne gehen. Mit einer Zirkelspitze kannst du nun vorsichtig am Scheitelpunkt des Winkels durchstechen, so daß der Punkt auf der Karte zu sehen ist. Falls es möglich ist, suche noch andere mögliche Lagen des Scheitelpunktes.

b) Liegen die in a) markierten Punkte auf einer gemeinsamen Linie, oder sind sie mehr oder weniger zufällig verteilt? Denke daran, daß diese Methode vielleicht etwas ungenau ist.

c) Verfahre wie in Aufgabe a), aber nun mit $\gamma_2 = 49°$, und stelle fest, ob auch in diesem Fall die Scheitelpunkte ungefähr auf einer gemeinsamen Linie liegen.

2 In Aufgabe 1 hast du durch Ausprobieren festgestellt, daß die markierten Punkte alle auf einem Kreisbogen liegen. Lisa hatte dies bereits im Geometrieunterricht gelernt, du vermutlich auch. Wie konstruiert man einen solchen Kreisbogen, der die Eigenschaft hat, daß von einem beliebigen auf ihm liegenden Punkt zwei andere, vorgegebene Punkte unter einem Winkel von 82° erscheinen? Lege ein Transparentpapier auf die Seekarte und trage das Leuchtfeuer *Mellumplate* und die Leuchttonne *Mellum 1* darauf ein. Führe dann die Konstruktion durch.

3 Trage auf dem Transparentpapier auch noch die andere Leuchttonne ein und führe für die beiden Leuchttonnen ebenfalls die Konstruktion durch. Wie liegen die beiden Kreisbögen zueinander? Kann man schon die Position des Schiffes angeben?

Mathe-Brücke

Aus der Kartenkunde: **Seekarten**

Ein Blick auf die abgebildeten Seekarten zeigt zunächst eine verwirrende Vielfalt von Linien, Zahlen und merkwürdigen Symbolen, die kaum an das von Landkarten gewohnte Bild erinnert. Tatsächlich findet man vor Ort eine mehr oder weniger gleichmäßige Wasseroberfläche, auf der man sich als Laie nur schwer orientieren kann. Die Zahlen stellen Angaben über Wassertiefen dar. Diese Angaben beziehen sich allerdings nicht auf die sonst übliche Bezugshöhe Normalnull (Meereshöhe), sondern auf ein sogenanntes **Kartennull**. Dieses Nullniveau ist in der Nordsee die Höhe des Wasserstandes bei einem mittleren *Springniedrigwasser.* Vielleicht hast du im Erdkundeunterricht bereits gelernt, daß eine *Springflut* zustande kommt, wenn sich Sonne, Mond und Erde ungefähr in einer Linie befinden, da sich dann die Gezeitenwirkungen beider Himmelskörper gegenseitig verstärken. Wenn in manchen Gebieten der Erde gerade eine Springflut ist, ist in anderen dementsprechend ein *Springniedrigwasser,* also ein besonders stark ausgeprägtes Niedrigwasser, dessen langjähriger Mittelwert das Nullniveau für die Seekarte bestimmt. In der Ostsee, wo es nur sehr schwache Gezeiten gibt, ist das Kartennull die Höhe des Wasserstandes bei Mittelwasser, also genau zwischen Ebbe und Flut.

Die Zahlen selbst sind Tiefenangaben in Metern, wobei die tiefergestellte kleinere Zahl die erste Dezimalstelle angibt. Gebiete mit einer Wassertiefe von weniger als 6 m sind in der Karte blau dargestellt, die übrigen Gebiete weiß. Der grüne Bereich fällt bei Niedrigwasser trocken. Die Zahlen mit dem Strich darunter geben an, wie hoch dieses Gebiet über dem Kartennull liegt. Bei Flut wird es natürlich vom Wasser überströmt. Man findet in diesem Gebiet auch einige Wracks (rechts unten in Karte 1 durch  dargestellt). Das Festland selbst wird durch eine gelbe Färbung kenntlich gemacht. Im Festlandbereich werden nur für die Navigation wichtige Objekte dargestellt, wie Kirchtürme, Sendemasten, Deiche usw.

Weiterhin sind in der Seekarte wichtige Orientierungshilfen für den Seefahrer eingezeichnet, so vor allem Leuchtfeuer (durch • und F gekennzeichnet), die der Orientierung bei Nacht dienen. Im Kartenausschnitt 1 finden wir das Leuchtfeuer *Mellumplate*, das bei mittleren Sichtverhältnissen 12 sm weit zu sehen ist. Es handelt sich um ein sogenanntes Leitfeuer (Lt-F), da es durch einen seiner Sektoren eine spezielle Fahrrinne markiert (das Wangerooger Fahrwasser in Richtung WNW). Die Angaben in der zweiten Zeile bedeuten, daß es sich um unterbrochene Lichtscheine (Ubr.) handelt, die in den Farben weiß (w), rot (r) und grün (gn) vorkommen. Der Umkreis des Leuchtfeuers ist in Sektoren eingeteilt, die durch vom Leuchtfeuer ausgehende Strahlen begrenzt werden. Innerhalb eines solchen Sektors sieht man das Leuchtfeuer stets in der gleichen Farbe, die in einem großen Kreis um das Leuchtfeuer herum dargestellt ist (statt weiß in der Karte gelb). Im Kartenausschnitt sind noch weitere Sektorbegrenzungen zu erkennen, die zu Leuchtfeuern gehören, die außerhalb des Ausschnittes liegen.

Darüber hinaus findet man eine Reihe weiterer Seezeichen in der Karte, die hier nicht alle erläutert werden können. Man kennt als schwimmende Seezeichen u.a. Stumpf-, Spitz-, Baken-, Spieren- und Leuchttonnen, die häufig oben noch verschiedene Toppzeichen haben. Die nebenstehende Abbildung zeigt die Kartensymbole für diese Tonnen. Die farbige Birne an den beiden rechten Symbolen bringt zum Ausdruck, daß diese Tonnen *befeuert* sind.

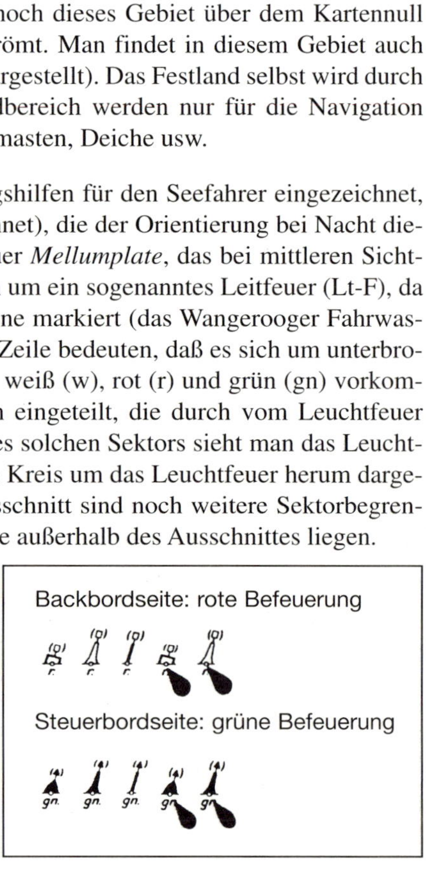

Diese sehr unterschiedlichen Formen dienen der besseren Unterscheidbarkeit. An der Form der Tonne bzw. an ihrer Befeuerung kann man sie von anderen Tonnen unterscheiden, wenn man seinen Standort bestimmen will. Die Befeuerung wird in der Seekarte in der zweiten Zeile der Beschriftung genauer charakterisiert. Bei *Mellum 1* handelt es sich um ein *unterbrochenes Funkelfeuer* (Fkl.unt.), das grün (gn) leuchtet, weil es sich auf der Steuerbordseite der Fahrrinne (bei Einfahrt in den Hafen) befindet. Die Leuchttonne A 16 ist ein *Blitzgruppenfeuer mit einer Gruppe von 2 Blitzen* (Blz .(2)), das rot (r) leuchtet, weil es sich auf der Backbordseite der Fahrrinne befindet. Es gibt darüber hinaus noch viele andere Kennungen, auf die wir hier nicht weiter eingehen.

Der zweite Kartenausschnitt enthält englischsprachige Kennungen. Statt Blz. für Blitz finden wir dort z.B. Fl. für flash.

1 Was besagen die Kennungen Blz.(2)gn. bei der Leuchttonne H-Reede und Fkl.unt.r. bei A15?

2 Welche Wassertiefe ist in der Nähe der Tonne A15 zu erwarten?

3 Welche Entfernung hat die Tonne A16 vom Leuchtfeuer *Mellumplate*?

4 Wie groß ist die geringste Wassertiefe im Bereich der Untiefe *Minsener Sand*?

Hinweis: Verwende zur Schonung der Karten im Buch stets Transparentpapier, auf das du zunächst alle für die Konstruktion wesentlichen Punkte überträgst. Die Konstruktion führst du dann auf dem Transparentpapier durch.

4 Führe die gleichen Untersuchungen für $\gamma_1 = 51°$ und $\gamma_2 = 28°$ durch.

5 Bei einer anderen Standortbestimmung beträgt der Winkel zwischen dem Leuchtfeuer *Mellumplate* und der Leuchttonne *Mellum 1* 31° und der Winkel zwischen den beiden Leuchttonnen 50°. Ermittle den Standort. Was ist in dieser Situation anders als bei den bisherigen Aufgaben?

6 Beschreibe das Konstruktionsverfahren zur Standortbestimmung mit Worten.

7 In der Geometrie bezeichnet man eine Linie, auf der alle Punkte liegen, die eine bestimmte Eigenschaft haben, als **Ortslinie**. In der Navigation bezeichnet man die Ortslinien als **Standlinien.** Zeichne eine Strecke $\overline{AB}$ der Länge 5 cm und die *vollständige* Ortslinie mit der Eigenschaft, daß für alle Punkte C der Ortslinie die Geraden CA und CB einen Winkel von 51° einschließen. Dabei soll es keine Rolle spielen, ob von C aus gesehen A links oder rechts von B liegt. Beschreibe die Kurvenform mit Worten.

8 Das Leuchtfeuer *Mellumplate* sieht ein Beobachter links vor sich und die Leuchttonne *Mellum 1* rechts vor sich. Der Sichtwinkel zwischen den beiden Marken beträgt 118°. Bestimme die zugehörige Standlinie.

Ortsbestimmung durch Standlinien

Eine Standlinie liefert noch nicht den gewünschten Standort des Schiffes, sondern eine unendliche Zahl verschiedener, möglicher Standorte. Erst der Schnittpunkt zweier Standlinien liefert den Schiffsort. Dies gilt für alle Verfahren der Ortsbestimmung mittels Standlinien.

Das Verfahren der Horizontalwinkelmessung

Gemessen wird der **Horizontalwinkel** γ (siehe Abb.), unter dem zwei Landmarken A und B vom Schiffsstandort aus gesehen erscheinen. Die Standlinie, deren Punkte als Schiffsstandort in Frage kommen, hat die Gestalt eines Kreisbogens über der Sehne $\overline{AB}$. γ ist der zugehörige Umfangswinkel der Sehne. Den Mittelpunkt des Kreisbogens findet man folgendermaßen:

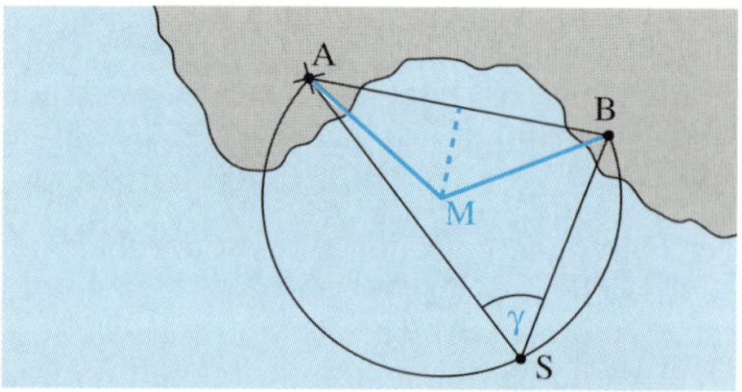

Fall 1: $\gamma < 90°$: Man trägt auf der Karte in den beiden Punkten A und B an die Strecke $\overline{AB}$ jeweils den Winkel $90° - \gamma$ (nach der Seite des Schiffes hin) an. Der Schnittpunkt der beiden freien Schenkel ist der gesuchte Mittelpunkt des Kreisbogens, auf dem das Schiff steht.

Fall 2: $\gamma > 90°$: Man trägt den Winkel $\gamma - 90°$ in A und B an $\overline{AB}$ nach der dem Schiff abgewandten Seite hin an. Der Schnittpunkt der beiden freien Schenkel ist der gesuchte Mittelpunkt.

9 Erläutere noch einmal die Aussage des Umfangswinkelsatzes, den du früher einmal kennengelernt hast, und erkläre den Beweis (evtl. mit weiterer Hilfe des Lehrers).

10 Die oben erarbeitete Aussage über die einem Horizontalwinkel zugehörige Standlinie ist allerdings nicht mit dem Umfangswinkelsatz identisch. Man könnte sie etwa folgendermaßen formulieren: Ist ein Winkel γ^*, dessen Schenkel durch die Endpunkte A und B einer Sehne gehen, genau so groß wie ein Umfangswinkel γ über dem Bogen $\widehat{AB}$, so ist γ^* selbst Umfangswinkel über $\widehat{AB}$.
Worin besteht der Unterschied zwischen dieser Aussage und dem Umfangswinkelsatz?

11 Beweise den in Aufgabe 10 angesprochenen Sachverhalt mit Hilfe der folgenden Zeichnungen.

a) Zeige mit Hilfe der linken Zeichnung: $\delta + \gamma = \gamma^*$ und folgere: Liegt der Scheitelpunkt von γ^* innerhalb des Kreises, so ist γ^* größer als der Umfangswinkel γ.
b) Zeige mit Hilfe der rechten Zeichnung: $\delta + \gamma^* = \gamma$ und folgere: Liegt der Scheitelpunkt von γ^* außerhalb des Kreises, so ist γ^* kleiner als der Umfangswinkel γ.
c) Warum folgt daraus, daß der Scheitelpunkt von γ^* auf dem gleichen Kreisbogen wie der von γ liegt, wenn $\gamma^* = \gamma$ ist?

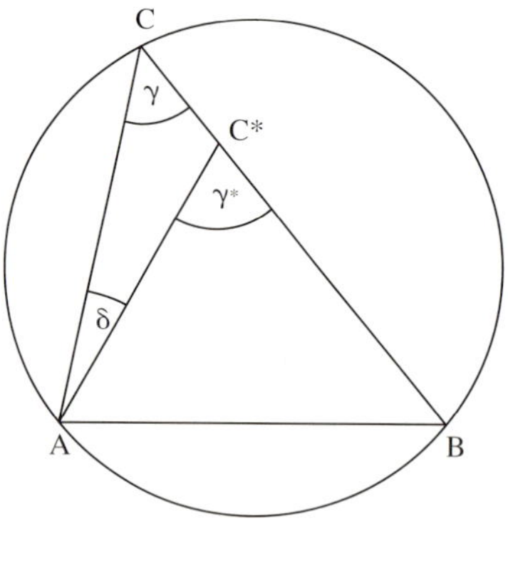

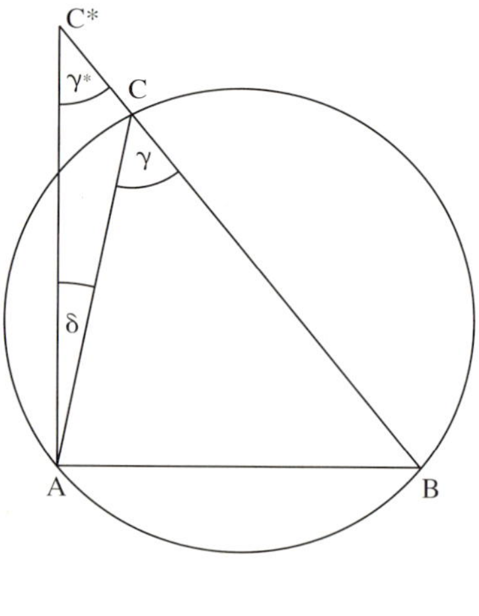

Kehrsatz zum Umfangswinkelsatz

Ist ein Winkel, dessen Schenkel durch A und B gehen, genauso groß wie ein Umfangswinkel über dem Bogen $\overset{\frown}{AB}$, so ist er selbst ein Umfangswinkel über $\overset{\frown}{AB}$.

12 Das auf S. 10 beschriebene Konstruktionsverfahren zur Ermittlung der Standlinie macht Gebrauch von der Tatsache, daß der Mittelpunktswinkel über einer Sehne doppelt so groß ist wie der Umfangswinkel. Erläutere, an welcher Stelle dieser Sachverhalt benutzt wird.

13 Zeige, daß der Umfangswinkel über einer Sehne halb so groß ist wie der zugehörige Mittelpunktswinkel (siehe Abakus Band 8, Seite 82).

14 In einem Kreis gibt es zu einer Sehne zwei Umfangswinkel verschiedener Größe. Wie müssen diese Umfangswinkel in bezug auf die Sehne liegen, und welcher Zusammenhang besteht zwischen ihren Größen?

15 Ein Viereck, bei dem alle vier Eckpunkte auf einem Kreis liegen, heißt **Sehnenviereck**. Zeichne ein solches Sehnenviereck, und miß alle vier Winkel. Welche besondere Eigenschaft haben die Winkel im Sehnenviereck? Beweise diese Eigenschaft (siehe auch Aufgabe 14).

16 Ist die in den Aufgaben 3 und 4 gefundene Lösung jeweils eindeutig, oder hätte es auch andere Möglichkeiten gegeben?

17 Ergeben sich aus der in Aufgabe 3 ermittelten Position irgendwelche Konsequenzen für den weiteren Kurs des Schiffes?

18 Versuche den Standort für $\gamma_1 = 58°$ und $\gamma_2 = 35°$ zu finden. Warum stößt man hier auf Schwierigkeiten? Erkläre, bei welcher besonderen Lage der beteiligten vier Punkte (eigener Standort und drei anvisierte Punkte) das Verfahren nicht anwendbar ist.

19 Ermittle den Standort eines Schiffes für die Situation aus Abbildung 1 mit $\gamma_1 = 112°$ und $\gamma_2 = 69°$. Welchen Abstand hat der Standort vom Leuchtfeuer *Mellumplate*? Gib die Entfernung in Kilometer und in Seemeilen an. Eine Seemeile (1 sm) ist gleich 1,85 km.

20 Als der Nebel aufreißt, bleiben noch einige Nebelbänke liegen, so daß nur die beiden Leuchttonnen sichtbar sind. Der Horizontalwinkel zwischen ihnen beträgt 28°. Da sich so der Standort nicht bestimmen läßt, wirft der Vater den Hilfsmotor an und fährt 15 Minuten mit einer Geschwindigkeit von 4 Knoten mit Kurs auf die Leuchttonne *Mellum 1*. Ein Knoten (1 kn) ist eine Seemeile pro Stunde. Dann wird ein Peilungswinkel von 54° gemessen. Nach kurzer Zeit hat Lisa den neuen Standort bestimmt und rät ihrem Vater, sofort den Kurs zu ändern.

a) Zeichne zuerst die zu den beiden Peilungswinkeln gehörigen Standlinien (Kreisbögen). Warum kann man den Standort nicht wie bisher unmittelbar ablesen? Kann man ihn dennoch ungefähr abschätzen?
b) Versuche eine exakte Konstruktion für die Situation von Aufgabe a) zu finden (Dreieckskonstruktion). Beschreibe den Konstruktionsweg mit Worten.

21 Bei einer anderen Fahrt benutzt man die gleiche Methode wie in Aufgabe 20. Diesmal wird zwischen dem Leuchtfeuer *Mellumplate* und der Leuchttonne *Mellum 1* zunächst ein Winkel von 48° und dann von 72° gemessen. Dazwischen liegt eine Fahrt von 10 Minuten Dauer mit einer Geschwindigkeit von 6 kn mit Kurs auf das Leuchtfeuer. Ermittle die Anfangs- und die Endposition.

1.2 Standortbestimmung mit Kompaß

1 In der Navigation werden Richtungen stets durch nur einen Winkel gekennzeichnet. Dabei handelt es sich um den Winkel zwischen der anzugebenden Richtung und der Nordrichtung. Anders als sonst in der Mathematik üblich werden die Winkel **rechtweisend** angegeben, d.h. man dreht in Gedanken *im Uhrzeigersinn* (siehe Abbildung).

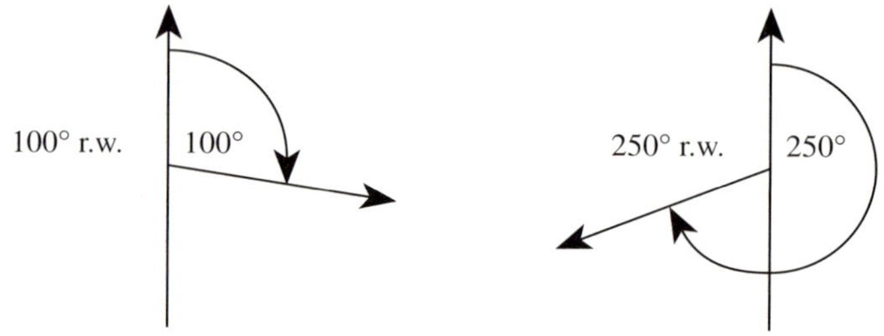

a) Beschreibe die Himmelsrichtungen O, S, W, SW, SO, NW, NNW durch (rechtweisende) Richtungswinkel.
b) Zeichne ein Koordinatenkreuz mit den Haupthimmelsrichtungen (N, O, S, W) und trage darin die folgenden Richtungen ein: 23°, 77°, 125°, 210°, 300°.

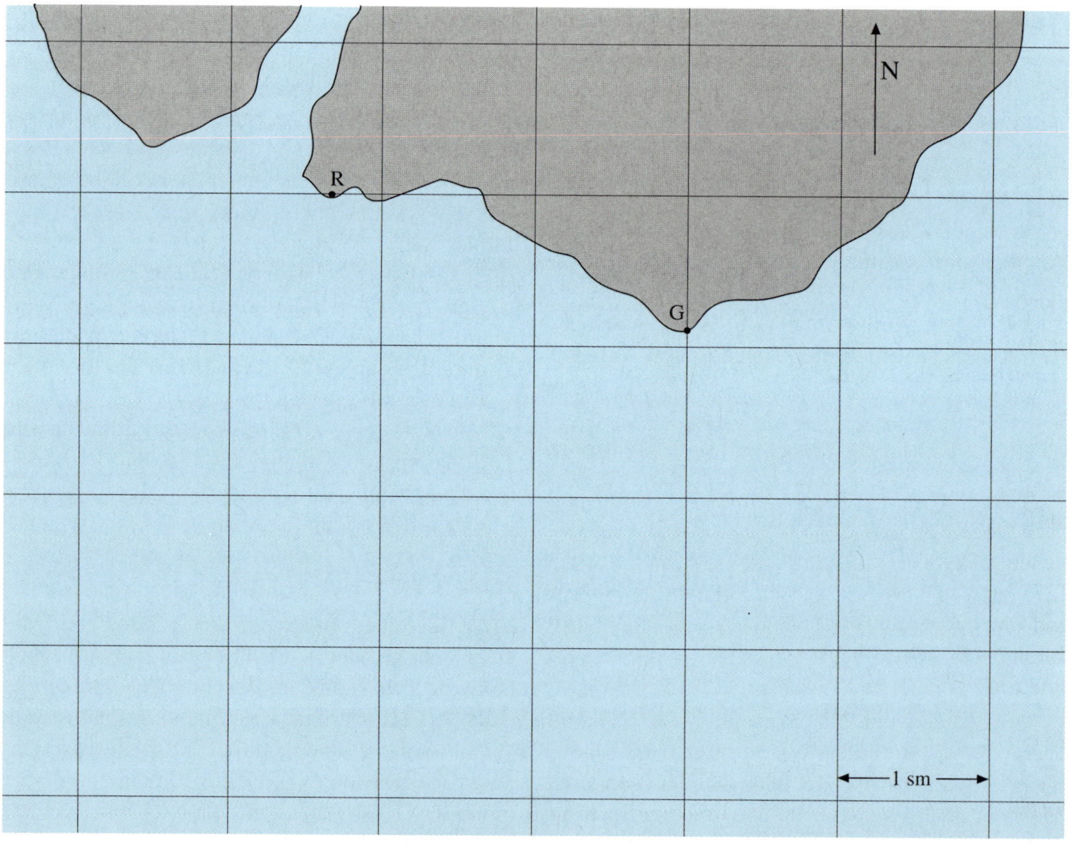

Kopiere die Kartenskizze für die folgenden Aufgaben wieder jeweils auf Transparentpapier.

2 Von einem Schiff aus werden die Leuchttürme *Rübensand* (R) und *Geesthafen* (G) in den Richtungen 324,5° bzw. 51,2° gepeilt.

a) In welchen Richtungen würde man von den Leuchttürmen aus das Schiff peilen?

b) Trage die von den Leuchttürmen ausgehenden Peilstrahlen in die Skizze ein. Wo ist nun der Schiffsstandort? Das Gitternetz ist im Seemeilenabstand angefertigt. Ermittle die Entfernung des Schiffes von den beiden Leuchttürmen R und G.

Standortbestimmung durch Kreuzpeilung

Bei der **Kreuzpeilung** werden unmittelbar nacheinander zwei verschiedene Landmarken gepeilt. Auf diese Weise erhält man zwei gerade Standlinien. Peilt man z.B. die Landmarke R unter 324,5°, so trägt man von R einen Strahl in genau entgegengesetzter Richtung (also 144,5°) ab. Dies ist die erste Standlinie. Der Kreuzungspunkt der beiden Standlinien ist der gesuchte Schiffsort. (Auf spezielle Probleme der Kompaßpeilung, z.B. Mißweisungen usw., können wir hier nicht eingehen.)

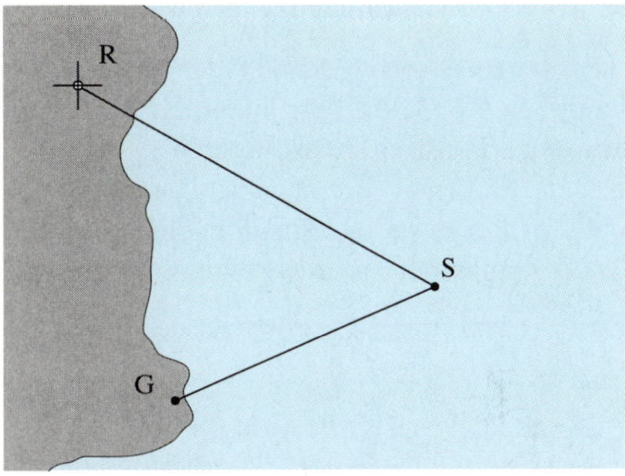

3 Von einem Schiff aus wird R unter 29,5° und G unter 61,5° gepeilt. Nach 20 Minuten Fahrt ist die Peilung für R 321° und für G 345,5°. Ermittle die beiden Schiffstandorte und die Geschwindigkeit des Schiffes in Knoten.

4 Eine Motoryacht fährt mit 14 kn auf Kurs 320°. Um 11.00 Uhr werden die beiden Leuchttürme G und R unter den Winkeln 0° und 327° gepeilt. Ermittle die Standorte um 11.00 Uhr und um 11.15 Uhr (von Strömungen und Abdrift durch Wind wird abgesehen). Welche Peilungen sind um 11.15 Uhr zu erwarten?

5 Ein Schiff fährt mit 6,5 kn auf Kurs 81°. Um 14.00 Uhr wird der Leuchtturm R in Richtung 35°, nach einer Stunde in Richtung 294° gesehen.

a) Berechne wieder die Peilwinkel, unter denen das Schiff um 14 und 15 Uhr vom Leuchtturm aus gesehen wird, und trage die Peilstrahlen in eine Kopie der Kartenskizze ein.

b) Lege willkürlich irgendwo auf dem Peilstrahl von 14 Uhr einen Hilfspunkt P fest, und zeichne den Kurs unter dem oben angegebenen Winkel ein. Trage auf dieser Linie die zurückgelegte Strecke ab. Der so ermittelte Ort heißt in der Navigation **Koppelort**. Er ist aber i. a. noch nicht mit dem wahren Schiffsstandort identisch, warum nicht?

c) Ermittle nun ausgehend vom Koppelort den wahren Schiffsstandort durch eine geeignete geometrische Konstruktion, und zeichne den zurückgelegten Weg in die Kartenskizze ein.

d) Dieses Verfahren wird als **Doppelpeilung** bezeichnet. Es ist im allgemeinen mit einer größeren Unsicherheit behaftet als die Kreuzpeilung. Überlege, warum dies so ist.

Standortbestimmung durch Doppelpeilung

Eine Landmarke wird zweimal in größerem Zeitabstand gepeilt, so daß die Peilungswinkel deutlich unterschiedlich sind. Von dieser Landmarke aus werden in der Seekarte in genau entgegengesetzter Richtung zwei Peilstrahlen eingetragen. Durch einen willkürlich festgelegten Ort auf dem ersten Peilstrahl wird der anliegende Kurs als Gerade eingezeichnet und auf der Kursgeraden von diesem Ort ausgehend der zurückgelegte Weg abgetragen. Der so ermittelte Endpunkt des Weges heißt **Koppelort**.

Durch den Koppelort wird nun eine Parallele zum ersten Peilstrahl bis zum Schnitt mit dem zweiten Peilstrahl gezeichnet. Der Schnittpunkt ist der gesuchte Standort des Schiffes zum Zeitpunkt der zweiten Peilung.

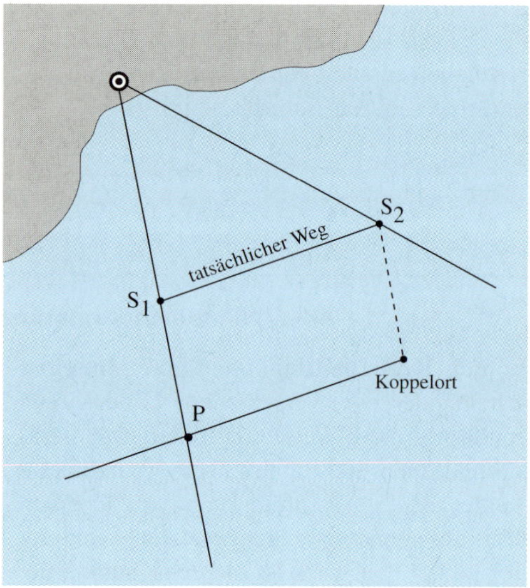

6 Ein Schiff fährt mit Kurs 105° mit unbekannter Geschwindigkeit. Zunächst wird der Leuchtturm R (siehe Kartenskizze zu Aufgabe 2) in Richtung 54°, nach einer Stunde in Richtung 303° gepeilt. Zu diesem Zeitpunkt befindet sich das Schiff in der Nähe einer Bakentonne, die nach Ausweis der Seekarte 4,1 sm von R entfernt ist. Wie schnell ist es gefahren?

7 Eine Segelyacht fährt auf Kurs 85° mit 8 kn und peilt um 15.12 Uhr den Leuchtturm G unter 72°. Um 15.36 Uhr wird G unter 41° gepeilt. In welchem Abstand wird das Kap bei G passiert, wenn der Kurs beibehalten wird? Man nennt diesen Abstand den **Passageabstand**. Es handelt sich um die Länge des Lotes von G auf die Kurslinie.

8 Ein Schiff läuft mit Kurs 102° vor der Küste entlang (siehe Skizze zu Aufgabe 2). Der Leuchtturm G wird zunächst am Ort S_1 unter 77° gepeilt und dann am Ort S_2 unter 52°, nachdem eine Strecke von 2 sm zurückgelegt worden ist.

a) Berechne die Winkel zwischen den Peilstrahlen und der Kursgeraden. Warum bezeichnet man diese Methode wohl als **Verdopplungspeilung**?

b) Begründe, warum das Schiff jetzt 2 sm von G entfernt ist.

c) Benutze das Ergebnis von b) für eine vereinfachte Bestimmung des Schiffsstandortes zum Zeitpunkt der zweiten Peilung. Wie weit ist der Ort S_1 von R entfernt?

9 Ein Schiff fährt mit Kurs 85° vor der Küste entlang (siehe Skizze zu Aufgabe 2). Bei dieser Fahrt wird der Leuchtturm G bei der ersten Peilung unter 40° und bei der zweiten unter 355° gepeilt.

a) Bestimme die Winkel zwischen den Peilrichtungen und dem Schiffskurs, und skizziere den Sachverhalt. Welcher Sonderfall liegt hier vor?

b) Begründe, warum in diesem Fall der Passageabstand zu G gleich der zwischen den beiden Peilungen zurückgelegten Strecke ist.

1.3 Vermischte Aufgaben

1 Eine Landmarke P wird von See aus zunächst unter 70° und nach einer Fahrt von 4 sm unter 25° gepeilt. Der anliegende Kurs ist 115°. Welche Entfernung hat das Schiff zum Zeitpunkt der zweiten Peilung von P? Versuche die Lösung ohne Konstruktionszeichnung zu finden.

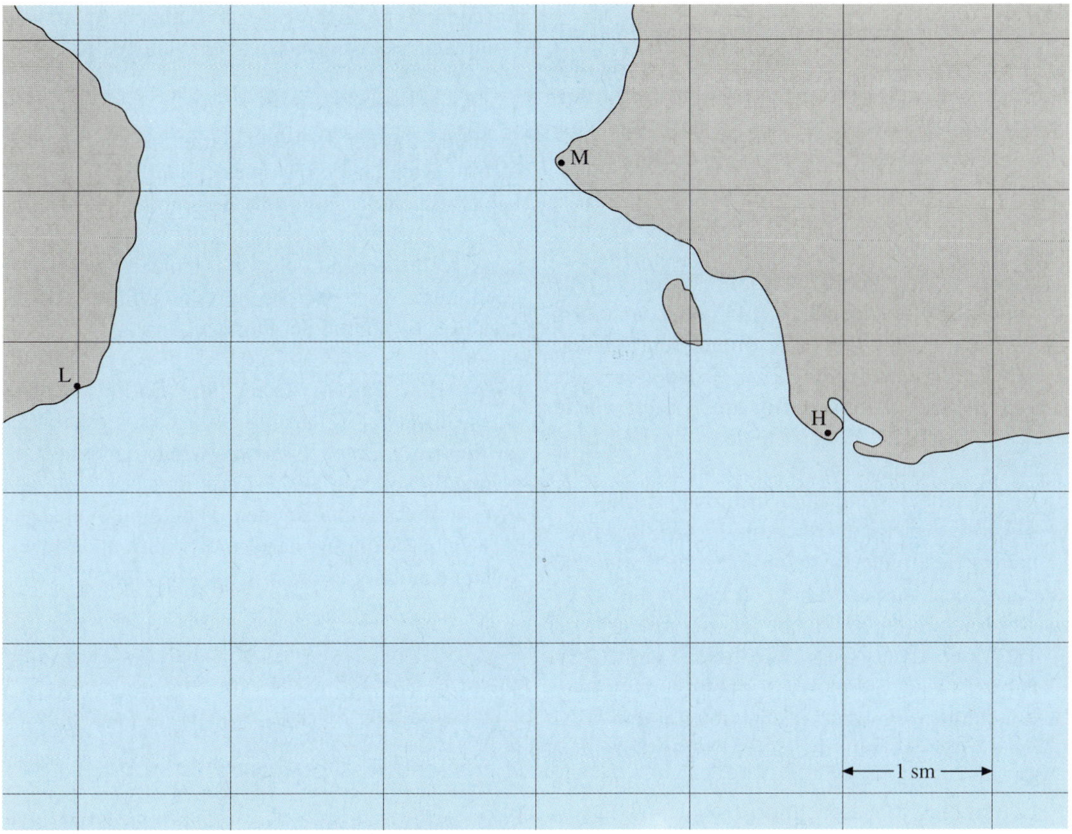

2 Eine Segelyacht verläßt den Hafen bei H (siehe Kartenskizze oben). Nachdem sie 5 sm gefahren ist, wird L unter 350° gepeilt. Wo ist der Standort der Yacht? Wie weit ist sie von L entfernt?

3 Von einem anderen Schiff aus werden die Leuchttürme M und L in den Richtungen 34° bzw. 331° gepeilt.

a) Wo befindet sich das Schiff? Bestimme seine Entfernung von L und M.

b) Das Schiff steuert einen Kurs von 25° mit einer Geschwindigkeit von 14 kn. Ermittle den voraussichtlichen Standort des Schiffes nach 15 Minuten Fahrt. Wie weit ist er von L und M entfernt?

c) Nach 15 Minuten Fahrt wird M allerdings unter 141° und L unter 222° gepeilt. Welchen Kurs hat das Schiff tatsächlich gesteuert? Wie schnell ist es in Wirklichkeit gefahren?

d) Um wieviel Seemeilen weicht der tatsächliche Standort vom vorausberechneten ab? Was könnte die Ursache des Unterschieds zwischen Theorie und Praxis sein?

4 Ein weiteres Schiff peilt L unter 281° um 16.05 Uhr und unter 342° um 16.25 Uhr. Es fährt mit einer Geschwindigkeit von 16,5 kn auf einem Kurs von 261°. Wo ist der Standort des Schiffes zum Zeitpunkt der zweiten Peilung?

5 Das Kap bei M muß wegen Untiefen in einem Abstand von mindestens 0,5 sm passiert werden. Muß ein Schiff mit Kurs 343,3° diesen ändern, wenn der Kapitän bei der Standortbestimmung L unter 295,0° und M unter 350,9° peilt?

6 Inzwischen ist Lisa mit ihrer Familie an der Ostsee angekommen. Sie laufen morgens aus Heiligenhafen aus, um die Insel Fehmarn zu umrunden (siehe Karte 2, S. 34). Zunächst wird die Tonne Heiligenhafen-Nord mit Motorhilfe angesteuert.

a) Um 11.15 Uhr setzt man dort die Segel und steuert auf einem Kurs 318°. Um 12.15 Uhr bestimmt Lisas Vater den Standort, indem er eine Tonne (Iso.4s) unter 203° und den Leuchtturm *Flügge* unter 71° peilt. Bestimme den Standort des Schiffes, den tatsächlich gesteuerten Kurs und die Geschwindigkeit in kn. Warum weicht der tatsächliche Kurs von dem angesteuerten ab?

b) Bei gleichem Wind und Strömungsverhältnissen wird dieser Kurs noch bis 12.45 Uhr beibehalten. Bestimme die geographische Breite und Länge des dann erreichten Ortes.

c) Am Nachmittag segeln sie auf einem Kurs von 111° mit einer Geschwindigkeit von 6 kn zurück. Zur Standortbestimmung wird der Leuchtturm *Flügge* zunächst unter einem Winkel von 82° gepeilt, nach 20 Minuten Fahrt unter 46°. Ermittle die beiden Standorte und ihre Entfernung vom Leuchtturm. Welchen Passageabstand von der Landzunge *Breiter Barg* wird man haben, wenn der Kurs beibehalten wird? Könnte man auf diesem Kurs die Fehmarnsundbrücke durchfahren?

d) Während der Fahrt langweilt sich Lisa etwas und probiert noch einmal die Methode der Horizontalwinkelmessung aus. Sie mißt zwischen den Leuchttürmen *Flügge* und *Strukkamphug* einen Winkel von 95° und zwischen den Leuchttürmen *Strukkamphug* und *Heiligenhafen* einen Winkel von 83°. Bestimme den Ort und stelle fest, ob er auf dem vorher vom Vater ermittelten Kurs liegt.

e) Der Kurs von Aufgabe c) wird beibehalten, bis das Echolot eine Wassertiefe von 6 m anzeigt. Wo befindet sich das Boot dann? Bestimme den Kurswinkel, wenn es von diesem Ort genau auf das Leuchtfeuer Heiligenhafen zuhält.

1.4 Kursbestimmung und Winddreieck

1 Blasius hat in einem Preisausschreiben eine Ballonfahrt gewonnen. An einem schönen Spätsommertag geht es zum Ballonstartplatz am Flugplatz *Paderborn/Lippstadt* (siehe Karte 3, S. 35). Um 11 Uhr erfolgt der Start, und gegen 14 Uhr überfährt der Ballon *Gütersloh*. Ermittle die Richtung, aus der der Wind kommt. Wir geben auch hier die Richtungen rechtweisend an, d.h. der Winkel zwischen der Nordrichtung und der zu bestimmenden Richtung wird ermittelt, wobei die Messung rechtsdrehend, also im Uhrzeigersinn vorgenommen wird. Welche mittlere Windgeschwindigkeit hat während der Fahrt geherrscht?

2 Ein Ballon startet am Ballonstartplatz *Münster-Telgte* um 9.00 Uhr. Es herrscht an diesem Morgen Nordwestwind, der eine Geschwindigkeit von 15 $\frac{km}{h}$ hat.

a) Gib im rechtweisenden Winkelmaß an, aus welcher Richtung der Wind kommt und in welche Richtung er bläst.

b) Wo wird der Ballon voraussichtlich um 10 Uhr (bzw. 11 Uhr, 12 Uhr) sein?

3 Wie könnte man die Geschwindigkeit und die Bewegungsrichtung des Windes graphisch darstellen? Stelle die Windrichtungen aus Aufgabe 1 und 2 in dieser Weise dar.

Der Windvektor

Um die Windbewegung vollständig zu bestimmen, muß man die Windrichtung und die Windgeschwindigkeit kennen. Gewöhnlich gibt man die Richtung an, aus der der Wind kommt. Wir werden aber bei den folgenden Aufgaben bei Gradangaben stets die Richtung angeben, in die der Wind bläst.[1] Die Angabe (135°; 15 $\frac{km}{h}$) bedeutet also, daß ein Nordwestwind mit einer Geschwindigkeit von 15 $\frac{km}{h}$ weht. Die Geschwindigkeit wird also durch eine **Richtung** und einen **Betrag** beschrieben. Solche Größen bezeichnet man als **Vektoren** (lat. vector = Beweger). Sie werden in Zeichnungen durch Pfeile dargestellt, die die Richtung angeben und deren Länge den Betrag des Vektors einem vorher festgelegten Maßstab entsprechend darstellt. Z. B. kann der Vektor $\vec{v_1}$ = (135°; 15 $\frac{km}{h}$) durch einen Pfeil der Länge 1,5 cm dargestellt werden, und der Vektor $\vec{v_2}$ = (310°; 30 $\frac{km}{h}$) durch einen Pfeil der Länge 3 cm (siehe Zeichnung), d.h. der Maßstab sieht vor, daß eine Geschwindigkeit von 10 $\frac{km}{h}$ durch eine Pfeillänge von 1 cm dargestellt wird. Die beiden Zahlenangaben, die den Vektor bestimmen, bezeichnet man als **Koordinaten** des Vektors. Der Pfeil über dem Buchstaben v soll kenntlich machen, daß v nicht ein Platzhalter für eine zahlartige Größe ist, sondern für eine Größe, die auch eine Richtung hat (vektorielle Größe). Ist nur der Betrag der Geschwindigkeit gemeint, so läßt man den Pfeil fort (v), oder man benutzt zusätzlich Betragsstriche: $|\vec{v}|$.

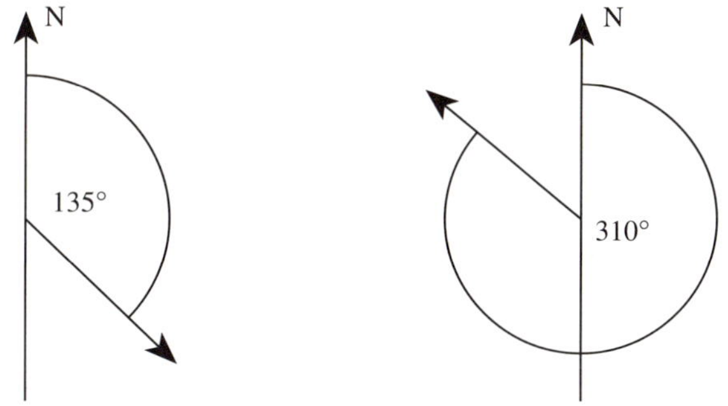

4 Stelle die Vektoren mit den folgenden Koordinatenangaben graphisch dar. Gib dabei jeweils den Maßstab an. Du kannst jeweils drei Vektoren zusammen in einem Bild darstellen.

a) (51°; 22 $\frac{km}{h}$) b) (105°; 36 $\frac{km}{h}$)
c) (287°; 17 $\frac{km}{h}$) d) (36°; 180 $\frac{km}{h}$)
e) (215°; 215 $\frac{km}{h}$) f) (154°; 300 $\frac{km}{h}$)

5 Windvektoren können in unterschiedlichen Höhen verschieden sein. An einem Tag wurden folgende Winde gemessen:

- Am Boden Westwind mit 10 $\frac{km}{h}$ Geschwindigkeit.
- In 300 m Höhe Westnordwestwind mit 20 $\frac{km}{h}$ Geschwindigkeit.
- In 800 m Höhe Nordwestwind mit 35 $\frac{km}{h}$ Höhe.

a) Stelle die Windvektoren graphisch dar (Maßstab: 10 $\frac{km}{h}$ hat ≙ 1 cm).
b) Der Ballon startet am Flugplatz *Münster-Telgte* und fährt zunächst eine halbe Stunde in 300 m Höhe, dann eine Stunde in 800 m Höhe, schließlich eine Stunde wieder in 300 m Höhe. Ermittle die Flugroute mit Hilfe der Karte.

6 Ein Ballonfahrer steigt am Ballonstartplatz *Ennigerloh* bei Westsüdwestwind um 11.30 Uhr auf. Die mittlere Windgeschwindigkeit beträgt zunächst 12 $\frac{km}{h}$. Nach 1,5 h frischt der Wind plötzlich auf und dreht auf Nordwest. Die neue Windgeschwindigkeit beträgt 30 $\frac{km}{h}$. Wo wird der Ballon gegen 14 Uhr vermutlich stehen?

[1] Dies geschieht zur Vereinheitlichung von Vektorangaben. In der Flugnavigation wird sonst die entgegengesetzte Richtung angegeben.

Mathe-Brücke

Aus der Kartenkunde: **Flugkarten**

Die wichtigsten Karten für die Sichtnavigation sind die sogenannten ICAO-Karten im Maßstab 1 : 500 000, die in diesem Kapitel ausschließlich benutzt werden. Die ICAO (engl. International Civil Aviation Organization) ist die internationale Zivilluftfahrtorganisation. Diesen Karten liegt eine topographische Karte zugrunde, in der die wichtigsten Geländeformationen, größere Ortschaften, wichtige Straßen, Autobahnen, Bahnlinien und andere Landschaftsmerkmale eingezeichnet sind, an denen man sich orientieren kann. Höhenangaben werden grundsätzlich in Fuß gemacht. Darüber hinaus sind in dieser Karte natürlich alle Flugplätze, Kontrollzonen, Nahverkehrsbereiche, Gefahren- und Flugbeschränkungsgebiete eingezeichnet. Du kannst dir wahrscheinlich vorstellen, daß über einem Gebiet, wo Schießübungen veranstaltet werden, kein freier Flugverkehr möglich ist. Deshalb müssen solche Gebiete kenntlich gemacht werden. In Karte 4 (S. 36) findest du ein solches Gebiet mit Flugbeschränkungen über dem Truppenübungsplatz Senne in der Nähe des rechten Randes. Es ist durch eine blau schraffierte Grenze gekennzeichnet und trägt die Bezeichnung ED-R 18. Der Luftraum über Deutschland ist in vielfacher Hinsicht gegliedert, und der Pilot muß auf seiner Karte diese unterschiedlichen Gebiete klar erkennen können. Um diese Details können wir uns in unserem Buch nicht kümmern, aber einige Informationen müssen wir dennoch der Karte entnehmen können. Deshalb folgt jetzt zunächst eine Übersicht über die wichtigsten Symbole, sofern sie sich auf das Flugwesen beziehen.

FLUGPLÄTZE / AERODROMES

HAMBURG	Internationaler Flughafen International Airport
LEMWERDER	Flughafen Airport
KIEL-HOLTENAU	Flughafen (Zivil-/Militär-) Airport (civil/military)
FASSBERG	Militärflugplatz Military Aerodrome
MAINZ-FINTHEN	Landeplatz (Zivil-/Militär-) Airfield (civil/military)
GANDERKESEE	Verkehrslandeplatz, Ausrichtung der längsten befestigten Start- und Landebahn Airfield for public use, alignment on the longest hardened runway
Korbach	Sonderlandeplatz, Ausrichtung der längsten Gras-Start- und Landebahn Special airfield, alignment on the longest grass runway
Schwege	Hubschrauberlandeplatz Heliport
	Hubschrauberlandeplatz für Krankentransporte Heliport for ambulances
Steinberg	Segelfluggelände Glider site
Tegelberg	Hängegleitergelände Hang Glider site
Marnheim	Fallschirmabsprunggelände Parachute jumping site
Gersthofen	Freiballonstartplatz Free balloon site

Unter dem Namen des Flugplatzes findet man meistens zwei Zahlenangaben. Die linke gibt die verfügbare Sendefrequenz an, die rechte gibt die Länge der Start- und Landebahn an (bei mehreren die der kürzesten). Der Militärflugplatz Gütersloh sendet also auf der Frequenz 122,1 MHz und hat eine Landebahn von 2250 m Länge, die etwa in West-Ost-Richtung ausgerichtet ist. Bei manchen Sonderlandeplätzen (z.B. Soest) fehlt die Frequenzangabe, es ist nur die Länge der Landebahn angegeben.

Für die Funknavigation sind dic Positionen der sogenannten Funkfeuer eingetragen. Das sind Sender, mit deren Hilfe sich der Pilot mittels Funkpeilung orientieren kann. Im Kartenausschnitt 4 finden wir z.B. das Drehfunkfeuer Hamm, das auf einer Frequenz von 115,65 MHz sendet.

In der folgenden Übersicht sind einige weitere topographische Symbole kurz charakterisiert.

LUFTRAUMBESCHRÄNKUNGEN AIRSPACE RESTRICTIONS

ED-R1	Gebiet mit Flugbeschränkung Restricted area
ED-D8	Gefahrengebiet Danger area
TRA-	Zeitweilig reservierte Lufträume Temporary Reserved Airspace (TRA)
ADIZ	Flugüberwachungszone Air defence identification zone
grün/green CVFR MÜNCHEN RADAR 119.050	Gebiete mit kontrolliertem Sichtflug s. AIP Band III RAC Areas where VFR flights can operate with clearance from ATC only see AIP volume III RAC

FUNKNAVIGATIONSANLAGEN RADIO NAVIGATION FACILITIES

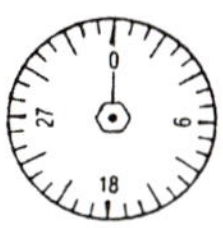

VOR
UKW-Drehfunkfeuer
VHF omnidirectional radio range

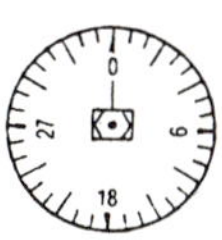

VOR/DME
UKW-Drehfunkfeuer mit Entfernungsmeßgerät
VHF omnidirectional radio range with distance measuring equipment

VORTAC
Örtlich vereint aufgestellte VOR- und TACAN-Anlagen
Co-located VOR and TACAN facilities

TACAN
Taktische UKW-Flugnavigationsanlage
Tactical UHF air navigation facility

NDB
Ungerichtetes Flugfeuer
Non-directional radio beacon

FLUGVERKEHRSDIENSTE AIR TRAFFIC SERVICES

FIR	Fluginformationsgebiet Flight information region
CTA	Kontrollbezirk Control area
TMA	Nahverkehrsbereich Terminal control area
rot/red	1000 ft GND — TMA-Untergrenzen / TMA-Lower limits
blau/blue	1700 ft GND — TMA-Untergrenzen / TMA-Lower limits
CTR	Kontrollzone Control zone
ATZ	Flugplatzverkehrszone Aerodrome traffic zone
rot/red	250-Fuß-Tieffluggebiet 250 fcct low flying area
	Pflichtmeldepunkt für VFR-Anflüge Compulsary reporting point for VFR approaches

LANDSCHAFTSMERKMALE
LANDMARKS

Aussichtsturm, Fernsehturm
Lookout tower, television tower

Kirche
Church

Kloster
Monastery

Ruine
Ruin

Schloß
Castle

Festung
Fort

Denkmal
Monument

Leuchtturm
Lighthouse

Fabrik
Factory

Bergwerk
Mine

Steinbruch
Quarry

Ölfeld
Oilfield

Öltank
Oiltank

GELÄNDEDARSTELLUNG
TOPOGRAPHY

Steile Böschung und Steilküste
Bluff, cliff or escarpment

Damm, Deich
Dike

Sanddünen
Sand dunes

• *117* — Höhenpunkt
Spot elevation

STRASSEN
ROADS

Autobahn, Schnellstraße
Dual highway

Autobahn im Bau
Dual highway under construction

Fernverkehrsstraße
Primary road

Wichtige Verbindungsstraße
Secondary road

Rennstrecke
Race track

Autobahn-Auffahrt
Dual highway entry

Straßenbrücke
Road bridge

Straßentunnel
Road tunnel

EISENBAHNEN
RAILWAYS

Eisenbahn (eingleisig) mit Bahnhof
Railway (single track) with station

Eisenbahn (mehrgleisig) mit Bahnhof
Railway (multiple track) with station

VERSCHIEDENES
MISCELLANEOUS

3° W — Linien gleicher Mißweisung
Isogonic lines

Hindernis und Hindernisgruppe (unbefeuert)
Obstacle and group of obstacles (unlighted)

Hindernis und Hindernisgruppe (befeuert)
Obstacle and group of obstacles (lighted)

Größere Flugplätze, die für Starts und Landungen nach Instrumentenflugregel (IFR-Flüge) ausgerüstet sind, haben Kontrollzonen, die in der Karte durch eine rosa Färbung gekennzeichnet sind. Diese Kontrollzonen verläßt man beim Start durch Überfliegen eines Pflichtmeldepunktes, der durch das Symbol (▲) gekennzeichnet ist. Auch bei der Landung fliegt man in die Kontrollzone über einen solchen Punkt ein. Den Überflug eines solchen Kontrollpunktes muß der Pilot unaufgefordert dem Kontrollturm melden. Die verschiedenen Pflichtmeldepunkte eines Flughafens sind noch näher bezeichnet. In unserer Karte findest du z.B. für den Flughafen Münster-Osnabrück die beiden Kontrollpunkte Sierra und Echo. Die Bezeichnungen sind dem sogenannten NATO-Alphabet entnommen. Sie dienen im internationalen Funkverkehr zum Buchstabieren für die Buchstaben S und E. S steht dabei für das englische Wort „south" und E für „east". Es handelt sich also um den südlichen und den östlichen Pflichtmeldepunkt. Bei unseren Aufgaben ist darauf zu achten, daß man bei der Kursbestimmung nicht von der Platzmitte ausgeht, sondern von einem der Kontrollpunkte, wenn es sich um einen kontrollierten Platz handelt.

Wegen der in Landkarten unvermeidlichen Verzerrung (siehe Kapitel 7 dieses Buches) sollte der Kurswinkel bei längeren Flügen stets in der Mitte des Flugweges gemessen werden, da sich zwischen dem westlichen und dem östlichen Ende des Flugweges kleine Unterschiede des Kurswinkels ergeben. Wegen der Kürze der Flugwege spielen diese Abweichungen bei unseren Aufgaben aber keine große Rolle.

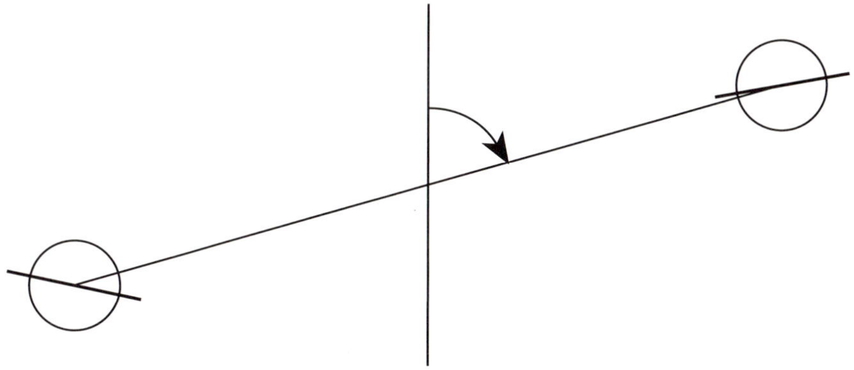

1 Ermittle die Sendefrequenzen der Flugplätze Oerlinghausen und Bielefeld-Windelsbleiche.

2 Wie lang sind die Landebahnen in Münster-Telgte und Detmold?

3 Welche Freiballonstartplätze findest du in Karte 4 (S. 36)?

4 In welcher Richtung sind die Landebahnen in Paderborn-Haxterberg und Oelde-Bergeler ausgerichtet?

5 Welche Flugplätze in Karte 4 werden auch militärisch genutzt?

7 Blasius hat Interesse an der Luftfahrt bekommen und bittet seinen Onkel, der Sportflieger ist, ihn einmal mitzunehmen. Sie starten am Flugplatz *Detmold*, und Blasius bekommt als „Beiflieger“ die Luftfahrtkarte in die Hand gedrückt. Er soll den Kurswinkel zum Kontrollpunkt ECHO des Flughafens Münster-Osnabrück ermitteln (siehe Karte 4 auf Seite 36).

a) Bestimme den rechtweisenden Kurswinkel. Gehe dabei von der Mitte des Flugplatzsymbols aus.

b) Sie benötigen 20 Minuten reine Flugzeit bis zum Kontrollpunkt (ohne Start). Welche Geschwindigkeit hat das Flugzeug?

c) Ähnlich wie die Windgeschwindigkeit kann auch die Fluggeschwindigkeit durch einen Vektor dargestellt werden. Gib die Koordinaten dieses Vektors an und stelle ihn zeichnerisch durch einen Pfeil dar (Maßstab: $100 \frac{km}{h} = 2$ cm). Bei den vorliegenden Aufgaben geben wir die Geschwindigkeit in Kilometer pro Stunde an und nicht in nautischen Meilen, wie es sonst in der Luftfahrt üblich ist. Auf diese Weise sparen wir einige Umrechenarbeit.

8 Ein Flugzeug soll vom Flughafen *Münster-Osnabrück* zum Flugplatz *Paderborn-Lippstadt* fliegen.

a) Welcher Kurs ist (bei Windstille) auf dem Hinflug (bzw. Rückflug) zwischen den Kontrollpunkten Echo und November zu steuern?

b) Das Flugzeug hat eine Geschwindigkeit von $210 \frac{km}{h}$. Markiere seine Position alle 5 Minuten durch einen Querstrich auf der Kurslinie. Wie lange dauert der Flug zwischen den Kontrollpunkten?

9 a) Ein Flugzeug legt in $1\frac{1}{4}$ Stunde 275 km zurück. Welche Geschwindigkeit hat es?

b) Ein Flugzeug fliegt 2 h 20 min mit einer Geschwindigkeit von $180 \frac{km}{h}$. Welche Entfernung legt es zurück?

c) Wie lange benötigt ein Flugzeug, das mit einer Geschwindigkeit von $200 \frac{km}{h}$ fliegt, für eine Strecke von 450 km?

d) Stelle je eine Formel auf zur Berechnung der Geschwindigkeit v, der zurückgelegten Strecke s bzw. der benötigten Zeit t aus den jeweils beiden anderen Größen.

Der Geschwindigkeitsvektor

Die Bewegung des Flugzeuges wird ähnlich wie die Windbewegung durch einen Geschwindigkeitsvektor beschrieben, durch den die Bewegungsrichtung (rechtweisender Kurswinkel) und der Betrag der Geschwindigkeit definiert sind. Bei einem Geschwindigkeitsvektor $\vec{v} = (225°; 220 \frac{km}{h})$ fliegt das Flugzeug mit $220 \frac{km}{h}$ in südwestlicher Richtung. Für die Berechnungen gelten folgende Formeln:

$$v = \frac{s}{t} \qquad s = v \cdot t \qquad t = \frac{s}{v}$$

10 Ein Sportflugzeug führt die folgenden Flüge (bei Windstille) aus. Bestimme jeweils die Koordinaten des Geschwindigkeitsvektors.

a) von *Detmold* nach *Werl* in 30 Minuten,

b) von *Werl* nach *Münster-Telgte* in 15 Minuten,

c) von *Münster-Telgte* nach *Oerlinghausen* in 20 Minuten,

d) von *Oerlinghausen* nach *Paderborn/Lippstadt* in 10 Minuten.

Es handelt sich stets um reine Flugzeiten (ohne Start- und Landezeiten). Es sind immer die Flugplätze und nicht die Ortschaften gemeint.

11 Ein Flugzeug unternimmt Flüge vom Flughafen *Münster-Osnabrück* aus. Es verläßt den Kontrollbereich beim Ausflugspunkt ECHO. Ermittle jeweils den Standort mit Hilfe des angegebenen Geschwindigkeitsvektors und der Flugdauer, die vom Überfliegen des Kontrollpunktes ab gerechnet wird. Gib den am nächsten gelegenen Ort auf der Karte an.

a) $\vec{v} = (101°; 210 \frac{km}{h})$ und 21 Minuten,

b) $\vec{v} = (142°; 180 \frac{km}{h})$ und 24 Minuten,

c) $\vec{v} = (179°; 200 \frac{km}{h})$ und 18 Minuten.

12 Ein Flugzeug fliegt vom Flughafen *Paderborn/Lippstadt* zum Flughafen *Münster-Osnabrück*. Der Geschwindigkeitsmesser des Flugzeugs zeigt 200 $\frac{km}{h}$ an.

a) Welche Flugzeit ist zwischen den Kontrollpunkten NOVEMBER und ECHO zu erwarten?
b) Tatsächlich ist es erst nach 25 Minuten (bereits nach 17 Minuten) am Kontrollpunkt ECHO. Was könnte der Grund dafür sein?

Geschwindigkeiten

In der Luftfahrt unterscheidet man zwischen der **Eigengeschwindigkeit $\vec{v}$** eines Flugzeugs, die es auf Grund seiner Motorleistung erbringt, und der **Geschwindigkeit über Grund $\vec{u}$**, die angibt, wie schnell das Flugzeug in bezug auf den darunterliegenden Erdboden vorankommt. Bei Windstille sind beide Geschwindigkeiten gleich. Herrscht aber keine Windstille, so weicht die Geschwindigkeit über Grund von der Eigengeschwindigkeit ab.

13 Ein Flugzeug fliegt bei Westwind mit einer Eigengeschwindigkeit von 200 $\frac{km}{h}$ genau nach Westen. Nach einer halben Stunde stellt der Pilot mit Hilfe der Karte fest, daß er 80 km zurückgelegt hat. Welche Rückschlüsse über den Windvektor kann er daraus ziehen? Man spricht davon, daß der Pilot sich den Wind *erfliegt*, wenn er nicht über genaue Wetterdaten verfügt.

14 Bei einem anderen Flug mit 200 $\frac{km}{h}$ Eigengeschwindigkeit stellt der Pilot nach einer halben Stunde fest, daß er 115 km zurückgelegt hat.

a) Welchen Schluß kann er daraus ziehen?
b) Bei Windstille ist mit einer Flugdauer von 75 Minuten zu rechnen. Wie lange wird er unter diesen Umständen brauchen?

Gegen- und Rückenwind

Bei Gegenwind ist die Geschwindigkeit über Grund um den Betrag der Windgeschwindigkeit geringer als die Eigengeschwindigkeit des Flugzeugs, bei Rückenwind um den Betrag der Windgeschwindigkeit größer. Wenn wir mit w den Betrag der Windgeschwindigkeit bezeichnen, dann gilt für die Geschwindigkeit u über Grund:

$$u = v - w \quad \text{bei Gegenwind} \quad \text{und} \quad u = v + w \quad \text{bei Rückenwind}$$

Hat das Flugzeug z.B. eine Eigengeschwindigkeit v = 200 $\frac{km}{h}$, so schafft es über Grund bei einem Gegenwind von 50 $\frac{km}{h}$ nur 150 Kilometer in der Stunde, bei einem entsprechenden Rückenwind aber 250 Kilometer in der Stunde.

15 Bei einem Nordwestwind von 50 $\frac{km}{h}$ fliegt ein Flugzeug mit folgenden Eigengeschwindigkeitsvektoren:

a) $\vec{v} = (135°; 170 \frac{km}{h})$
b) $\vec{v} = (315°; 220 \frac{km}{h})$
c) $\vec{v} = (135°; 250 \frac{km}{h})$

Bestimme jeweils die Geschwindigkeit über Grund $\vec{u}$ rechnerisch.

16 Ein Flugzeug legt bei einer Windgeschwindigkeit von 45 $\frac{km}{h}$ in 20 min (bzw. 15 min) eine Strecke von 100 km (bzw. 70 km) zurück. Wie groß ist die Eigengeschwindigkeit bei a) Rückenwind, b) Gegenwind?

17 In der folgenden Abbildung ist der Zusammenhang zwischen den verschiedenen Geschwindigkeitsvektoren zeichnerisch dargestellt. Erläutere, was diese Zeichnungen darstellen, und fertige entsprechende Zeichnungen für die Daten aus Aufgabe 15 an.

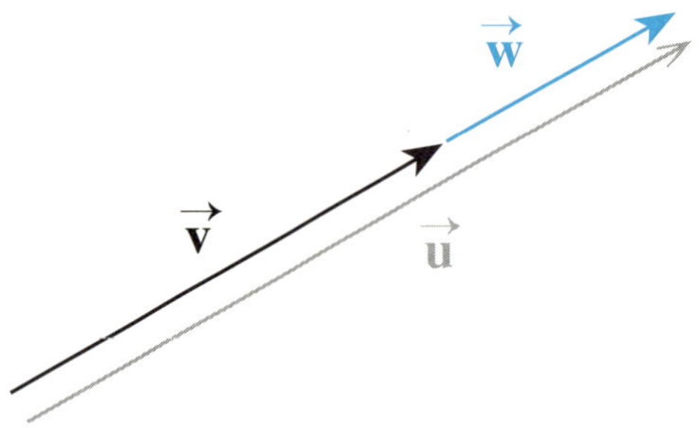

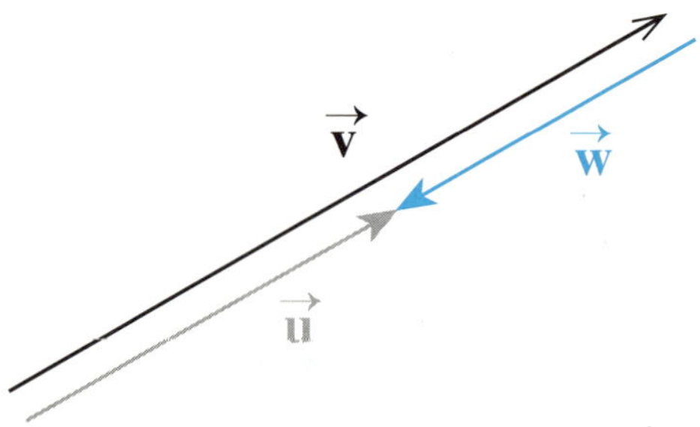

18 Der *Fieseler Storch* war ein Flugzeug, das wegen seiner Fähigkeit, extrem langsam fliegen zu können ($v = 40\ \frac{km}{h}$), für Spezialeinsätze verwendet wurde. Blasius' Großvater behauptet, er hätte dieses Flugzeug in seiner Jugend bei einer Flugschau sogar einmal rückwärts fliegen sehen. Hat der Großvater die Geschichte erfunden, oder könnte sie wirklich geschehen sein?

19 Ein Flugzeug fliegt von Afeld nach Zetstadt und zurück. Die Entfernung beträgt für einen Weg 450 km. Das Flugzeug fliegt mit einer Eigengeschwindigkeit von 200 $\frac{km}{h}$ und verbraucht dabei pro Stunde 14 l Treibstoff.

a) Wie lange fliegt es bei Windstille, und welcher Treibstoffverbrauch ist zu erwarten?

b) Nun herrscht beim Hinflug ein Gegenwind von 20 $\frac{km}{h}$ und beim Rückflug ein entsprechender Rückenwind. Berechne wiederum die Flugdauer und den Treibstoffverbrauch.

c) Wieviel Treibstoff muß getankt werden, wenn aus Sicherheitsgründen eine halbe Stunde Reserve eingeplant wird? Dies ist im allgemeinen die Reservezeit, die für private Flüge nach Sichtflugregeln eingeplant wird.

20 Eine Cessna 172 fliegt gewöhnlich mit einer Geschwindigkeit von 200 $\frac{km}{h}$. Der Pilot hat für eine Flugdauer von 4 Stunden Treibstoff getankt.

a) Wie weit kann der Pilot bei Windstille gerade noch fliegen, wenn er mit dem Treibstoffvorrat zum Ausgangspunkt zurückkehren muß? Man bezeichnet diesen letzten Umkehrpunkt in der Luftfahrt als **Point of No Return** (kurz PNR). Welche Zeit vergeht bis zum Erreichen des PNR?

b) Bestimme den PNR für den Fall, daß beim Hinflug ein Gegenwind von 50 $\frac{km}{h}$ herrscht und beim Rückflug ein entsprechender Rückenwind.

c) Wie weit entfernt ist der PNR, wenn beim Hinflug ein Rückenwind von 50 $\frac{km}{h}$ herrscht?

d) Gustav Glückauf fliegt, ohne auf Zeit und Wind zu achten, mit seiner Cessna 172 zwei Stunden und kehrt dann um. Da er für eine Flugzeit von 4 Stunden getankt hat, hofft er, den Flugplatz gerade noch zu erreichen. Beim Hinflug hatte er allerdings 30 $\frac{km}{h}$ Gegenwind. Schafft er es, oder muß er notlanden? Was ist bei einem entsprechenden Rückenwind zu erwarten?

21 Im Juli 1974 startete ein Sportflugzeug vom Siegerland-Flugplatz zu einem Flug nach Zürich (ca. 450 km) und zurück. Es hatte für 4 h 20 min Flugzeit getankt. Kurz vor der Landung auf dem Heimatflugplatz stürzte es wegen Treibstoffmangels ab.

a) Welche Flugdauer für Hin- und Rückflug ist bei Windstille zu erwarten?

b) Bei jenem Flug gab es auf dem Hinflug einen Gegenwind von 85 $\frac{km}{h}$ und auf dem Rückflug einen entsprechenden Rückenwind. Welche Flugzeit ergibt sich daraus?

22 Ein Paddelboot überquert mit einer Eigengeschwindigkeit von 6 $\frac{km}{h}$ einen 100 m breiten Fluß. Dabei wird die Bootsachse stets so gehalten, daß sie im rechten Winkel zum Ufer steht.

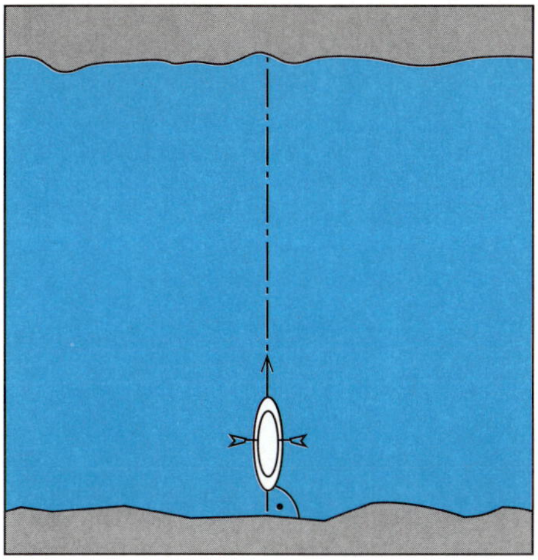

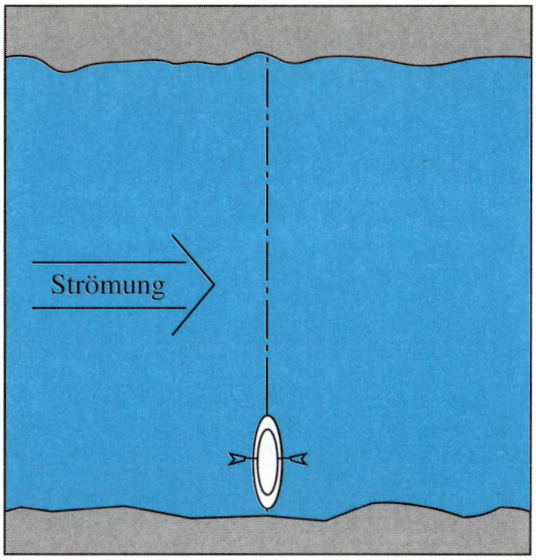

a) Der Fluß hat durch Aufstauung keine Strömung. Wie lange braucht das Boot für die Überfahrt?

b) Unterhalb der Aufstauung hat der Fluß bei gleicher Breite eine Strömung von 4 $\frac{km}{h}$. Die Überfahrt wird jetzt anders verlaufen als in a). Erkläre den Grund dafür. Ist die Dauer für die Überfahrt anders als in a) oder genauso groß?

c) Was müßte der Paddler tun, um unter diesen Bedingungen genau den gegenüberliegenden Punkt am anderen Ufer zu erreichen?

d) Um welche Strecke wird das Boot abgetrieben, wenn der Paddler nicht gegensteuert? Stelle den Vorgang von b) durch eine Skizze im Maßstab 1 : 2000 dar. Wie groß ist der Winkel zwischen der angesteuerten Richtung (rechtwinklig zum Ufer) und der tatsächlichen Richtung (mit Abdrift)? Welche Strecke wird bei der Überfahrt tatsächlich zurückgelegt, und was läßt sich daraus für die Geschwindigkeit schließen?

23 a) Ein Heißluftballon und ein Flugzeug starten gleichzeitig an einem Flugplatz bei kräftigem Westwind (w = 50 $\frac{km}{h}$). Der Pilot hält das Flugzeug so auf Kurs, daß die Längsachse stets genau nach Süden weist. Es hat dabei eine Eigengeschwindigkeit von 180 $\frac{km}{h}$. Stelle die in einer halben Stunde zurückgelegten Wege für den Ballon und das Flugzeug graphisch durch Pfeile dar, die die Richtung und die Länge des Weges beschreiben (Maßstab: 10 km ≙ 1 cm).

b) Verfahre ebenso wie in a) für Flugdauern von 10 bzw. 20 Minuten. Du kannst die gleiche Zeichnung benutzen. Was stellst du beim Vergleich mit a) fest?

c) Welche tatsächlichen Strecken hat das Flugzeug in den drei gezeichneten Fällen zurückgelegt? Welchen Betrag und welche Richtung hatte also die Geschwindigkeit über Grund?

24 Ein Pilot steuert sein Flugzeug mit einer Eigengeschwindigkeit von 180 $\frac{km}{h}$ nach Norden, also so, daß die Längsachse des Flugzeugs stets nach Norden weist. Stelle durch einen Pfeil (Maßstab: 1 : 2 000 000) die Richtung und die Länge der in einer Stunde zurückgelegten Strecke bei Windstille dar. Jetzt soll auch noch die Wirkung des Windes dargestellt werden, der eine Geschwindigkeit von 40 $\frac{km}{h}$ hat und aus Nordwesten (Südwesten) kommt. Trage auch dafür einen Pfeil ein (gleicher Maßstab). Wo kann man ihn anbringen? Kann man nun auch in das gleiche Diagramm einen Pfeil einzeichnen, der die richtige Bewegung über Grund darstellt? Wie groß ist der Winkel zwischen der Flugzeugachse **(Steuerkurs)** und der tatsächlichen Bewegungsrichtung?

Steuerkurs und Kurs über Grund

Da ein Flugzeug von einer Luftströmung mitgenommen wird wie ein Boot von einer Wasserströmung, ist der **Steuerkurs** (d.h. die Richtung, in die die Längsachse des Flugzeugs zeigt) im allgemeinen nicht gleich der Richtung, in die sich das Flugzeug tatsächlich bewegt. Letztere bezeichnen wir hier ebenso wie in der Seefahrt als **wahren Kurs über Grund**. Den Winkel λ zwischen dem Steuerkurs und dem Kurs über Grund nennt man **Luvwinkel**. Es ist der Winkel, um den die Nase des Flugzeugs in den Wind gedreht werden muß, damit der gewünschte Kurs erreicht wird.

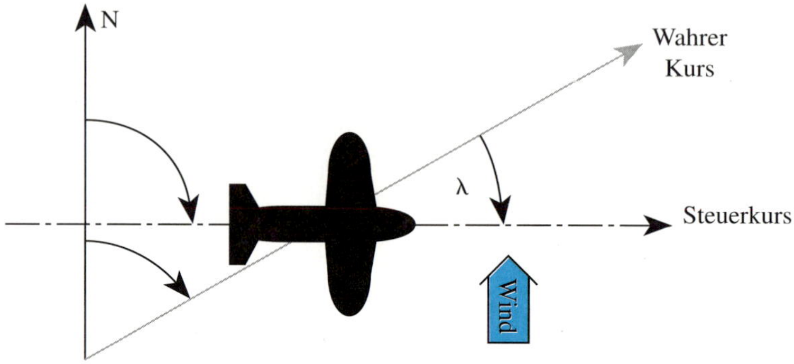

Das Winddreieck

Das **Winddreieck** dient der Bestimmung des Geschwindigkeitsvektors über Grund, wenn der Eigengeschwindigkeitsvektor und der Windvektor bekannt sind. In einem vorher festgelegten Maßstab wird zunächst die Eigengeschwindigkeit durch einen Pfeil dargestellt, dessen Länge die Größe der Geschwindigkeit beschreibt und dessen Richtung in Richtung der Flugzeuglängsachse weist. An die Spitze dieses Pfeiles wird ein entsprechender Pfeil angetragen, der den Windvektor darstellt. Schließlich wird die Figur zu einem Dreieck ergänzt, indem man den Anfangspunkt des ersten Pfeiles mit der Spitze des zweiten Pfeiles verbindet und die Bewegungsrichtung durch eine Pfeilspitze kenntlich macht. Der neue Pfeil stellt die Geschwindigkeit über Grund $\vec{u}$ dar (siehe Abbildung).

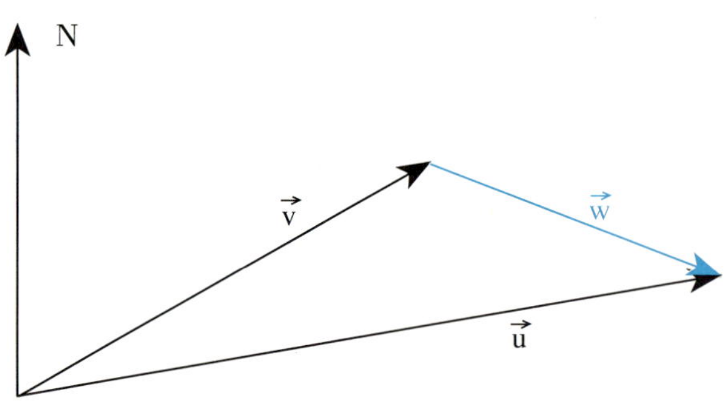

$\vec{v} = (60°; 104 \frac{km}{h})$ $\vec{w} = (113°; 66 \frac{km}{h})$ $u = (80°; 153 \frac{km}{h})$

25 Ein Hubschrauber vom Typ *Schweizer 330* hat eine normale Reisegeschwindigkeit von 170 $\frac{km}{h}$. Der Pilot steuert einen Kurs von 310°. Laut Flugwetterberatung weht ein Wind von 40 $\frac{km}{h}$ *aus* Richtung 220°.

a) In welche Richtung weist der Windvektor?
b) Zeichne das Winddreieck und bestimme den wahren Kurs und die Geschwindigkeit über Grund.
c) Auf Grund welches Kongruenzsatzes ist das Winddreieck eindeutig konstruierbar?

26 Der *Eurotrainer 2000 A* ist ein Schulungsflugzeug mit einer ökonomischen Reisegeschwindigkeit von 290 $\frac{km}{h}$. Ein Pilot steuert es auf dem Kurs 150° mit dieser Geschwindigkeit. Der Wind weht aus Nordosten mit 50 $\frac{km}{h}$. Ermittle den wahren Kurs und die Geschwindigkeit über Grund.

27 Bei der Flugplanung ist gewöhnlich der Kurs über Grund (Zielort), der Betrag v der Eigengeschwindigkeit und der Windvektor gegeben. Gesucht ist der zu steuernde Kurs.

a) Ermittle diesen für $v = 170\ \frac{km}{h}$ und einen Kurs über Grund von 310°, wenn der Windvektor $\vec{w} = (40°; 40\ \frac{km}{h})$ ist.
b) Wie schnell bewegt sich der Hubschrauber dann über Grund?
c) Welcher Kongruenzsatz garantiert hier die Eindeutigkeit der Lösung?

28 Nach Beendigung des Fluges von Aufgabe 25 will der Pilot wieder zurück fliegen. Winddaten und Eigengeschwindigkeit sind die gleichen wie auf dem Hinflug. Welchen Kurs muß er steuern, um nach Hause zu gelangen? Wie lange dauert es, wenn die Entfernung 250 km beträgt?

29 Die Angaben der Flugwetterberatung sind nicht immer zutreffend. Der Wind kann sich sehr kurzfristig ändern. Häufig „erfliegen“ sich daher Piloten den Wind. Unser Pilot hat 15 Minuten lang Kurs 310° gesteuert (mit $v = 170\ \frac{km}{h}$). Dann bestimmt er seine Position mit Hilfe der Karte und stellt fest, daß er sich, in Flugrichtung gesehen, 7 km links (querab) von seiner errechneten Position befindet.

a) Welcher Wind herrscht?
b) Welchen Kurs muß er steuern, um über Grund einen Kurs von 310° zu erzielen?
c) Wie schnell bewegt er sich über Grund?

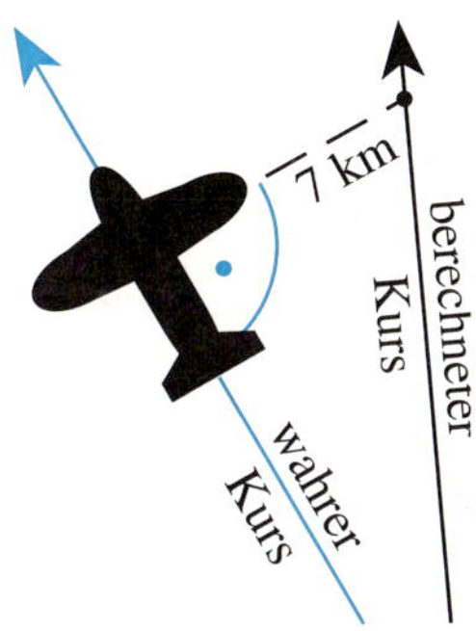

30 Ein Flugzeug fliegt mit einer Eigengeschwindigkeit von 190 $\frac{km}{h}$. Es soll bei einem Westwind von 40 $\frac{km}{h}$ die Strecke vom Flughafen *Münster-Osnabrück* zum Flughafen *Paderborn/Lippstadt* zurücklegen. Es verläßt den Kontrollbereich diesmal über den Ausflugspunkt SIERRA und nimmt Kurs auf NOVEMBER am Flugplatz *Paderborn/Lippstadt*.

a) Bestimme an Hand der Karte den Kurs über Grund, konstruiere das Winddreieck und ermittle den Steuerkurs.
b) Wie groß ist die tatsächliche Geschwindigkeit über Grund? Wie lange wird der Flug von Kontrollpunkt zu Kontrollpunkt dauern?
c) Wie groß ist der Luvwinkel?
d) Führe die gleichen Bestimmungen wie in Aufgabe a) bis c) für den Rückflug durch. Die Windverhältnisse sollen unverändert sein.

Mathe-Brücke

Aus der Praxis: **Hilfsmittel des Piloten**

Vielleicht hast du schon einmal darüber nachgedacht, daß ein Pilot während des Fluges nicht ein Zeichenbrett herausholen kann, um den Kurs zeichnerisch zu bestimmen. Das geht normalerweise nur vor Beginn des Fluges. Es gibt allerdings Hilfsmittel, mit deren Hilfe man auch während des Fluges relativ schnell die nötigen Daten ermitteln kann. Ein solches Hilfsmittel ist der **Navigationsrechner**. Die Vorderseite benutzt man für verschiedenste Berechnungen (Treibstoffverbrauch, Flugdauer usw.), die Rückseite für Kursbestimmungen. Die Abbildung unten zeigt die Rückseite dieses Gerätes. Man erkennt im Innern Geschwindigkeitsskalen (Angaben in kn) und am Rand eine drehbare Windrose mit einer 360°-Einteilung. Auf die Handhabung können wir hier nicht eingehen, da eine Erklärung etwas größeren Aufwand erfordert. Ein weiteres wichtiges Hilfsmittel ist der sogenannte **Kurskreisel**. Normalerweise wird die Kursbestimmung mit Hilfe eines Magnetkompasses durchgeführt. Ein solcher Kompaß hat allerdings den Nachteil, daß er bei Beschleunigungen und Kurvenflügen, also immer dann, wenn Fliehkräfte auftreten, erhebliche Anzeigefehler aufweist. Eine von Flugbewegungen unabhängige Anzeige gewährleistet der Kurskreisel. Man nutzt bei diesem Instrument aus, daß ein Kreisel bei geeigneter Aufhängung seine Drehachse im Raum stets beibehält. Dafür wird eine kardanische Aufhängung benötigt, bei der sich der Kreisel in allen Richtungen frei drehen kann (siehe Abbildung S. 29). Zu Beginn des Fluges wird der Kreisel gestartet und die Achse mit Hilfe eines Magnetkompasses in die gewünschte Richtung gestellt. Die Achse behält dann über einen längeren Zeitraum ihre Lage im Raum bei, welche Bewegungen das Flugzeug auch immer machen wird. Allerdings sollte man die Anfangseinstellung des Kreisels alle 15 Minuten mit Hilfe eines Magnetkompasses kontrollieren und gegebenenfalls neu justieren.

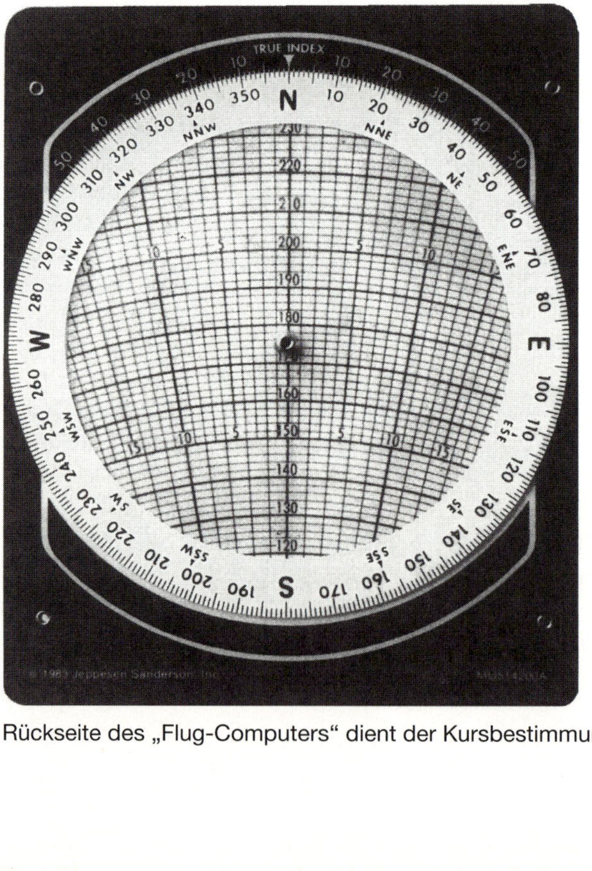

Die Rückseite des „Flug-Computers" dient der Kursbestimmung.

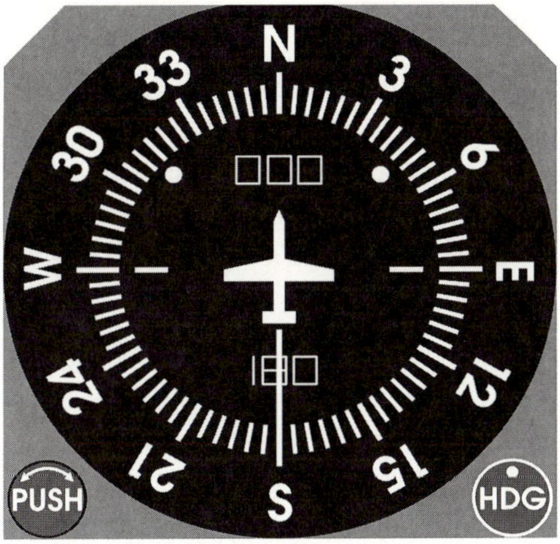

Das Ableseinstrument des Kurskreisels

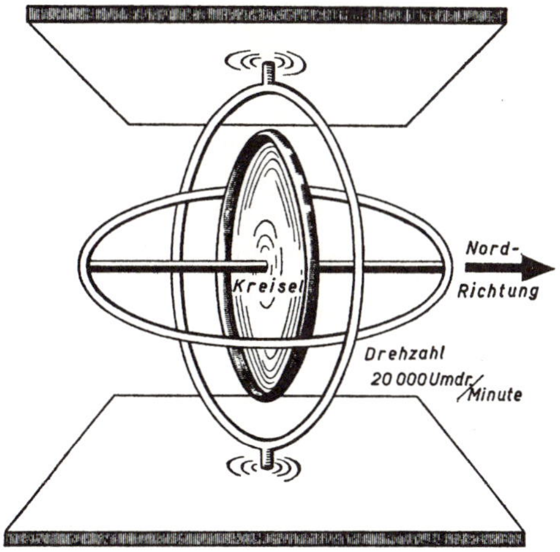

Der Kreiselkompaß

Die folgenden Aufgaben sind mit Hilfe der Karte 5 auf S. 37 (Ausschnitt aus der ICAO-Luftfahrtkarte für den Raum Frankfurt, Maßstab 1 : 500 000) zu lösen.

31 Ein Pilot startet vom *Siegerland-Flughafen*, um nach *Allendorf-Eder* (Flugplatz) zu fliegen. Der Windvektor ist laut Wetterbericht $\vec{w} = (100°; 40\ \frac{km}{h})$. Das Flugzeug fliegt mit einer Eigengeschwindigkeit von $180\ \frac{km}{h}$.

a) Welchen Kurs muß er steuern, um trotz Windabdrift an sein Ziel zu gelangen (Richtung von $\vec{v}$)?

b) Welche Geschwindigkeit über Grund und welche Flugdauer ist zu erwarten?

c) Nach Ablauf der vorausberechneten Zeit ist der Flughafen noch nicht in Sicht. Stattdessen sieht der Pilot unter sich den Ort *Münchhausen*. Was könnte der Grund für diese Abweichung sein?

d) Bestimme den wirklichen Geschwindigkeitsvektor $\vec{u}'$, der sich aus den Angaben in c) ergibt, und den wirklichen Windvektor $\vec{w}'$!

32 Beim Weiterflug von *Allendorf-Eder* zum Flugplatz *Gießen-Lützellinden* rechnet er mit einem Windvektor $(126°; 63\ \frac{km}{h})$. Er fliegt immer noch mit $v = 180\ \frac{km}{h}$.

a) Welchen Kurs muß er steuern?
b) Wie schnell kommt er wirklich voran (Geschwindigkeit über Grund)?
c) Wie lange wird der Flug dauern?

33 Bei gleichen Windverhältnissen will er wieder zum *Siegerland-Flughafen* zurückfliegen und die Strecke in 20 Minuten schaffen.

a) Bestimme den wirklichen Geschwindigkeitsvektor $\vec{u}$ über Grund.
b) Welche Eigengeschwindigkeit $\vec{v}$ (Betrag und Richtung) benötigt er, um die Geschwindigkeit $\vec{u}$ aus a) zu erreichen?
c) Welchen Kurs muß er steuern? Wie groß ist der Luvwinkel?

34 Ein Flugzeug startet vom Flugplatz *Meinerzhagen* mit Eigengeschwindigkeit $\vec{v} = (135°; 300\ \frac{km}{h})$. Nach 8 Minuten überquert es das Siegtal bei Kirchen.

a) Bestimme den Windvektor $\vec{w}$.
b) Stelle fest, welchen Steuerkurs er jetzt wählen muß, um den Flugplatz *Gießen-Lützellinden* zu erreichen.
c) Welchen Steuerkurs muß er bei gleichem Wind für den Rückflug wählen?

Mathe-Brücke

Aus der Praxis: **Funknavigation**

Insbesondere beim Instrumentenflug (IFR-Flug) benötigt man elektronische Hilfsmittel für die Navigation. Ganz Europa ist mit einem Netz von UKW-Sendern überzogen, mit deren Hilfe der Pilot sein Flugzeug sicher ins Ziel bringen kann. Das wichtigste dieser Systeme ist das VOR-System (VOR = Very High Frequency Omnidirectional Range), die deutsche Bezeichnung ist UKW-Drehfunkfeuer. Die Sendefrequenzen liegen zwischen 108 und 118 MHz, also direkt oberhalb der Hörfunkfrequenzen im UKW-Bereich. Eine VOR-Bodenstation sendet zwei verschiedene Arten von Funksignalen aus. Das erste Signal wird von einer rotierenden Richtantenne nur in einer, sich allerdings ständig ändernden Richtung abgestrahlt. Das zweite Signal wird gleichmäßig in alle Richtungen abgestrahlt. Etwas vereinfacht kannst du dir vorstellen, daß der Richtstrahl eine 360°-Drehung in 360 Sekunden ausführt, also jede Sekunde um 1° weiterrückt. Jedesmal wenn er durch die Nordrichtung geht, wird das zweite Signal gleichmäßig in alle Richtungen abgestrahlt. Wenn nun im Empfänger des Flugzeuges das Richtsignal 75 Sekunden später als das zweite Signal eintrifft, befindet sich das Flugzeug auf dem 75°-**Radial** der VOR-Station, deren Sendefrequenz man eingestellt hat. Man kann auf der Karte mittels der Windrose, die um die VOR-Station eingezeichnet ist, den entsprechenden Peilstrahl einzeichnen (siehe Abbildung), auf dem sich das Flugzeug befindet.

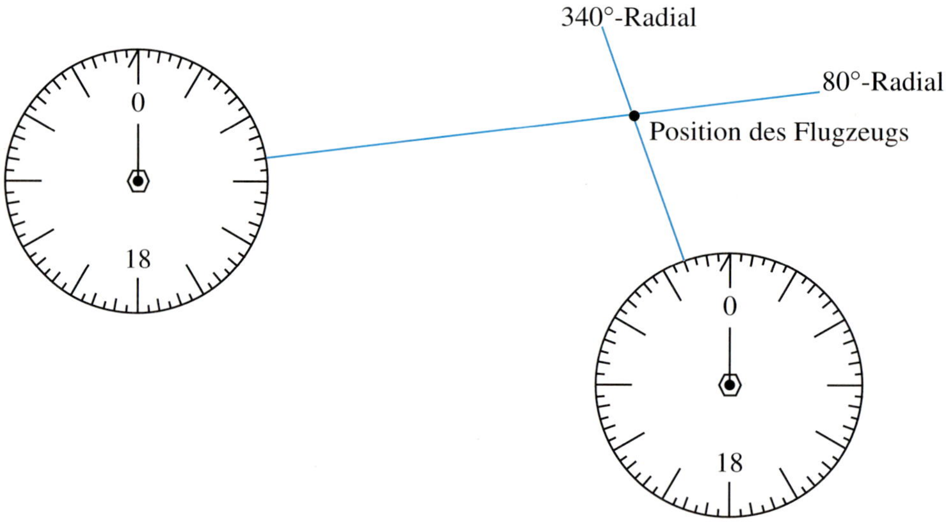

Befindet man sich in Reichweite einer weiteren VOR-Station, so kann man das Verfahren auch für diese Station wiederholen. Der Schnittpunkt der beiden Peilstrahlen ist die aktuelle Position des Flugzeugs. Du hast sicher die **Kreuzpeilung** aus dem zweiten Abschnitt wiedererkannt. In der Realität ist die VOR-Technik etwas komplizierter, als sie hier erläutert wurde. Der Richtstrahler rotiert viel schneller, nämlich mit 30 Umdrehungen pro Sekunde. Es werden auch keine kurzen Impulse ausgesandt, sondern ein sinusförmig moduliertes Dauersignal auf beiden Sendern. Was dies genau bedeutet, lernst du im Trigonometrieunterricht der 10. Klasse. Da die Sinuskurve des Richtstrahlers gegenüber dem Referenzstrahler proportional zum Drehwinkel verschoben wird, kann man im Empfänger aus der Verschiebung den Drehwinkel bestimmen. Technisch läßt sich dieses Verfahren einfacher realisieren als das oben beschriebene, das leichter verständlich ist und auf dem gleichen Grundprinzip beruht.

1 In Karte 5 (S. 37) findest du die beiden VOR-Stationen COLA und ARPE. Welche Sendefrequenzen haben die beiden Stationen?

2 Ein Flugzeug befindet sich auf dem 200°-Radial von ARPE und auf dem 100°-Radial von COLA. Ermittle die Position auf der Karte. Welchen Flugplatz würdest du als Pilot in einem Notfall ansteuern?

3 Stelle dir vor, du überfliegst gerade das 190°-Radial von ARPE und siehst unter dir eine Autobahn. Wo befindest du dich?

4 Ein anderes Flugzeug fliegt auf dem 20°-Radial von COLA. Der Pilot sieht unter sich eine Talsperre. Wo ist er?

In vielen Fällen fliegt man einfach auf einem VOR-Radial als Leitstrahl von Station zu Station. Man muß dann am Empfangsgerät nur überprüfen, ob man stets auf dem gleichen Radial bleibt. Dies kann allerdings bei stärkerem Wind mit Schwierigkeiten verbunden sein.

Neben dem hier genauer beschriebenen VOR-System gibt es noch eine ganze Reihe anderer Techniken der Funknavigation, z.B. ungerichtete Funkfeuer, die einen Radiokompaß an Bord des Flugzeuges steuern, Entfernungsmeßsysteme, die häufig mit einer VOR-Station verbunden sind, und Landesysteme für Instrumentenlandungen. Bei Fernflügen wird außerdem noch das LORAN-System benutzt, daß in Kapitel 4 genauer beschrieben wird (Hyperbelnavigation).

35 Das U-Boot-Jagdflugzeug *Aurora* wirft aus 6000 m Höhe Horchbojen ab, die sofort nach dem Aufschlagen auf der Meeresoberfläche ein mit Mikrophonen bestücktes Kabel ins Meer abseilen. Ein Sender in der Boje funkt die aufgenommenen Geräusche zum Flugzeug, in dem ein Computer aus der Stärke der Geräusche den Standort des U-Bootes berechnet. Drei vom U-Boot-Jäger abgeworfene Horchbojen melden Geräusche gleicher Stärke. Die Bojen befinden sich an den Punkten P (0; 0), Q (16; 4) und R (2; 12) eines willkürlich festgelegten Koordinatensystems (Längeneinheit: 1 sm).

a) Bestimme durch Konstruktion den Ort U (x; y) des U-Bootes.

b) Die *Aurora* befindet sich im Augenblick der Ortung des U-Bootes an der Stelle S (24; 10) in 6000 m Höhe und nimmt sofort Kurs auf den Punkt U. Welchen Kurs muß sie bei Windstille einschlagen?

c) Die *Aurora* bewegt sich mit einer Geschwindigkeit von 80 kn. Wie lange dauert es, bis sie sich genau über dem vermuteten Standort des U-Bootes befindet?

d) Welchen Kurs muß der Pilot ansteuern, wenn er zum Zielpunkt gelangen will und ein Westwind mit 18 kn weht?

36 Ein Flugzeug fliegt bei Windstille mit einer Geschwindigkeit von 400 $\frac{km}{h}$. Es fliegt beim Hinflug mit Gegenwind und beim Rückflug mit Rückenwind.

a) Zeige, daß die in 5 Flugstunden höchstens erreichbare Entfernung s (Point of No Return) durch
$$s = 800\,t - 160\,t^2$$
berechnet werden kann, wenn t die Dauer des Hinfluges ist.

b) Stelle s als Funktion von t graphisch dar.

c) Für welche Hinflugdauer wird s maximal? Welche Windverhältnisse müssen unter diesen Umständen herrschen?

37 Ein Flugzeug, das bei Windstille mit einer Geschwindigkeit von 400 $\frac{km}{h}$ fliegt, wird für eine Flugdauer von 5 Stunden für Hin- und Rückflug betankt. Auf dem Hinflug herrscht Rückenwind.

a) Zeige, daß bei einer Windgeschwindigkeit w (in $\frac{km}{h}$) die Entfernung s des PNR durch die Formel
$$s = 1000 - \frac{w^2}{160}$$
berechnet wird.

b) Stelle s als Funktion von w graphisch dar. Bei welcher Windgeschwindigkeit ist s maximal?

38 Bisher wurde bei den Aufgaben zur Berechnung des PNR stets mit Gegen- und Rückenwind gerechnet. Jetzt betrachten wir einen allgemeineren Fall. Das Flugzeug soll auf dem Hinflug stets genau nach Osten fliegen, auf dem Rückflug also nach Westen. Der Wind wird durch den Vektor $\vec{w} = (135°;\ 60\ \frac{km}{h})$ beschrieben. Die Eigengeschwindigkeit beträgt 200 $\frac{km}{h}$.

a) Bestimme zeichnerisch mit Hilfe des Winddreiecks den Steuerkurs und die Geschwindigkeit über Grund für den Hinflug und den Rückflug.

b) Das Flugzeug ist für eine Flugdauer von vier Stunden betankt. Bis zu welcher Entfernung darf es maximal fliegen?

c) Welche Flugzeiten für den Hinflug und den Rückflug ergeben sich daraus?

39 Verfahre wie in Aufgabe 36 für den Fall, daß ein Nordostwind mit Geschwindigkeit 50 $\frac{km}{h}$ weht.

40 Wenn für den Hinflug die Geschwindigkeit über Grund u_1 ist und für den Rückflug u_2, so berechnet man die Flugdauer t_1 für den Flug bis zum PNR nach der Formel
$$t_1 = \frac{u_2}{u_2 + u_1} \cdot T,$$
worin T die gesamte Flugdauer ist, für die das Flugzeug betankt wurde. Leite diese Formel her.

41 Ein Flugzeug, das bei Windstille 300 $\frac{km}{h}$ schnell fliegt, benötigt beim Hinflug zu einem 500 km entfernten Zielort wegen eines Rückenwindes 15 Minuten weniger als beim Rückflug mit Gegenwind. Berechne die Windgeschwindigkeit und die Flugzeiten.

42 Ein Flugzeug braucht für eine Strecke von 500 km mit Rückenwind eine Viertelstunde weniger als mit Gegenwind. Die Windgeschwindigkeit beträgt 20 $\frac{km}{h}$. Berechne die Eigengeschwindigkeit des Flugzeugs und die Flugzeiten.

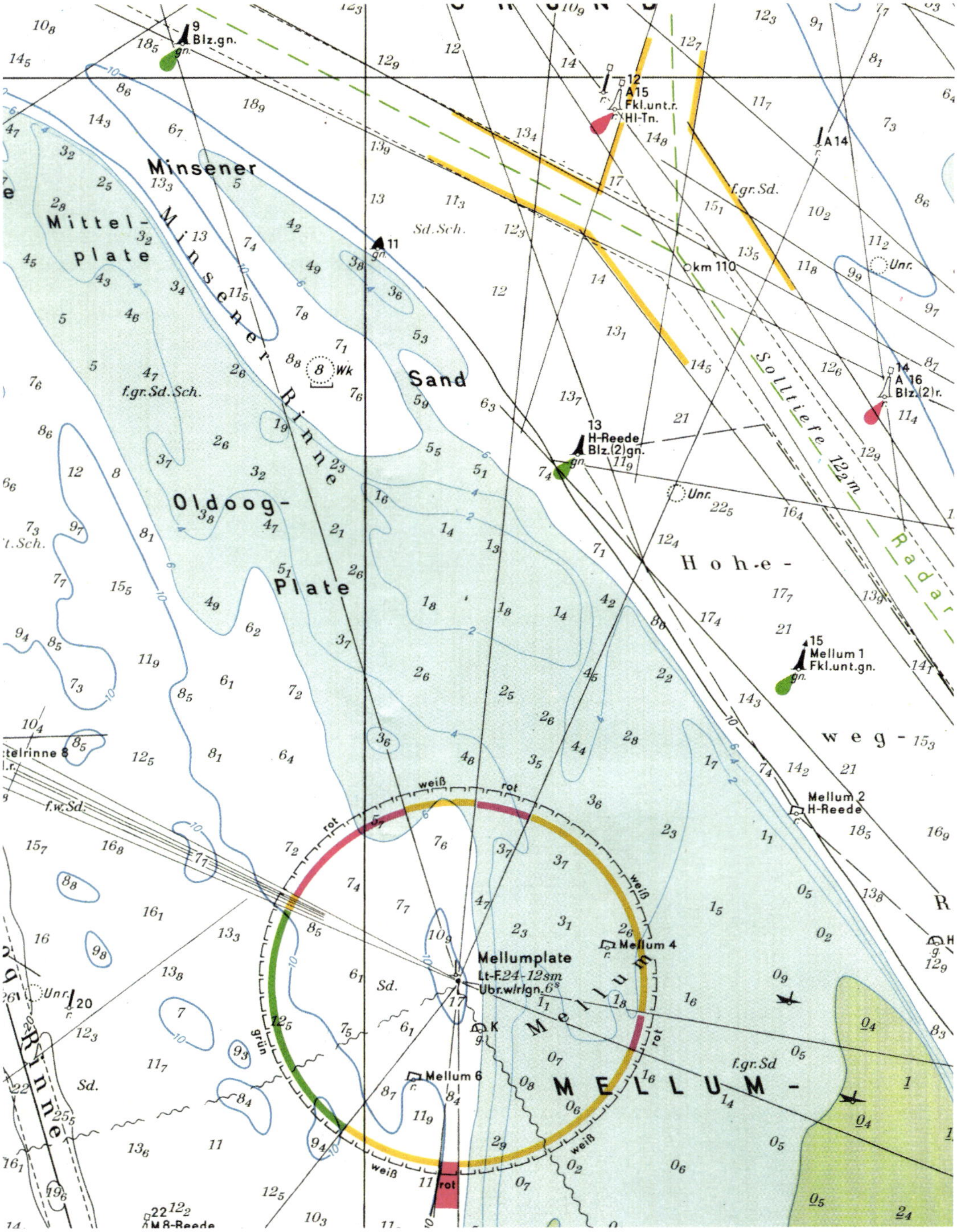

Karte 1: Seekarte der Weser-Jade-Mündung, Maßstab 1 : 50 000

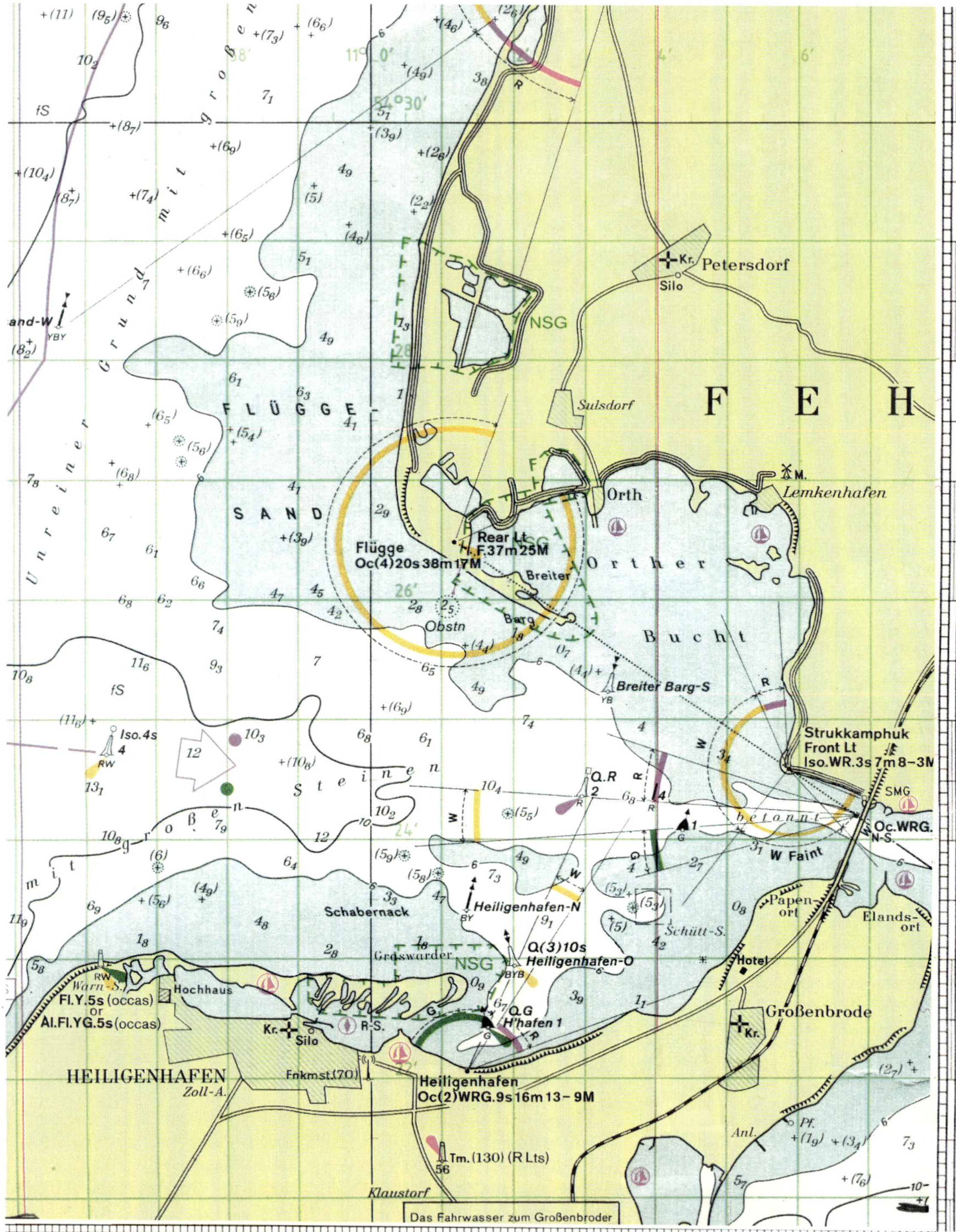

Karte 2: Seekarte vom Fehmarn-Sund, Maßstab 1 : 100 000

Ballonstartplätze:
1. Paderborn-Lippstadt
2. Münster-Telgte
3. Arnsberg

Karte 3; Maßstab 1 : 600 000

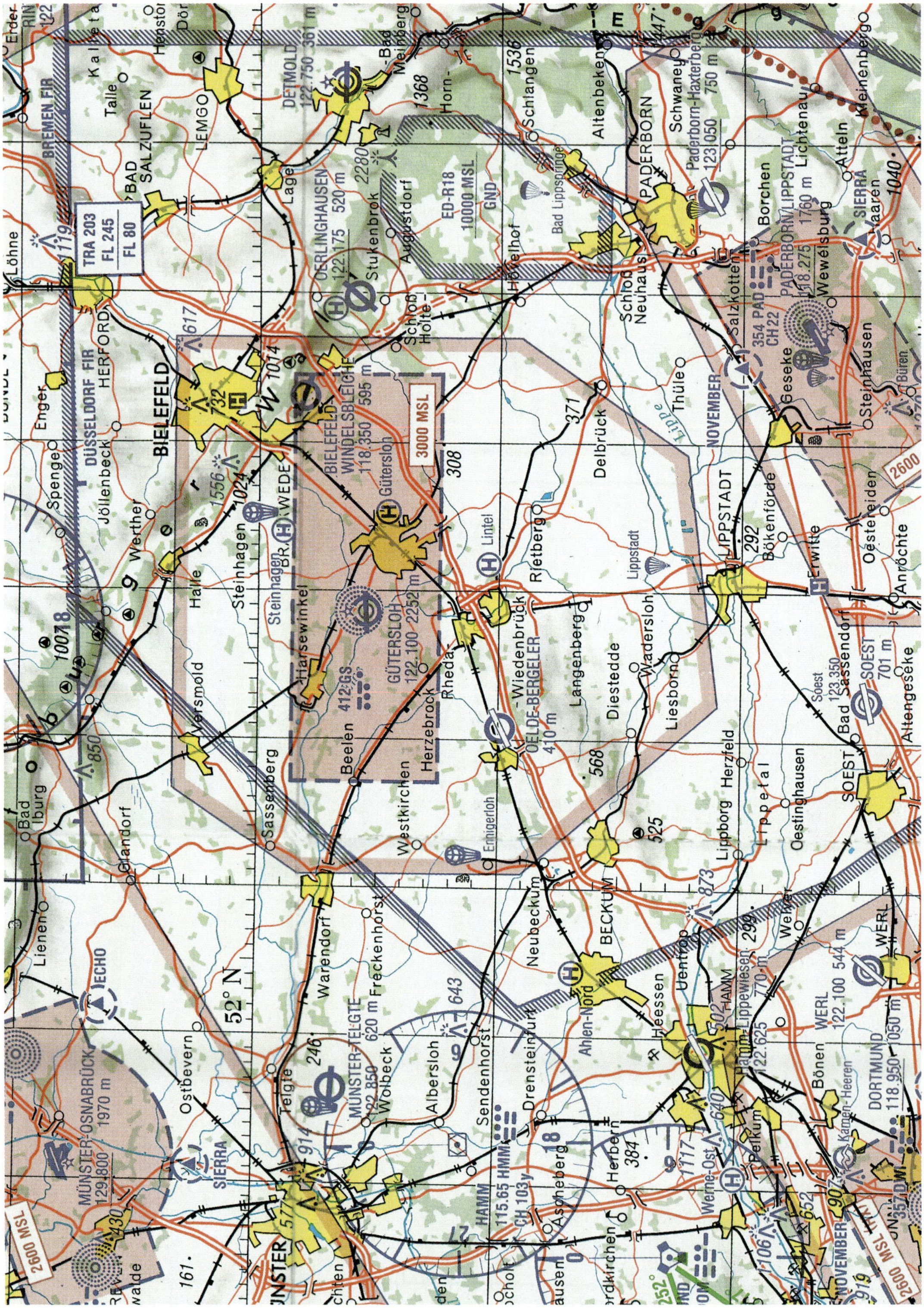

Karte 4; Maßstab 1 : 500 000

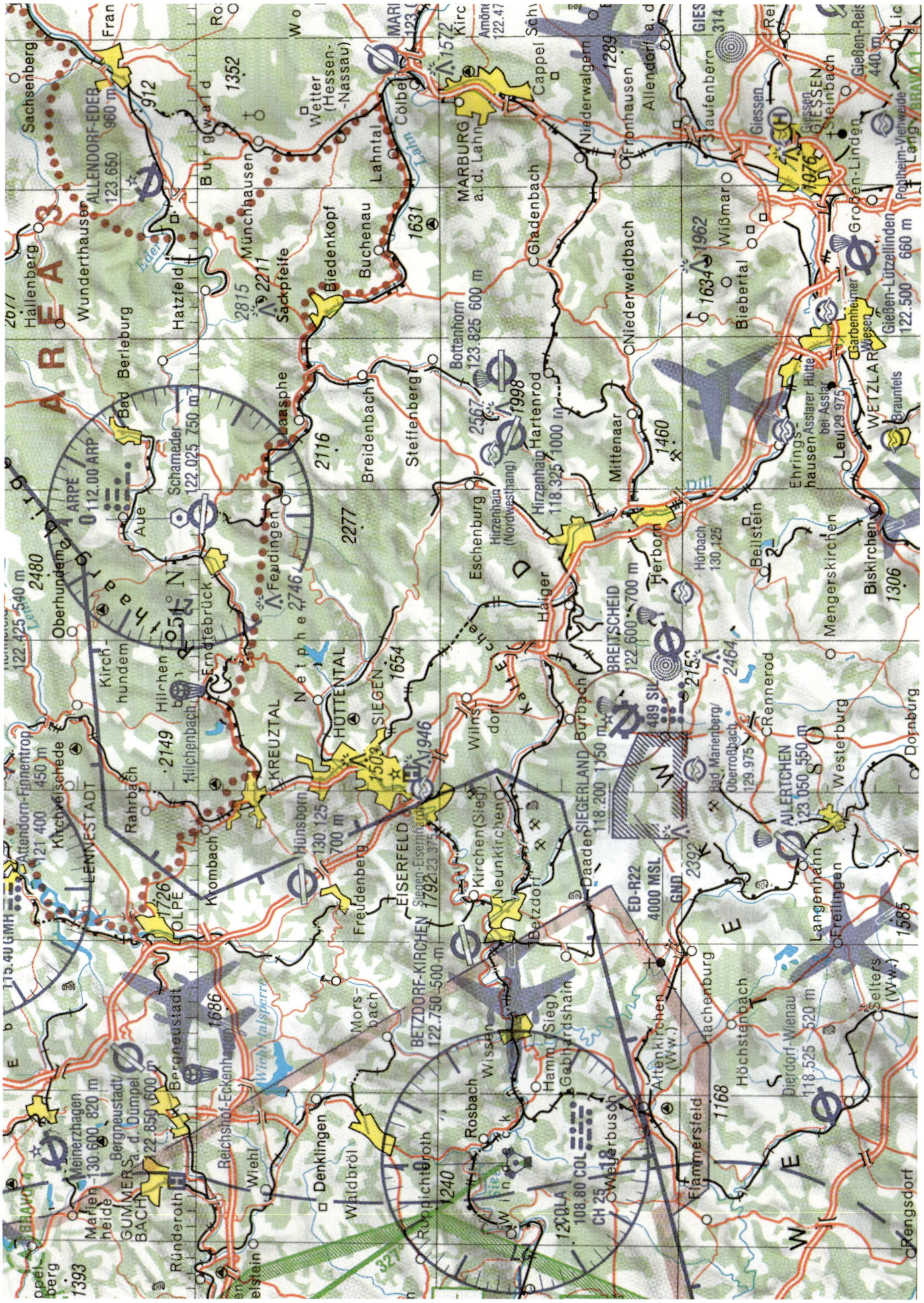

Karte 5; Maßstab 1 : 500 000

2 Darstellende Geometrie

2.1 Schulung des räumlichen Vorstellungsvermögens

1 Das Bild zeigt das Kantenmodell eines Würfels mit zwei ebenen Schnittflächen. Stelle dir vor, daß die Würfelkanten durch Stäbe realisiert werden, daß man also in den Würfel ohne Schwierigkeiten hineinsehen kann. Im Innern werden dann die Flächen durch rechteckige Stücke aus Pappe oder Papier dargestellt, die sich wegen ihrer gegenseitigen Durchdringung für den äußeren Beobachter gegenseitig teilweise abdecken. Für die Zeichnung im Schrägbild ist es notwendig, sich vorher zu überlegen, wie die Schnittlinie zwischen der roten und der blauen Fläche verläuft. Erläutere, welche Art von Linie es ist und wie man ihre genaue Lage in der Zeichnung bestimmt, wenn nur die Ränder der Flächen bekannt sind (wie im linken Bild dargestellt).

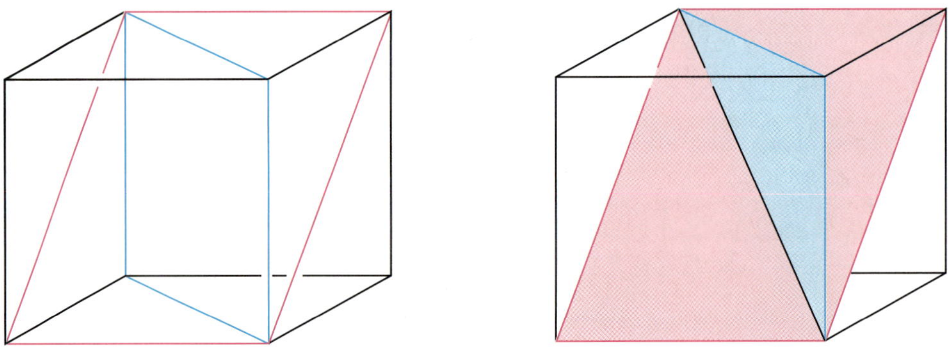

2 In den folgenden Abbildungen sind jeweils die Ränder von zwei Schnittflächen im Würfel vollständig dargestellt. Zeichne entsprechende Abbildungen so, daß deutlich wird, wie die Schnittflächen sich gegenseitig durchdringen und abdecken. Stelle dabei die verschiedenen Flächen durch unterschiedliche Färbung dar (wie im Bild oben). Vorgegeben sind auch die Teile der Ränder, die in deiner Zeichnung später unsichtbar sein werden.

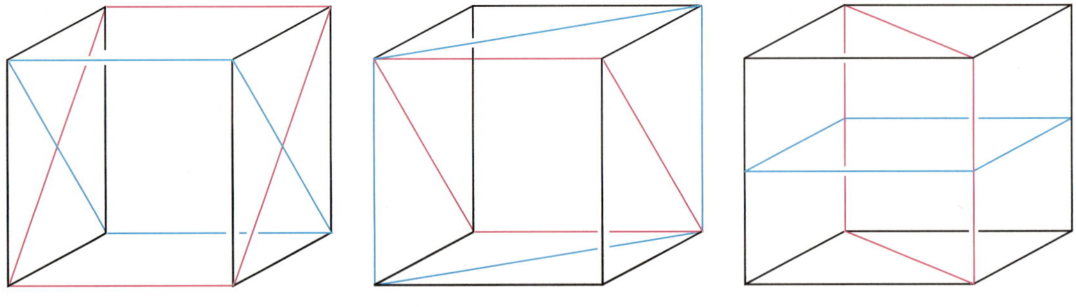

Die Schnittlinie zweier ebener Flächenstücke ist ein Geradenabschnitt (Strecke). Man kann die Schnittlinie also zeichnen, wenn man zwei ihrer Punkte kennt. Leicht ermitteln lassen sich diejenigen Punkte der Schnittlinie, die auf dem Rand der jeweiligen Flächenstücke liegen. Bei vorgegebenem Rand muß man also nur die Punkte suchen, an denen zwei Ränder unterschiedlicher Färbung zusammentreffen. Dabei ist darauf zu achten, daß es sich um echte gemeinsame Punkte handelt und nicht wie bei S oder S' (in der Zeichnung) um scheinbare, bei denen sich die beiden Randlinien nur im Schrägbild auf dem Papier schneiden. S kann kein gemeinsamer Punkt sein, weil der eine Rand auf der Vorderseite und der andere auf der Rückseite des Würfels liegt.

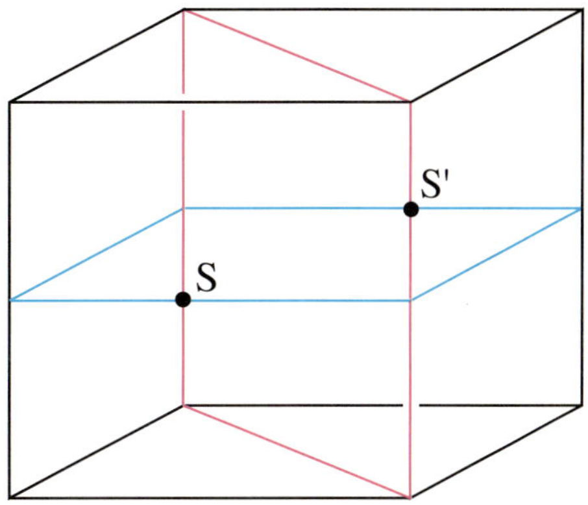

3 Die folgende Abbildung zeigt einen Würfel mit drei Schnittflächen. Auf der linken Seite sind wieder die Ränder vollständig dargestellt (einschließlich der später unsichtbaren Teile), auf der rechten Seite siehst du dann das fertige Bild.

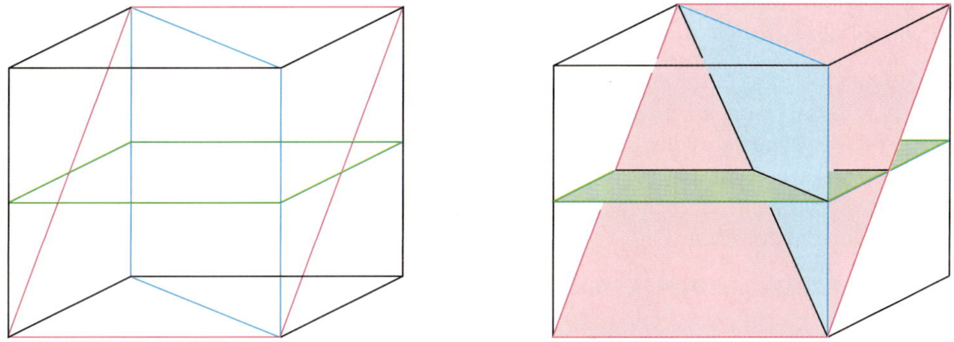

a) Erläutere, woran man im linken Bild die echten von den nur scheinbaren Schnittpunkten der Randlinien unterscheiden kann.
b) Wie viele Schnittlinien zwischen den drei Flächen gibt es? Welcher Punkt ist allen Schnittlinien gemeinsam?
c) Verfahre bei den folgenden Würfeln mit drei Schnittflächen ebenso wie in Aufgabe 2. Zeichne zu diesem Zweck zunächst die Ränder und die Schnittlinien dünn mit einem Bleistift vor und beginne dann mit der Einfärbung an einem Rand, von dem du mit Sicherheit sagen kannst, daß er sichtbar ist.

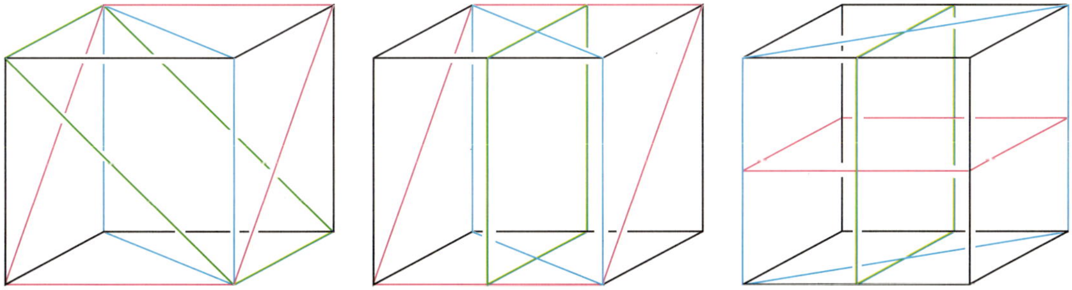

4 Die Abbildung rechts zeigt eine schräg liegende Schnittfläche ABCD in einem Würfel. Wie kann man die Lage der Eckpunkte mit Hilfe von Koordinaten beschreiben?

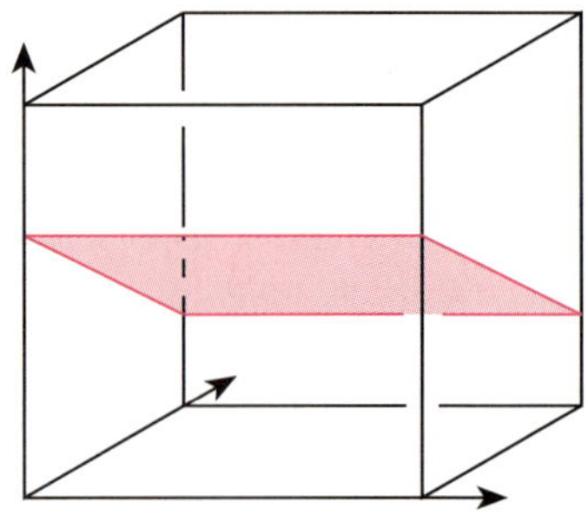

Räumliche Koordinatensysteme

Die Lage eines Punktes im Raum kann durch 3 Koordinaten bestimmt werden. Für unsere Zwecke legen wir den Punkt vorn, unten, links als Koordinatenursprung fest. Die drei von ihm ausgehenden Würfelkanten bestimmen die Richtung der drei Achsen (x-Achse nach rechts, y-Achse in die Tiefe, z-Achse nach oben). Die auf den Achsen angegebenen Längeneinheiten werden willkürlich festgelegt (auf der y-Achse im Bild allerdings halb so groß wie auf der x- bzw. z-Achse).

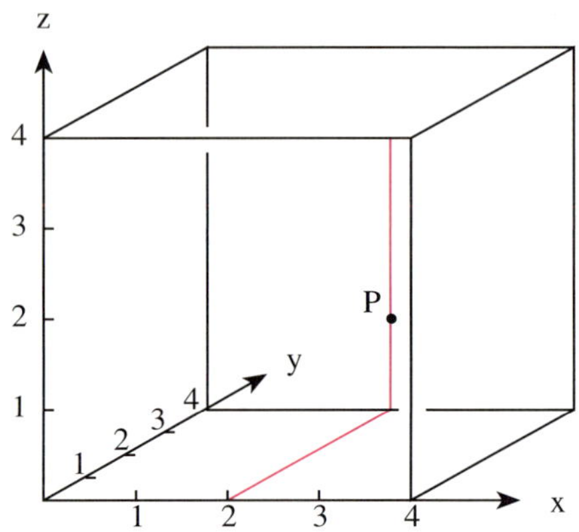

Wenn du nun die Lage eines Punktes angeben willst, stellst du fest, wie viele Schritte du nach rechts (bzw. links), nach hinten (bzw. vorn) und nach oben (bzw. unten) gehen mußt, um vom Ursprung des Systems zu dem gewünschten Punkt zu gelangen. Die in Klammern gesetzten Richtungen werden durch ein negatives Vorzeichen der Koordinate erreicht. Die Schrittlänge wird durch die auf den Achsen angegebenen Einheiten festgelegt. Der Punkt P hat dementsprechend die Koordinaten (2; 4; 1).

5 Gib die Koordinaten aller Eckpunkte der Schnittflächen in den folgenden Abbildungen an.

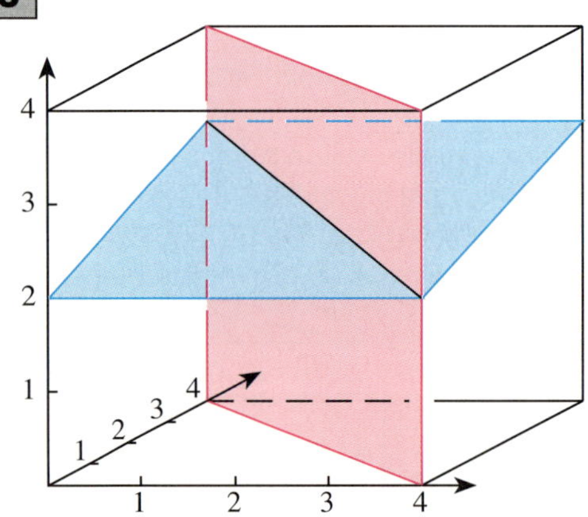

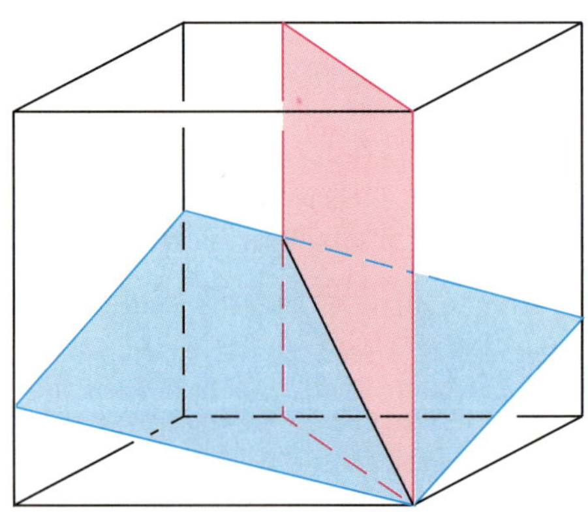

6 Wie viele Punkte einer Ebene müssen bekannt sein, um die Lage dieser Ebene genau zu bestimmen?

7 Die Abbildung unten zeigt das Schrägbild eines Würfels in einem Koordinatensystem. Die Schnittfläche kann durch die Koordinaten von mindestens drei Eckpunkten festgelegt werden, z.B. A(0; 0; 3), B(5; 0; 3), C(5; 5; 1). Der vierte Eckpunkt ergibt sich dann daraus als D(0; 5; 1).

a) Erkläre, wie man die Koordinaten von D findet.

b) Zeichne die Schnittfläche ABCD zusammen mit einer Schnittfläche EFGH, die durch E(4; 0; 0), F(4; 0; 5), G(1; 5; 5) gegeben ist, in ein Würfelschrägbild. Färbe die Flächen unterschiedlich ein und mache deutlich, wie sie sich gegenseitig abdecken.

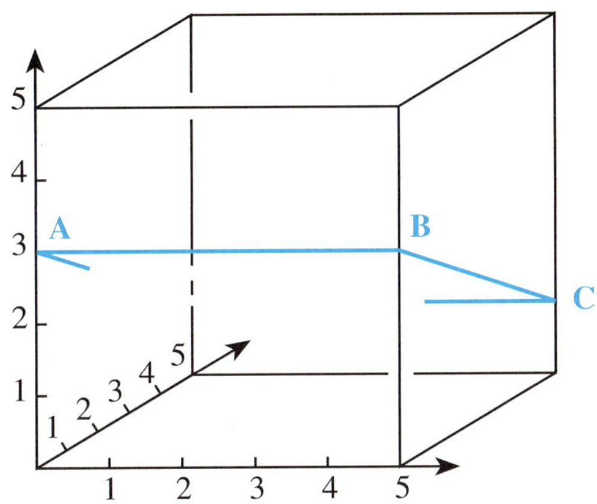

8 Verfahre wie in Aufgabe 7 für zwei ebene Schnittflächen, die durch folgende Eckpunkte bestimmt sind. Bestimme auch hier jeweils den fehlenden vierten Eckpunkt des Rechtecks.

a) A(4; 0; 0), B(4; 0; 5), C(0; 5; 5) und
E(0; 0; 0), F(3; 5; 0), G(3; 5; 5)

b) A(0; 0; 1), B(5; 0; 2), D(0; 5; 2) und
E(5; 0; 0), F(5; 0; 5), H(1; 5; 0)

9 Verfahre wie in Aufgabe 7 für drei ebene Schnittflächen, die durch folgende Eckpunkte bestimmt sind. Bestimme auch hier jeweils den fehlenden vierten Eckpunkt des Rechtecks.

a) A(1; 0; 0), B(4; 0; 5), C(5; 5; 5) und
E(5; 0; 0), F(5; 0; 5), H(2; 5; 0) und
P(0; 0; 2), Q(5; 0; 2), S(0; 5; 2),

b) A(0; 0; 0), B(5; 0; 0), D(0; 5; 5) und
E(2,5; 0; 0), F(2,5; 5; 0), G(2,5; 5; 5) und
P(5; 0; 0), Q(5; 0; 5), R(0; 5; 5).

10 In der Abbildung siehst du einen Würfel mit einer Schar paralleler Schnittflächen, die alle gleichen Abstand voneinander haben. Stelle dir vor, daß der Würfel um 90° gedreht wird, so daß die Ecke F auf die Ecke E fällt. Zeichne den Würfel und die Schnittflächen in dieser Lage. Beachte, daß in dieser Lage noch zwei weitere Schnittflächen der Schar zu sehen sind, die im Bild verdeckt sind.

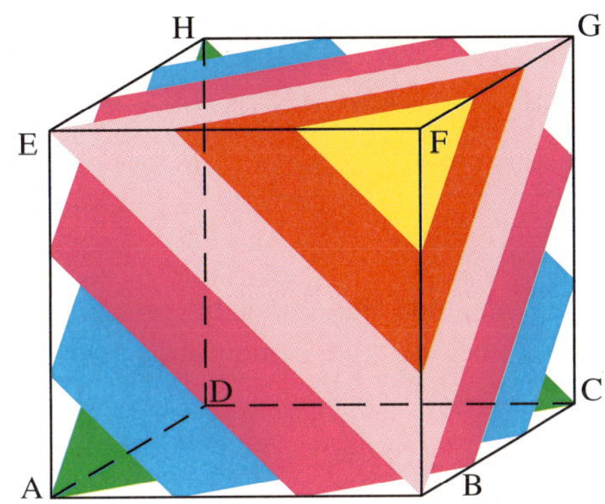

11 Verfahre mit den beiden folgenden Abbildungen wie in der vorigen Aufgabe.

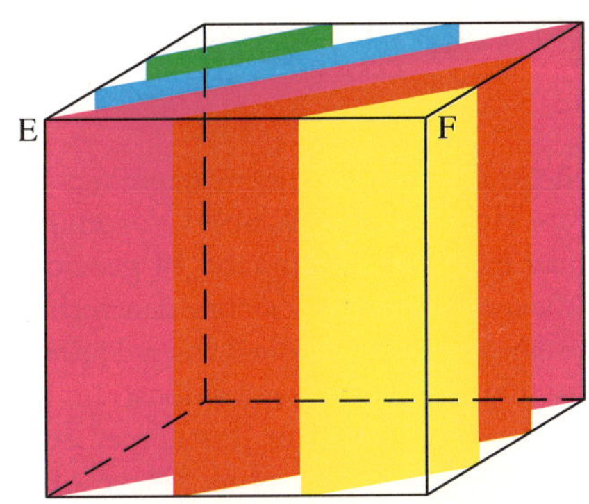

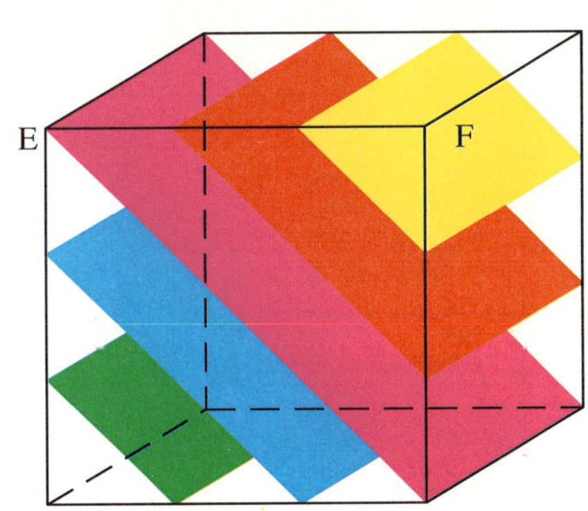

12 Eine Ebenenschar kann auch dadurch bestimmt sein, daß alle Ebenen durch eine gemeinsame Gerade gehen. Zeichne die folgenden Scharen ebenfalls in gedrehter Lage (um 90° gedreht, so daß F auf E fällt).

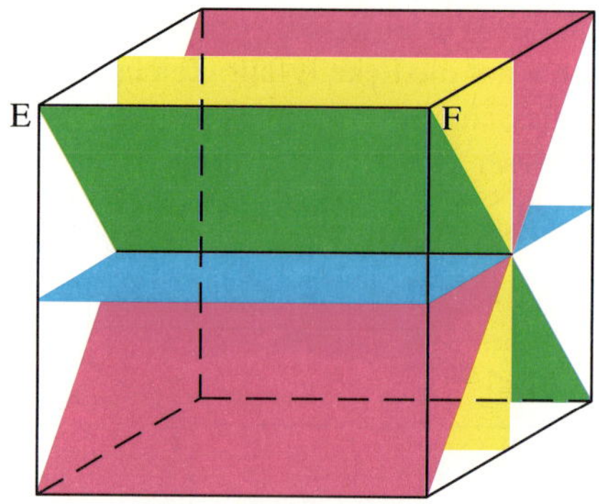

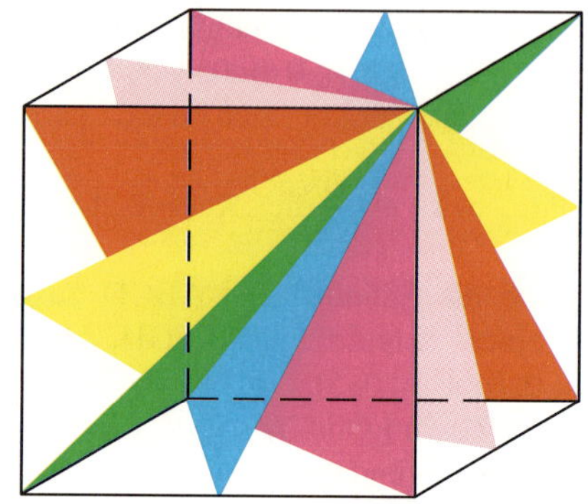

13 Zeichne eine ähnliche Schar wie im rechten Bild, bei der die gemeinsame Gerade die Diagonale BH ist.

14 In einem Würfel ABCDEFGH (siehe Zeichnung von Aufgabe 10) liegen vier dreieckige Schnittflächen, die durch folgende Eckpunkte gegeben sind: AFH, BEG, CFH und DEG. Zeichne alle vier Schnittflächen und mache deutlich, wie sie sich gegenseitig abdecken.

15 Stelle dir vor, bei einem massiven Würfel aus Holz werden Schnitte vorgenommen, die genau längs der in Aufgabe 14 gezeichneten Schnittflächen verlaufen. Zeichne den verbleibenden Restkörper, indem du die Kanten deutlich hervorhebst und die Flächen grau abtönst. Im Bild ist dargestellt, wie ein solcher Restkörper aussieht, der durch einen Schnitt längs der Fläche AFH entsteht.

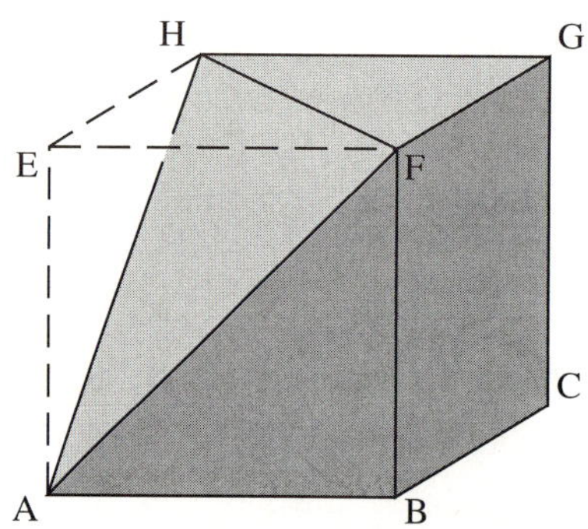

16 a) Zeichne die drei rechteckigen Schnittflächen OPUS, KLUT und PQVT in der üblichen Weise.

b) Zeichne den Restkörper, den man erhält, wenn man einen massiven Würfel längs dieser Flächen durchsägt.

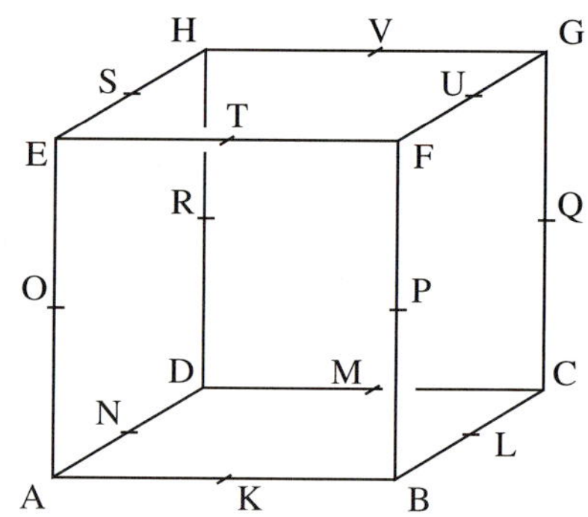

17 Die Abbildung unten zeigt einen Restkörper. Zeichne alle zugehörigen Schnittflächen und ihre gegenseitige Abdeckung in einem Kantenmodell des Würfels.

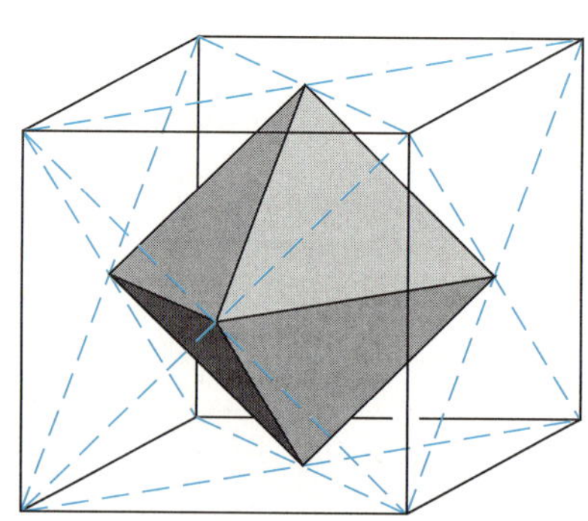

18 Erkläre, wie in der Abbildung unten die Schnittlinie zwischen der roten Dreiecksfläche und der blauen Quadratfläche konstruiert wird.

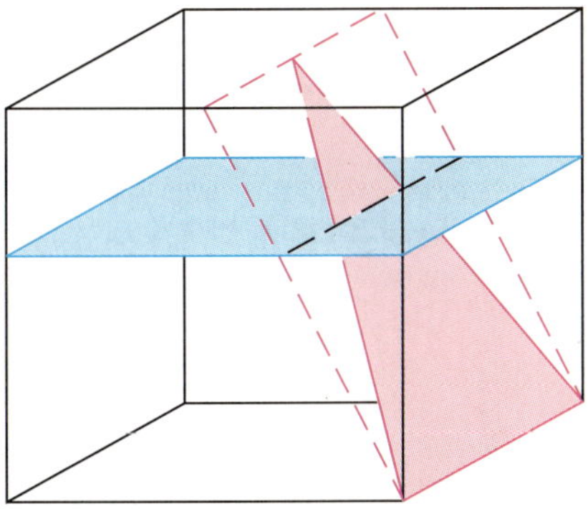

19 Zeichne im Würfelschrägbild eine vierseitige Pyramide, deren Grundfläche die Würfelgrundfläche ist und deren Spitze im Punkt S (2,5; 2,5; 5) liegt. Die Pyramide soll ferner durch eine Ebene geschnitten werden, die wie die blaue Schnittfläche in Aufgabe 18 liegt. Stelle diesen Sachverhalt zeichnerisch dar, wobei deutlich werden soll, wie die Flächen sich gegenseitig abdecken.

20 Erläutere, wie im Bild unten links der Durchstoßpunkt S der Raumdiagonalen BH durch die rote Dreiecksfläche ermittelt wird.

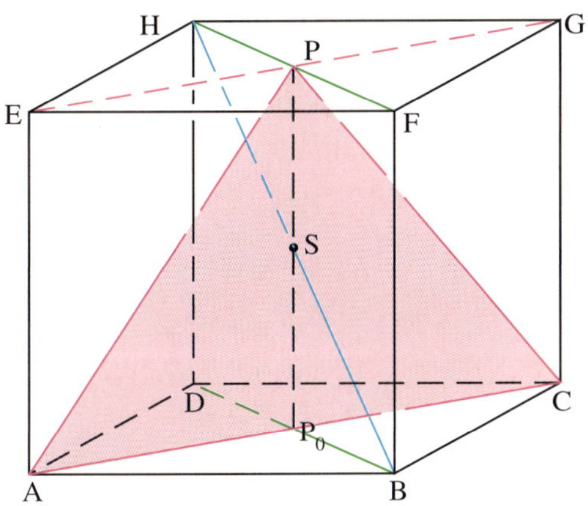

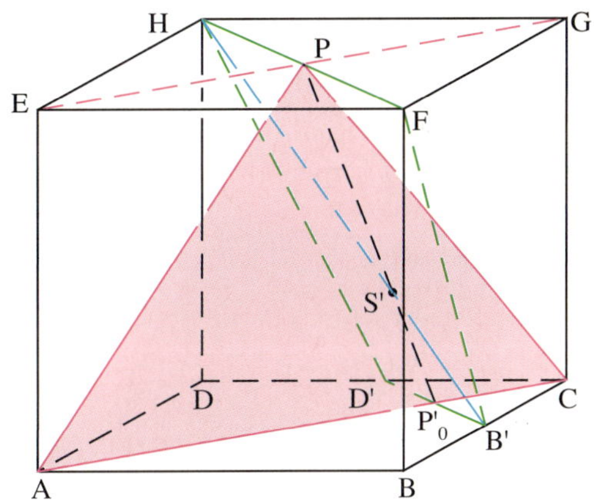

21 Stelle dir vor, daß die Ebene, die durch B, F, H, D geht, um die Gerade FH pendelt (siehe Abbildung zu Aufgabe 20 rechts) und die Gerade B'H mitbewegt wird. Wie wird hier der Durchstoßpunkt S' konstruiert?

22 Die Gerade g soll durch die Punkte H (0; 5; 5) und I (2,5; 0; 0) gehen. Zeichne die rote Dreiecksfläche aus Aufgabe 20 und den Durchstoßpunkt von g durch diese Fläche.

23 Eine dreiseitige Pyramide, deren Grundfläche die Eckpunkte A' (2,5; 0; 0), B (5; 0; 0) und B' (5; 2,5; 0) und die Spitze H (0; 5; 5) hat, soll die rote Fläche aus Aufgabe 20 durchdringen. Stelle diesen Sachverhalt zeichnerisch dar.

24 Verfahre wie in Aufgabe 23, aber jetzt mit einer Grundfläche, die durch die Eckpunkte D' (2; 4; 0), D (0; 4; 0) und D'' (0; 2; 0) gegeben ist. Die Spitze der Pyramide soll in F (4; 0; 4) liegen.

25 Fertige eine Zeichnung ähnlich wie die zu Aufgabe 18 an, bei der die blaue Ebene durch die Eckpunkte P (0; 0; 3), Q (4; 0; 2), R (4; 4; 2) und S (0; 4; 3) geht.

26 Verfahre wie in Aufgabe 19, allerdings mit einer blauen Fläche, die wie in Aufgabe 25 liegt.

2.2 Projektionen und Risse

1 Du siehst hier die Abbildung eines Gegenstandes und seines Schlagschattens im Sonnenlicht bzw. im Licht einer Lampe.

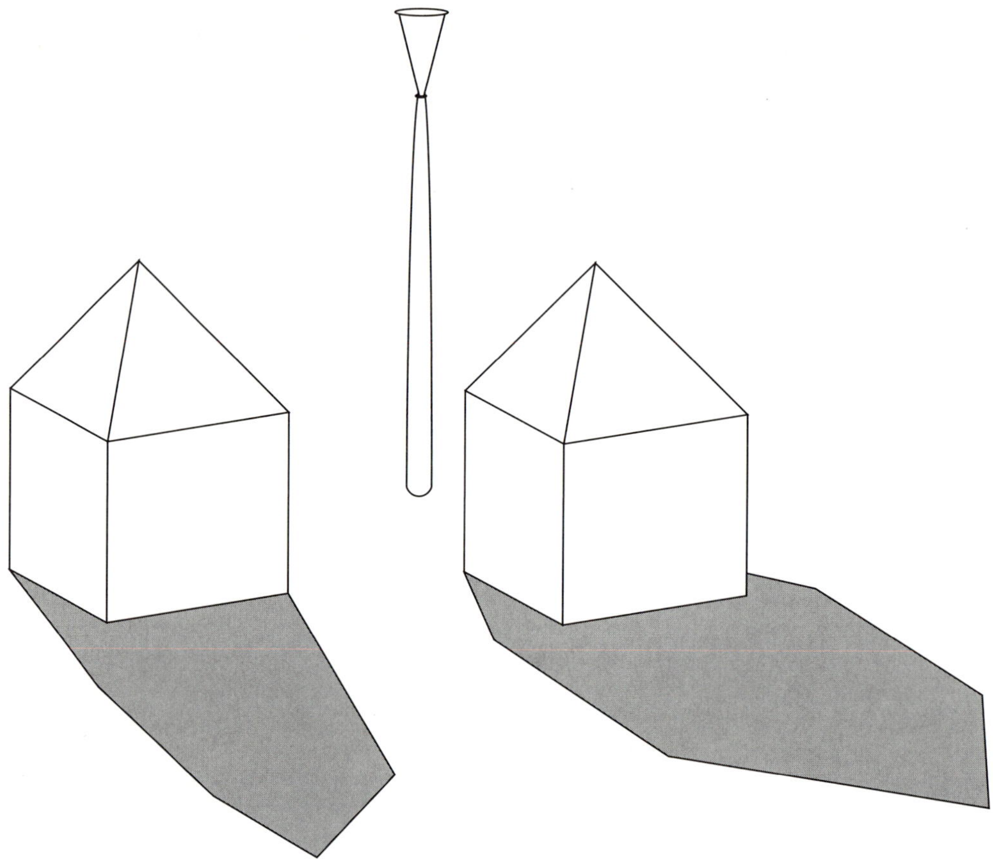

a) Vergleiche die beiden Schattenbilder miteinander und nenne Unterschiede bzw. Gemeinsamkeiten.

b) Lege Transparentpapier über die Zeichnung und zeichne darauf die Verbindungsgeraden von den Eckpunkten des Gegenstandes zu den zugehörigen Eckpunkten des Schattenbildes. Man bezeichnet diese Geraden als **projizierende Geraden**. Sie stellen die Lichtstrahlen dar. Wie liegen die projizierenden Geraden in Bezug zueinander?

2 Beobachte die Schattenbilder, die verschiedene Gegenstände (z.B. Kisten, Stühle, Gitter usw.) im Sonnenlicht auf dem ebenen Erdboden erzeugen **(Schlagschatten)**. Vergleiche insbesondere die Gestalt des Gegenstandes mit der des Schattenbildes. Wie verändern sich Größen und Richtungen?

3 Führe ähnliche Untersuchungen mit den gleichen Gegenständen und dem Licht einer starken, möglichst punktförmigen Lampe in einem sonst dunklen Raum durch. In welcher Hinsicht ist das Schattenbild jetzt anders? Verändere auch Lage und Entfernung der Gegenstände in bezug auf die Lampe. Was muß man tun, damit die Schatten im Lampenlicht denen im Sonnenlicht ähnlich werden?

Projektionsarten

Bei einer geometrischen Projektion geht durch jeden Punkt P des abzubildenden Gegenstandes eine **projizierende Gerade**. Der Schnittpunkt P' dieser Geraden mit der **Bildebene** ist der **Bildpunkt** von P. Man unterscheidet zwei Projektionsarten. Bei der ersten sind die projizierenden Geraden alle parallel. Deshalb bezeichnet man diese Abbildung als **Parallelprojektion** und das dabei entstehende Bild als **Parallelriß**. Schattenbilder im Sonnenlicht sind in guter Näherung Parallelrisse. Bei der zweiten Projektionsart gehen alle projizierenden Geraden durch einen Punkt, das **Projektionszentrum**. Man nennt daher diese Art der Abbildung **Zentralprojektion** und das zugehörige Bild **Zentralriß**. Schattenbilder im Lampenlicht sind annähernd Zentralrisse.

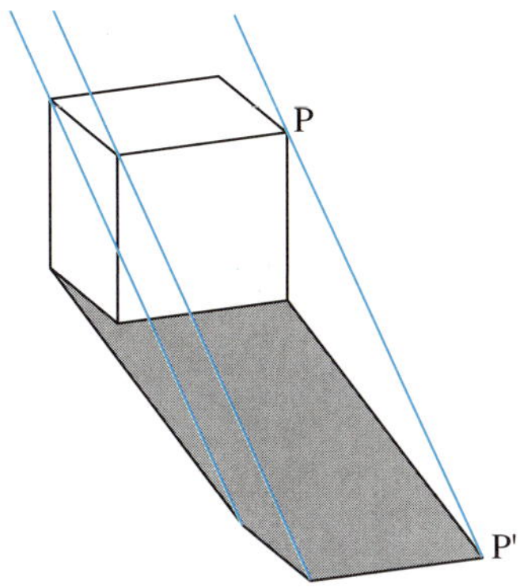

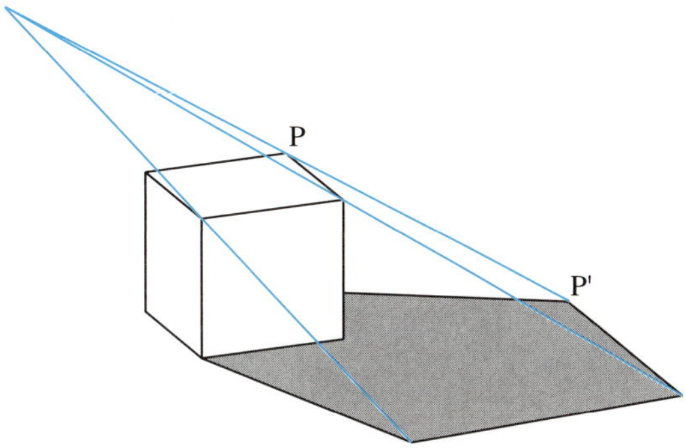

4 Die Projektionsgeraden müssen nicht immer durch von einer Quelle ausgehende Lichtstrahlen realisiert werden. Das einäugige Sehen kann man z.B. auch als Projektionsvorgang deuten. Die projizierenden Geraden bezeichnet man in diesem Fall als **Sehstrahlen**. Handelt es sich um eine Parallel- oder um eine Zentralprojektion? Falls das letztere der Fall ist, wo liegt dann das Projektionszentrum?

5 Läßt sich auch die Abbildung mit dem Fotoapparat einem der beiden Typen zuordnen?

6 Wo liegt bei der Abbildung mit einer Lochkamera das Projektionszentrum? Wo liegt es bei der Abbildung im Auge (bzw. im Fotoapparat)?

Das einäugige Sehen entspricht weitgehend einer Zentralprojektion. Die projizierenden Geraden sind gedachte Linien, die durch das Zentrum der Augenlinse gehen. Dort liegt auch das Projektionszentrum, der sogenannte **Augpunkt**.

7 Die nebenstehende graue Abbildung zeigt einen Gegenstand, wie man ihn von vorn sieht. Daneben sind verschiedene Möglichkeiten dargestellt, wie man ihn bei der Betrachtung von oben sieht. Beschreibe die Gestalt des Gegenstandes mit Worten. Ist die Lösung eindeutig, oder gibt es verschiedene Möglichkeiten?

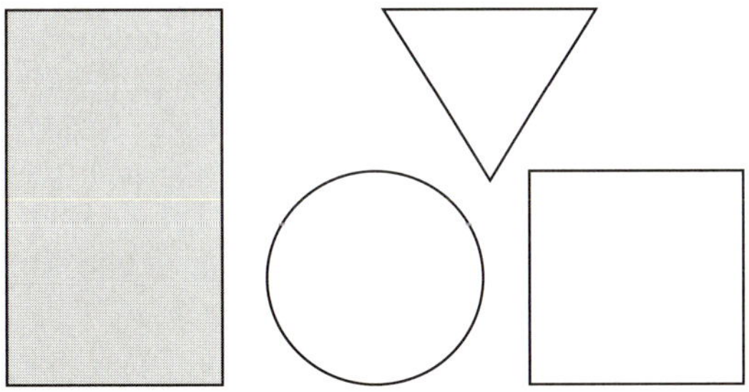

8 Nenne einige Gegenstände, die bei der Betrachtung von vorn und von oben (bzw. von der Seite) gleich aussehen.

9 Die folgende Abbildung zeigt den Zentralriß eines Gartentores.

a) Lege ein Transparentpapier über die Zeichnung und verlängere die Schattenrisse der senkrechten Stäbe in Richtung auf die Lampe. Was kann man über die Lage der so entstandenen Geraden feststellen?
b) Durch welchen Punkt gehen die Risse aller auf der Bildebene senkrecht stehenden Geraden?
c) Wie kann man den Schattenriß des rechts neben dem Tor stehenden Pfostens konstruieren?
d) Zwischen dem Tor und dem Pfosten befindet sich gerade eine Fliege in der Luft (der schwarze Punkt). Konstruiere ihren Riß.

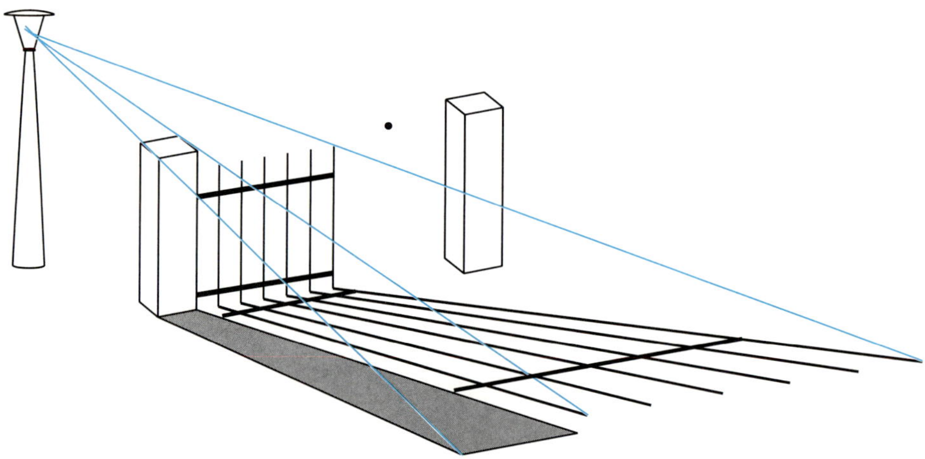

Den Riß einer senkrecht auf der Bildebene stehenden Geraden bezeichnen wir als **Leitgerade**. Sie geht stets durch den Fußpunkt des Lotes vom Projektionszentrum Z auf die Bildebene. Die Leitgeraden helfen uns bei der Bildkonstruktion. Soll ein Punkt P abgebildet werden, so fällen wir von ihm das Lot auf die Bildebene und zeichnen die zugehörige Leitgerade. Der Schnittpunkt der Leitgeraden mit der projizierenden Geraden ist der Bildpunkt P' von P (der Riß von P). Zeichnerisch kann diese Aufgabe nur gelöst werden, wenn die Fußpunkte der Lote von Z und P auf die Bildebene gegeben sind oder konstruiert werden können.

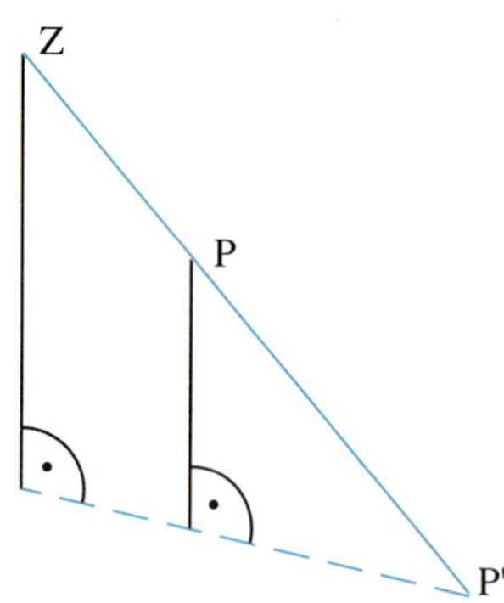

10 Zeichne die folgenden Bilder auf Transparentpapier ab und ermittle jeweils für alle Eckpunkte des schattenwerfenden Körpers die zugehörigen Bildpunkte. Zeichne den gesamten Schattenriß.

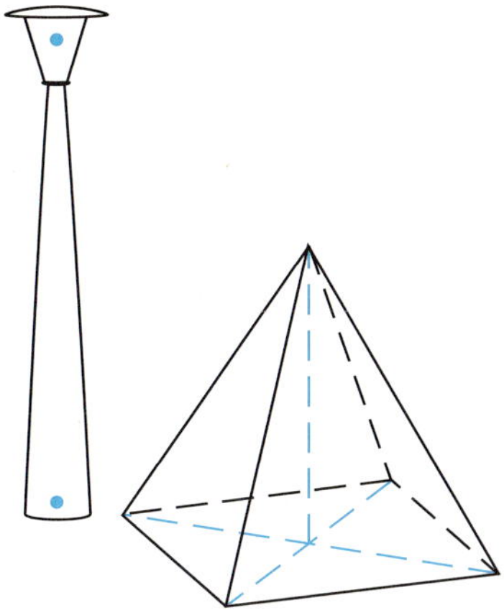

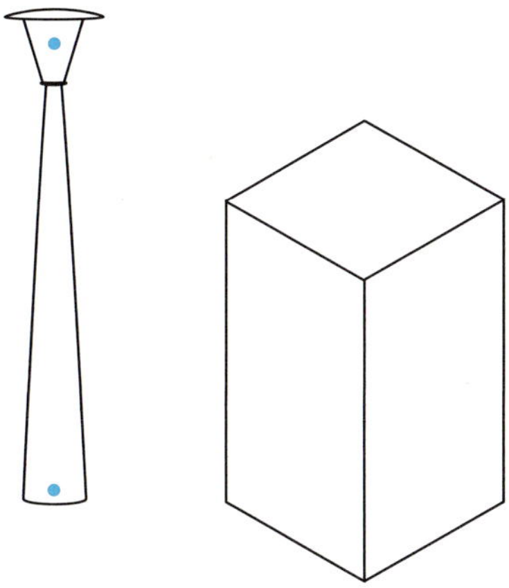

11 Die folgende Abbildung zeigt noch einmal den Schatten des Gartentores aus Aufgabe 9, aber nun bei Sonnenlicht.

a) Lege ein Transparentpapier über die Zeichnung und verlängere die Schattenrisse der senkrechten Stäbe nach links. Was kann man über die Lage der so entstandenen Geraden feststellen?

b) Wie liegen die Risse aller auf der Bildebene senkrecht stehenden Geraden?

c) Wie kann man den Schattenriß des rechts neben dem Tor stehenden Pfostens konstruieren?

d) Zwischen dem Tor und dem Pfosten befindet sich gerade eine Fliege in der Luft (der schwarze Punkt). Konstruiere ihren Riß.

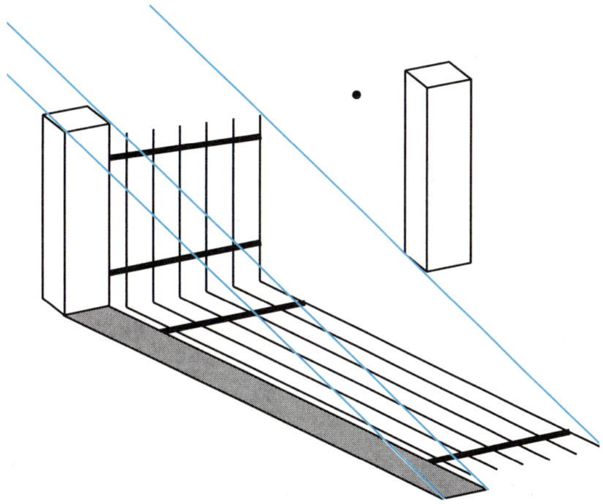

Die **Leitgeraden** sind bei einer Parallelprojektion alle parallel. Deuten wir das Bild als Schattenriß im Sonnenlicht auf einer horizontalen Ebene, so gibt ihre Richtung an, in welcher Himmelsrichtung die Sonne zu suchen ist. Sie helfen uns bei der Bildkonstruktion. Soll ein Punkt P abgebildet werden, so fällen wir von ihm das Lot auf die Bildebene und zeichnen die zugehörige Leitgerade. Der Schnittpunkt der Leitgeraden mit der projizierenden Geraden ist der Bildpunkt P' von P (der Riß von P). Zeichnerisch kann diese Aufgabe nur gelöst werden, wenn der Fußpunkt des Lotes von P auf die Bildebene und die Richtung mindestens einer Leitgeraden gegeben sind oder konstruiert werden können.

12 Zeichne die folgenden Bilder auf Transparentpapier ab und ermittle jeweils für alle Eckpunkte des schattenwerfenden Körpers die zugehörigen Bildpunkte. Zeichne den gesamten Schattenriß.

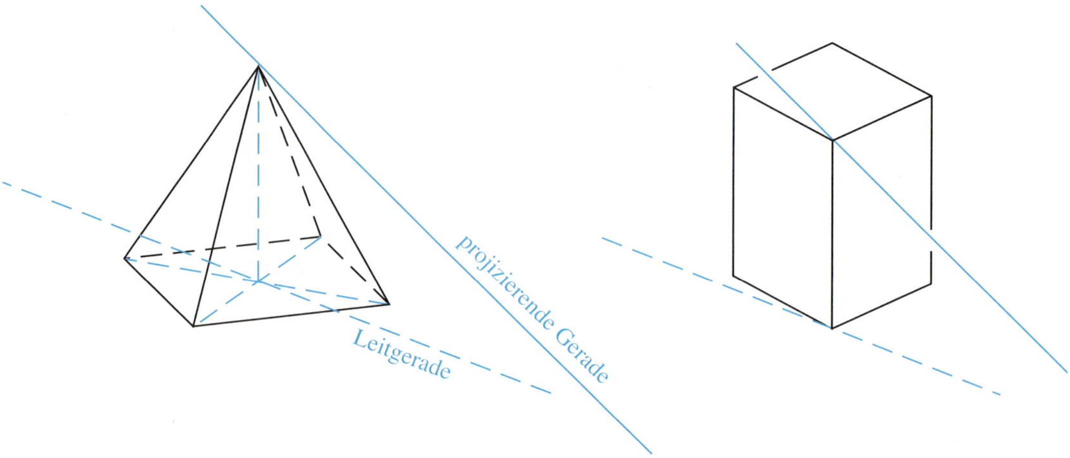

13 Zeichne das folgende Bild zunächst auf Transparentpapier ab. Vorgegeben ist der Parallelriß A' des Punktes A auf die Grundebene. Ermittle zunächst die Parallelrisse aller anderen bezeichneten Punkte. Zeichne dann den gesamten Schattenriß des Gebäudes.

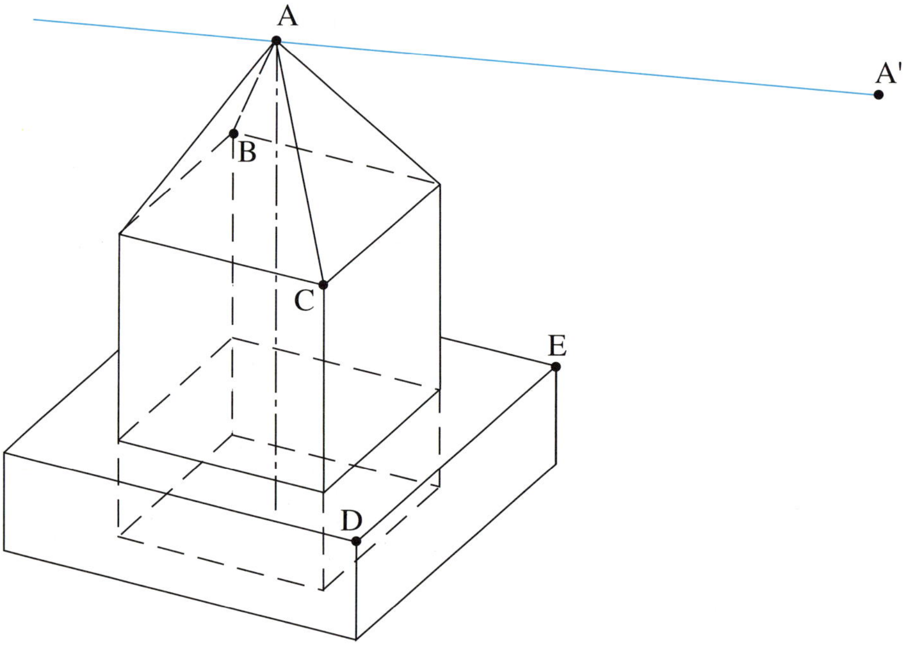

14 Im folgenden Bild ist ein Kegel auf einer Tischplatte dargestellt, hinter dem eine senkrechte Wand steht. S_1 ist der Riß von S, wie er sich ohne die senkrechte Wand ergeben würde. Übertrage das Bild zunächst auf Transparentpapier. Bestimme das Bild des Lotes $\overline{SM}$ und den tatsächlichen Riß S_2 von S (mit senkrechter Wand). Zeichne dann den gesamten Schattenriß.

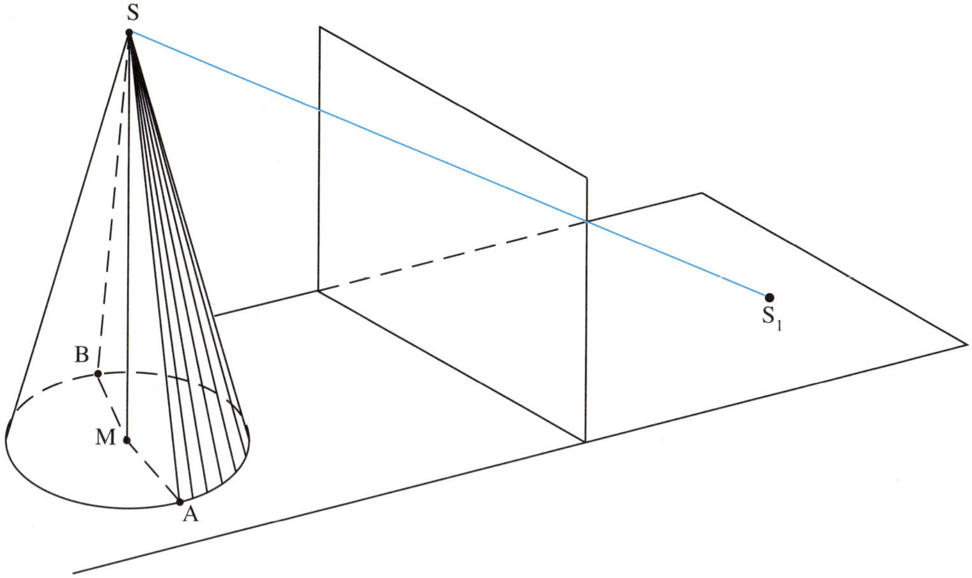

15 Zeichne das folgende Bild wieder auf Transparentpapier ab und ermittle den Schattenriß des Turmes auf der vorgegebenen Stufenfläche. Der Punkt A_1 ist darin der Parallelriß von A auf die Grundfläche (ohne Stufe). Überlege zunächst, wie das Lot $\overline{AA_0}$ abgebildet wird und wo der Riß A_2 von A auf der oberen Stufenfläche liegen muß.

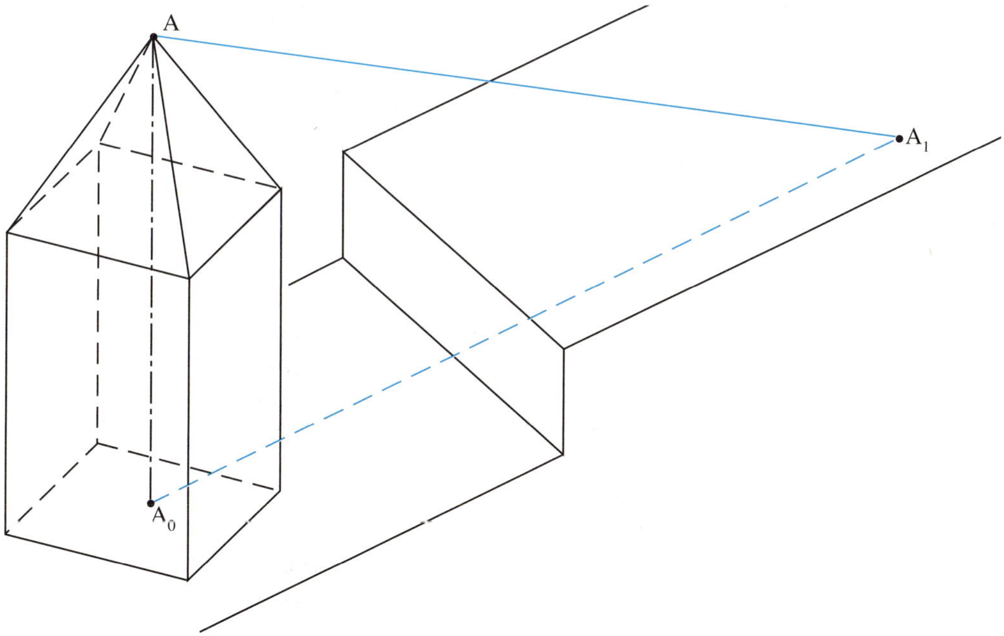

2.3 Schrägbilder

1 Baue aus Zahnstochern, Schaschlik-Spießen oder Strohhalmen das Kantenmodell eines Würfels. Besonders schnell geht es, wenn man die Verbindung mit Hilfe von kleinen Kügelchen aus Knetmasse herstellt; stabiler wird es allerdings, wenn man klebt. Beobachte das Schattenbild dieses Würfels bei Beleuchtung mit parallelem Licht. Am besten geht dies mit Sonnenlicht. Zur Not kann man auch eine starke Taschenlampe verwenden, die in ca. 3 bis 4 m Entfernung gehalten wird. Der Würfel muß dann allerdings unmittelbar vor die Bildebene gehalten werden.

a) Lasse das Licht unter verschiedenen Winkeln auf eine vertikale Bildebene (z.B. Wände des Klassenraumes) fallen und drehe den Würfel in unterschiedliche Lagen. Beobachte dabei, wie sich der Schattenriß verändert.

b) Führe die gleichen Untersuchungen bei einer horizontalen Bildebene (z.B. Fußboden) durch.

c) Wie muß der Würfel gehalten werden, damit eine der Seitenflächen kongruent abgebildet wird? (Beim Arbeiten mit der Taschenlampe läßt sich eine exakte Kongruenz allerdings nicht erreichen.) Gibt es noch eine andere Würfelfläche, die in dieser Lage des Würfels ebenfalls kongruent abgebildet wird? Welche Kanten erscheinen verkürzt oder verlängert?

d) Was läßt sich über die Winkel im Schattenriß aussagen, wenn du den Würfel so hältst, wie in Aufgabe c) gefordert wird?

e) Überlege, welche der Schattenbilder ein Betrachter leicht als Würfelbilder erkennen kann bzw. welche bei ihm eher den Eindruck eines Quaders hervorrufen.

2 Halte einen Stab parallel zu einer Wand und beleuchte ihn aus verschiedenen Richtungen. Was läßt sich über Lage und Größe des Schattenrisses (im Vergleich zum Stab) feststellen? Was geschieht, wenn der Stab nicht mehr parallel zur Wand ist?

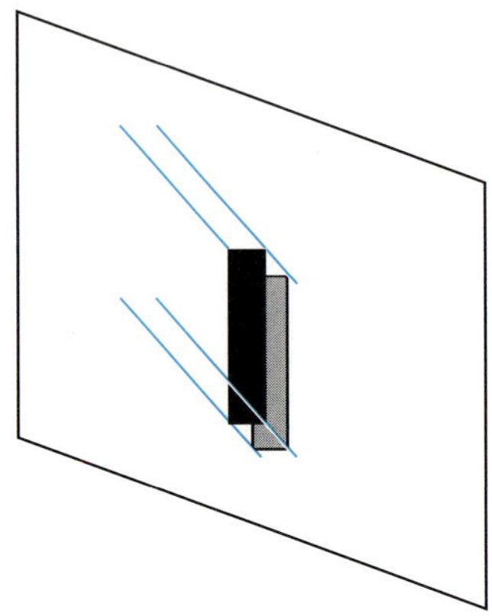

3 Halte ein Gitter (Quadrat- oder Rechteckgitter) parallel zu einer Wand und beleuchte es aus verschiedenen Richtungen. Was läßt sich über die Risse paralleler Geraden feststellen? Was läßt sich über Längenverhältnisse aussagen? Bleibt z.B. der Mittelpunkt einer Strecke auch im Schattenriß Mittelpunkt der entsprechenden Bildstrecke?

Schrägbilder

Treffen bei einer Parallelprojektion die projizierenden Geraden schräg auf die Bildebene, so bezeichnet man den zugehörigen Riß als **Schrägbild**. Eine wichtige Rolle spielen Ebenen, die zur Bildebene parallel sind. Wir bezeichnen sie als **Hauptebenen**.

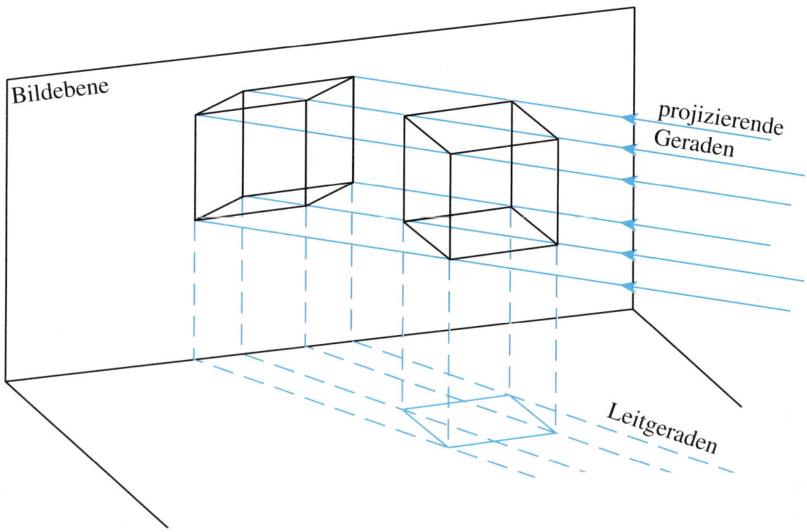

Frontal- und Militärprojektion

Wird mittels Parallelprojektion auf eine **vertikale** Bildebene projiziert, so bezeichnet man diese Abbildung als **Frontalprojektion**, da die so entstandenen Risse eine Frontansicht des abgebildeten Gegenstandes liefern. Ist die Bildebene **horizontal** und treffen die Abbildungsstrahlen unter einem Winkel von 45° auf sie auf, so spricht man von **Militärprojektion**. Die zugehörigen Risse sind in beiden Fällen **Schrägbilder**.

Diese Abbildungen haben folgende Eigenschaften:

1. Alle Strecken, die in einer Hauptebene liegen, erscheinen im Schrägbild in unveränderter Richtung und Länge.

2. Alle Figuren, die in einer Hauptebene liegen, werden auf kongruente Figuren abgebildet.

3. Strecken, die nicht in einer Hauptebene liegen, erscheinen im Schrägbild im allgemeinen verkürzt oder verlängert, entsprechende Figuren verzerrt.

4. Parallele Geraden oder Strecken werden stets auf parallele Geraden oder Strecken abgebildet.

5. Längenverhältnisse bleiben bei der Abbildung erhalten.

4 Die folgenden Abbildungen zeigen Schrägbilder eines Würfels mit Kantenlänge 3 cm in Frontalprojektion.

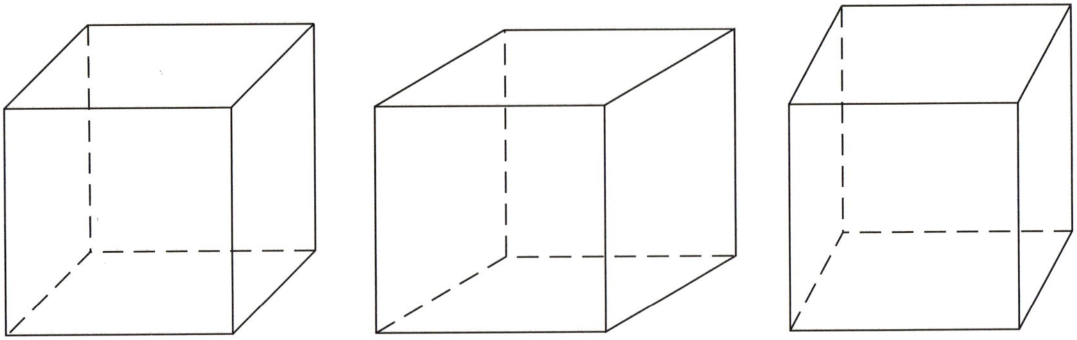

a) Miß alle Kantenlängen. Welche Kanten werden in der richtigen Länge, welche verkürzt dargestellt?
b) Welche Richtung haben Kanten, die senkrecht zur Hauptebene stehen, im Riß?

Zeichenregeln für die Frontalprojektion

1. Waagerechte Strecken (Körperkanten) in einer Hauptebene werden parallel zum unteren (bzw. oberen) Blattrand in wahrer Länge (Breite) gezeichnet.
2. Senkrechte Strecken (Körperkanten) in einer Hauptebene werden parallel zum linken (bzw. rechten) Blattrand in wahrer Länge (Höhe) gezeichnet.
3. Alle Strecken (Körperkanten), die senkrecht auf einer Hauptebene stehen, werden unter einem festen Winkel ω gegen den unteren Blattrand und um einen festen Faktor k verkürzt bzw. verlängert gezeichnet. ω heißt **Verzerrungswinkel** und k **Verzerrungsfaktor**.

Ein Spezialfall der Frontalprojektion ist die **Kavalierprojektion**. Bei ihr ist der Verzerrungswinkel gleich 45° und der Verzerrungsfaktor gleich 0,5.

5 Zeichne das Schrägbild eines Würfels mit Kantenlänge a in Frontalprojektion mit

a) a = 5,0 cm;	$\omega = 45°$;	k = 0,5
b) a = 5,0 cm;	$\omega = 30°$;	k = 0,5
c) a = 4,2 cm;	$\omega = 60°$;	$k = \frac{1}{3}$
d) a = 4,0 cm;	$\omega = 90°$;	$k = \frac{1}{2}$

6 Zeichne einen Würfel mit Kantenlänge a = 4 cm in Frontalprojektion mit k = 1 (bzw. 1,5) und $\omega = 45°$ (bzw. 30°). Warum ist dieses Schrägbild als Würfelbild nicht gut geeignet?

7 Stelle fest, welche Verzerrungswinkel und Verzerrungsfaktoren die Würfeldarstellungen in Abschnitt 2.1 aufweisen.

8 Zeichne das Schrägbild eines Quaders in Frontalprojektion mit

a) a = 5,0 cm;	b = 3,0 cm;	c = 3,0 cm;
$\omega = 45°$;	k = 0,5	
b) a = 6,0 cm;	b = 3,6 cm;	c = 4,2 cm;
$\omega = 30°$;	$k = \frac{1}{3}$	
c) a = 4,0 cm;	b = 4,0 cm;	c = 5,5 cm;
$\omega = 60°$;	$k = \frac{1}{3}$	

9 Zeichne das Schrägbild einer Pyramide mit quadratischer Grundfläche (Kantenlänge a = 5 cm und Höhe h = 5,5 cm) im Schrägbild ($\omega = 45°$; k = 0,5).

10 Die beiden folgenden Abbildungen zeigen Schrägbilder in Kavalierprojektion. Bestimme die tatsächlichen Maße aller Kantenlängen. Aus der Zeichnung sind zunächst die Maße aller horizontalen und vertikalen Kanten zu entnehmen. Daraus kann man die schrägen Kantenlängen berechnen.

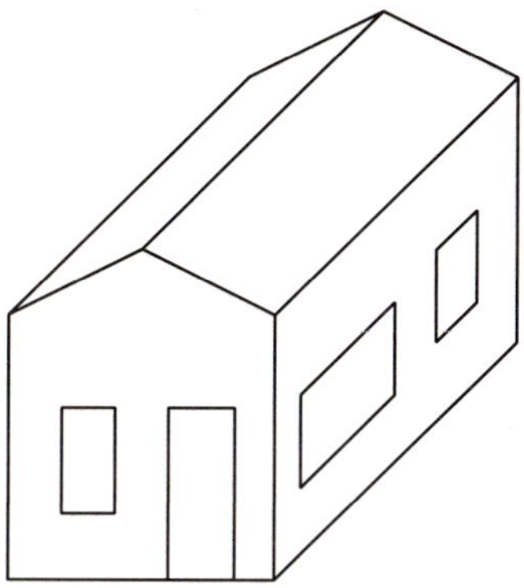

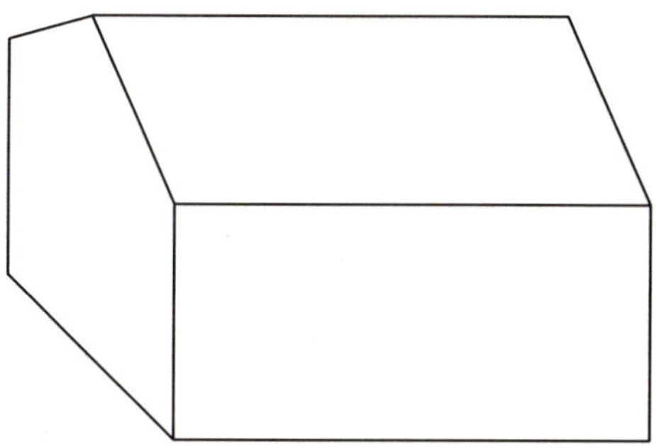

11 Übertrage die beiden obigen Zeichnungen jeweils in ein Schrägbild (Frontalprojektion) mit $k = \frac{1}{3}$ und $\omega = 30°$.

12 Die Pyramide mit quadratischer Grundfläche ist als Schrägbild ($k = 0{,}5$; $\omega = 45°$) gezeichnet. Konstruiere die blau und die grau abgetönten Flächen, wie sie in Wirklichkeit aussehen.

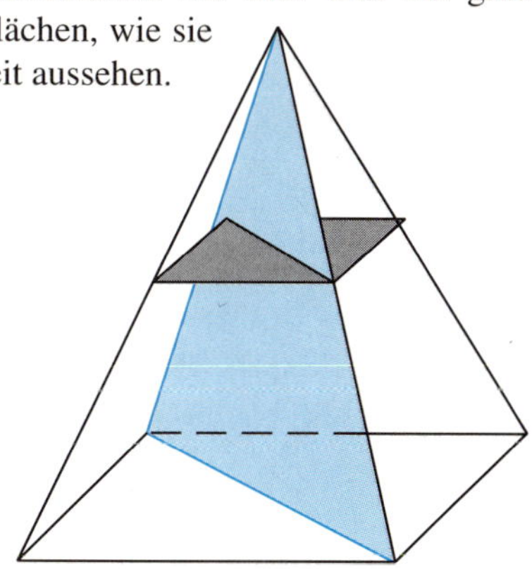

13 Die folgenden Abbildungen zeigen eine andere Art von Schrägbildern, die durch **Militärprojektion** entstanden sind.

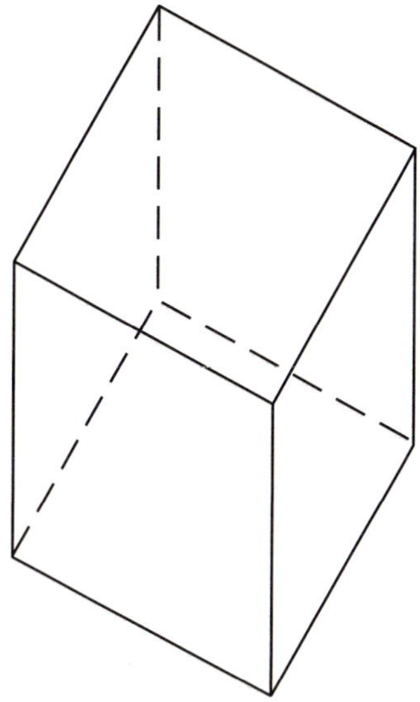

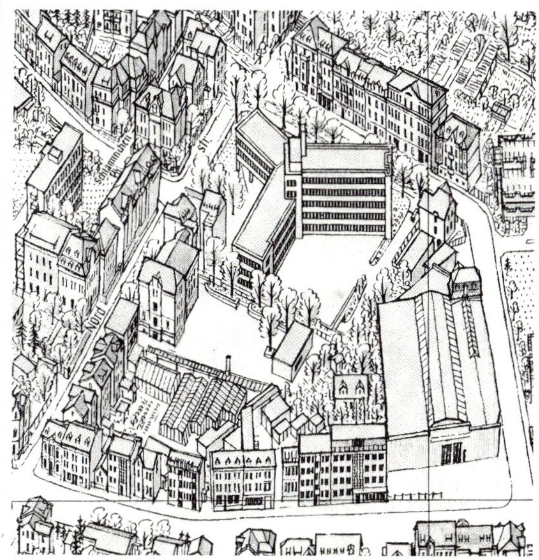

a) Vergleiche die horizontalen und die vertikalen Kantenlängen des Würfels im Schrägbild (oberes Bild). Was stellst du fest?
b) Wie sind im unteren Bild horizontale und vertikale Kanten gezeichnet worden?
c) Diese Art der Abbildung wird häufig von Architekten oder Städteplanern verwendet. Man bezeichnet sie auch als *Bilder aus der Vogelschau*. Nenne Gründe dafür.

Zeichenregeln für die Militärprojektion

1. Figuren, die in horizontalen Ebenen liegen, werden in ihrer wahren Größe und Gestalt (kongruent) dargestellt. Insbesondere werden alle Breiten und Tiefen in wahrer Größe gezeichnet. Die Richtung einer horizontalen Kante kann frei gewählt werden, die der übrigen Kanten ergibt sich dann daraus, da alle horizontalen Winkel in wahrer Größe gezeichnet werden. Gibt es jedoch keine besonderen Gründe, es anders zu machen, so zeichnet man die beiden horizontalen Kanten gewöhnlich unter 60° bzw. 30° bezüglich des linken (bzw. rechten) Blattrandes.
2. Alle vertikalen Strecken (Höhen) werden in wahrer Länge parallel zum linken (bzw. rechten) Blattrand gezeichnet.

14 Zeichne einen Würfel mit Kantenlänge 6 cm in Militärprojektion.

15 Zeichne einen Quader mit a = 6,0 cm, b = 5,2 cm, c = 4,4 cm in Militärprojektion.

16 Stelle fest, welche Maße die folgenden in Militärprojektion gezeichneten Quader in Wirklichkeit haben.

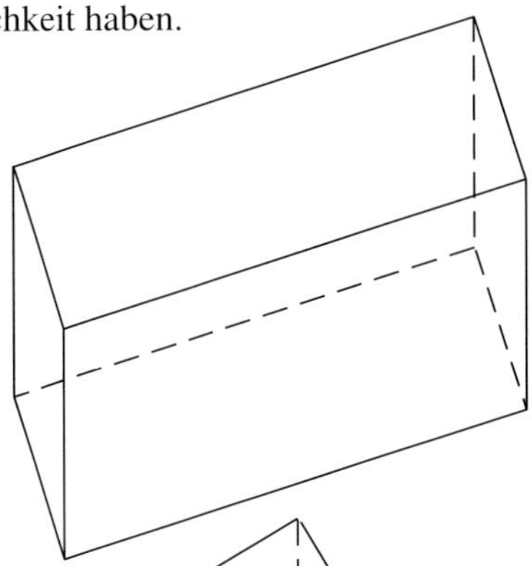

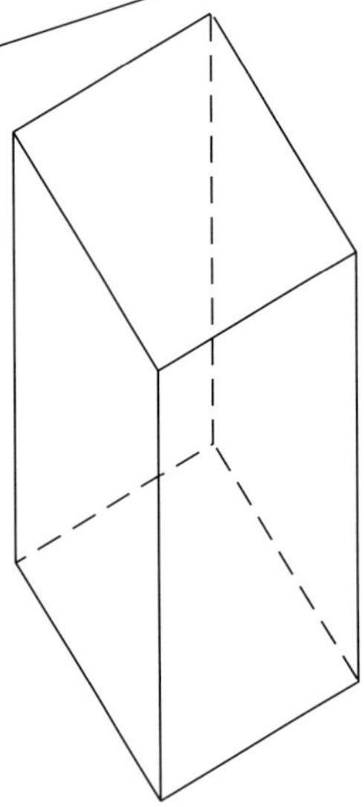

17 Übertrage die folgenden Wohnungsdarstellungen in Kavalierprojektion. Welche Abbildung vermittelt einen besseren Eindruck von der Gestalt der Wohnung?

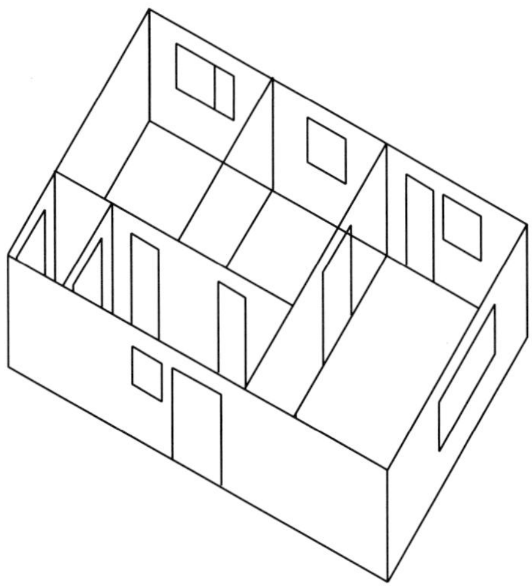

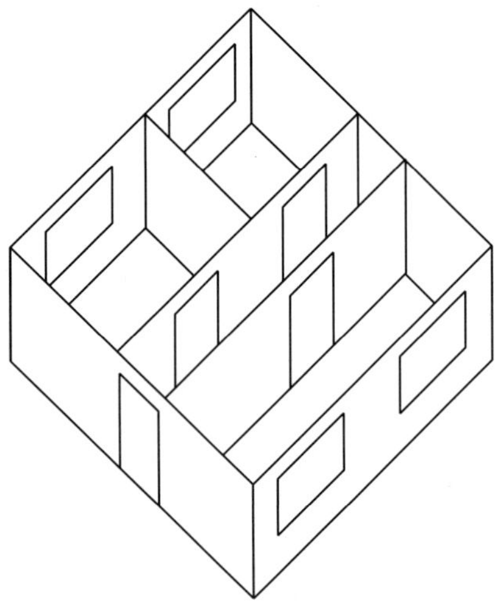

18 Ist ein Körper, bei dem keine der Kanten in einer Hauptebene bzw. senkrecht dazu liegt, in Frontalprojektion zu zeichnen, so erhält man das Schrägbild mit Hilfe einiger Hilfslinien (blau), die senkrecht zur **Schrägbildachse** s gezeichnet werden. Unterhalb dieser Achse wird die Grundfläche des Körpers, oberhalb das Schrägbild gezeichnet. Dies ist für ein Fünfeck, das als Grundfläche für einen Körper dienen kann, in der Abbildung unten dargestellt.

a) Übertrage die Zeichnung in doppelter Größe auf ein Zeichenblatt und knicke dessen oberen Teil längs s im rechten Winkel ab. Von wo müßte das Licht auf das Fünfeck fallen, damit das Schrägbild als Schattenbild aufgefaßt werden kann?

b) Erkläre, warum die Hilfslinien im Schrägbild mit der Achse den Verzerrungswinkel ω (bei der Kavalierperspektive 45°) einschließen. Wie lang müssen die Hilfslinien oberhalb der Achse sein?

c) Im unteren Bild ist passend zur Grundfläche ein Körper als Schrägbild gezeichnet. Wie werden die senkrechten Kanten des Körpers im Bild dargestellt?

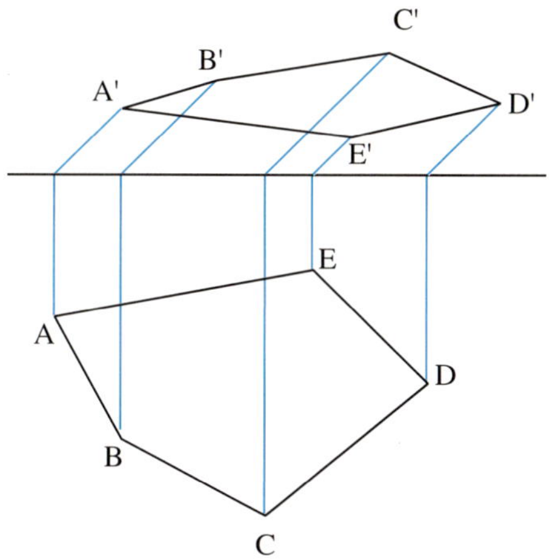

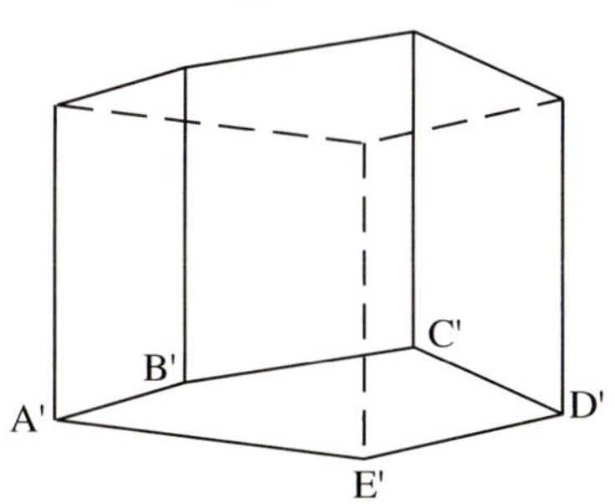

19 Zeichne zu den folgenden Grundflächen Prismen der Höhe 4 cm in Kavalierprojektion.

a)

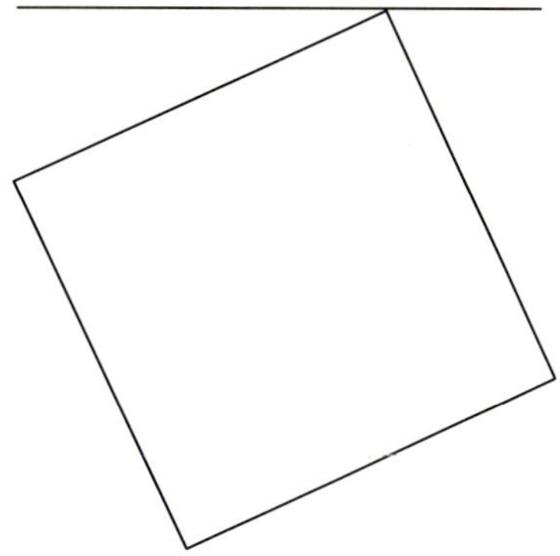

b)

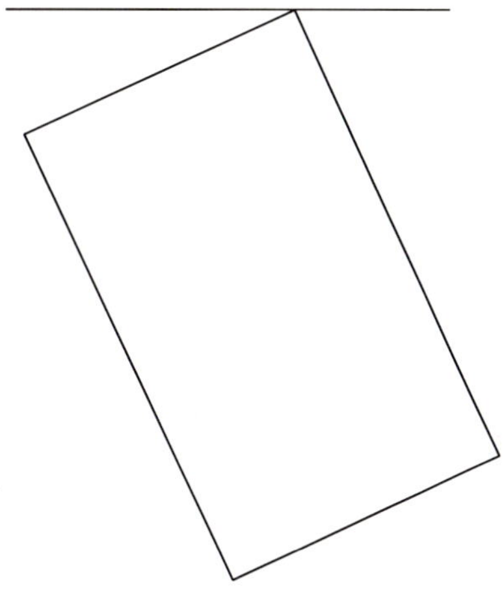

c)

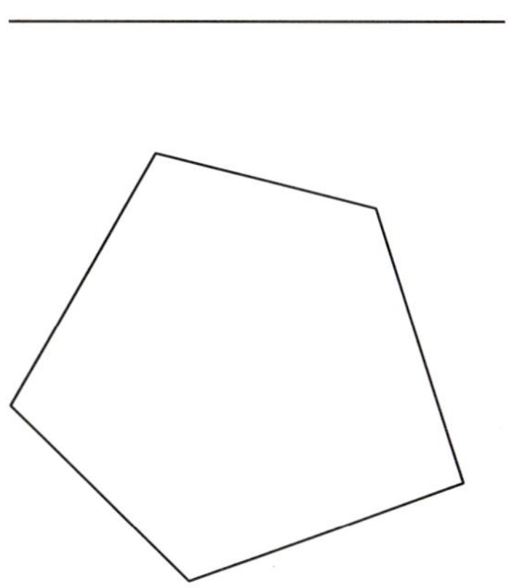

20 In Aufgabe 18 schaut man schräg von unten auf das Prisma. Überlege, wie man vorgehen muß, um ein Schrägbild mit Ansicht von oben zu bekommen. Stelle die Prismen aus Aufgabe 19 auch in dieser Weise dar.

2.4 Zwei- und Dreitafelprojektionen

1 Ein aus Würfeln zusammengesetzter Körper soll durch Parallelprojektion senkrecht auf eine unter ihm liegende Horizontalebene, die **Grundrißebene**, projiziert werden. Zeichne das Bild, das bei dieser Projektion entsteht. Dabei werden Kanten, die von oben sichtbar sind, durchgezogen und solche, die nicht sichtbar sind, gestrichelt gezeichnet. Ein solches Bild bezeichnen wir als **Grundriß** eines Würfels.

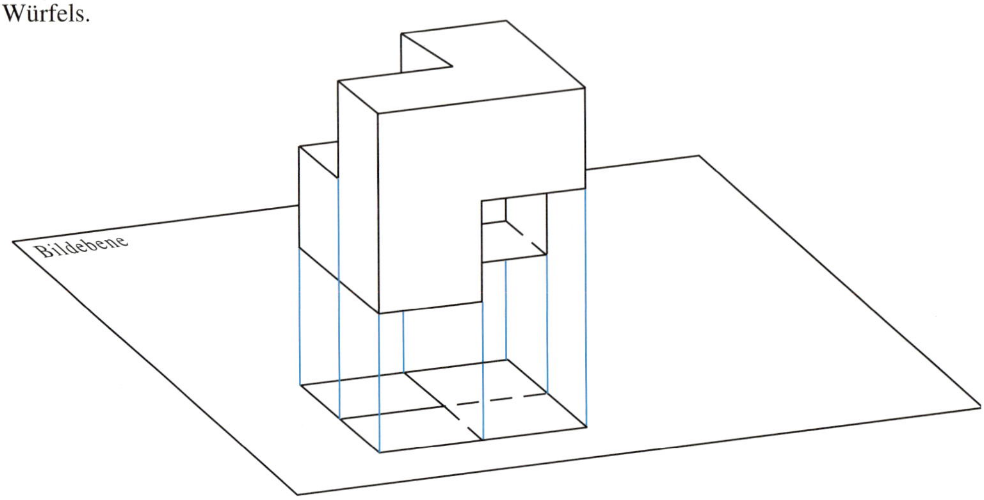

2 Die folgende Abbildung zeigt Grundrisse verschiedener Körper. Um welche Körper wird es sich vermutlich handeln?

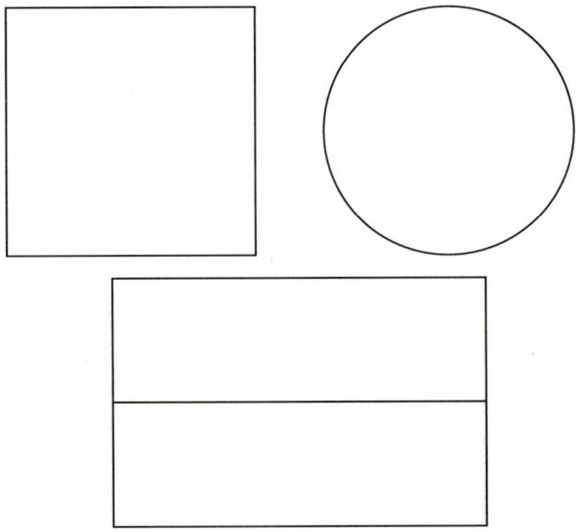

3 Zeichne Grundrisse folgender Körper, bei denen die Grundfläche jeweils in einer Hauptebene liegt.

a) Würfel
b) quadratische Pyramide
c) dreiseitiges Prisma

4 Zeichne die Grundrisse der folgenden Körper, die in Kavalierprojektion dargestellt sind.

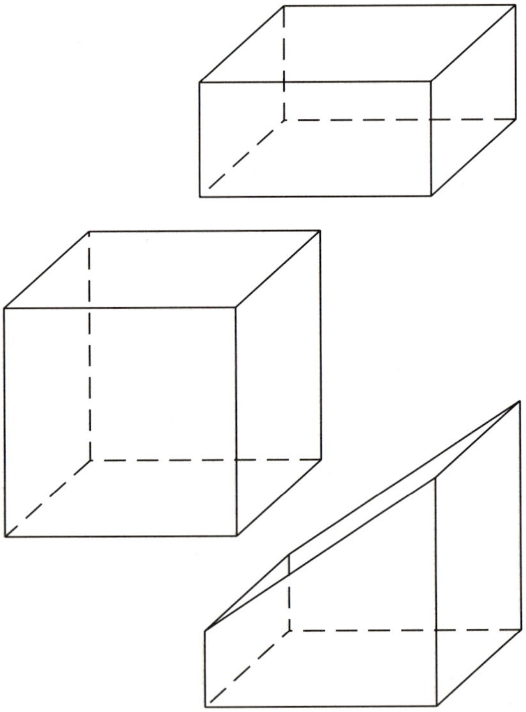

Eintafelprojektionen

Die senkrechte Parallelprojektion eines Körpers auf eine Bildebene bezeichnet man als **Eintafelprojektion**. Liegt die Bildebene horizontal, so bezeichnet man das Bild als **Grundriß** des Körpers. Es können sehr unterschiedliche Körper den gleichen Grundriß haben. Üblicherweise zeichnet man von oben sichtbare Kanten durchgezogen, unsichtbare hingegen gestrichelt (oder gar nicht). Deshalb nennt man den Grundriß auch **Draufsicht**.

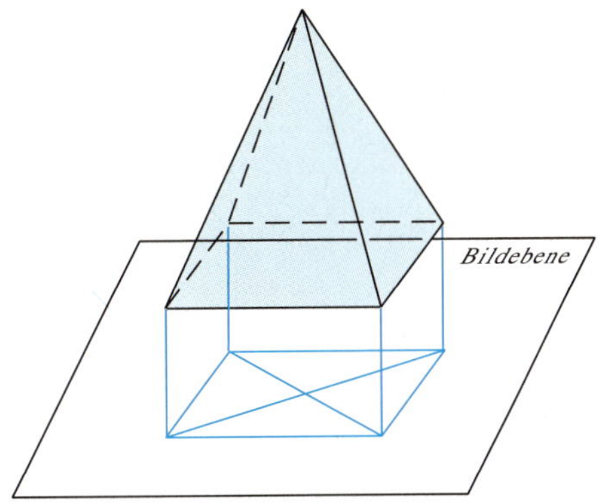

5 Der dargestellte Grundriß wird gewöhnlich als der einer Pyramide betrachtet. Er kann aber auch zu einem Würfel gehören. Welche Lage muß der Würfel haben, damit er einen solchen Grundriß bekommt?

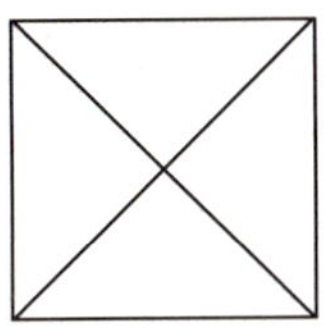

6 Wie muß eine quadratische Pyramide gehalten werden, damit sie den nebenstehenden Grundriß bekommt?

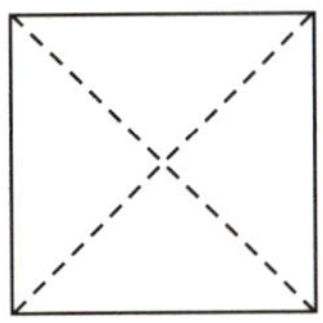

7 In Aufgabe 4 haben wir gesehen, daß der Grundriß eines Quaders noch nicht ausreicht, um seine genaue Form zu bestimmen. Deswegen führt man noch eine weitere Abbildung durch.

a) Wie müßte man die Bildebene für diese zweite Abbildung anordnen, damit man alle Quadermaße aus den beiden Abbildungen entnehmen kann?

b) Zeichne für die Körper aus Aufgabe 4 die Risse bezüglich der von die in a) gewählten Bildebene.

8 Die Abbildung zeigt, wie ein Quader senkrecht auf eine horizontale und eine vertikale Ebene projiziert wird. Denkt man sich die Ebenen durch Klapptafeln realisiert, so kann man anschließend die vertikale Tafel nach hinten klappen, so daß beide Zeichnungen in einer Ebene liegen (siehe rechtes Bild). Man bezeichnet eine solche Darstellung als **Zweitafeldarstellung**.

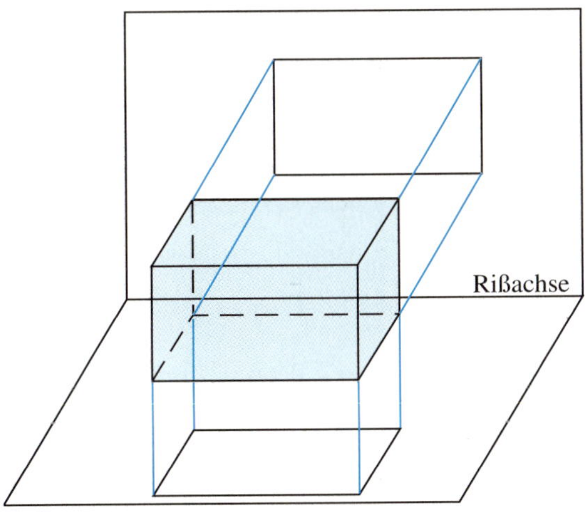

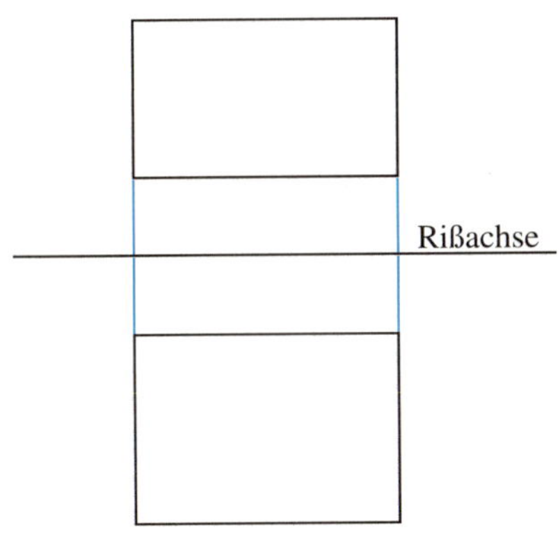

Zeichne die Zweitafeldarstellung eines Quaders mit den Maßen a = 6 cm; b = 4 cm; c = 3 cm.

9 Zeichne die Zweitafeldarstellung der beiden folgenden Körper, die in Kavalierprojektion dargestellt sind. Von vorn sichtbare Kanten werden durchgezogen, unsichtbare Kanten gestrichelt (oder gar nicht) gezeichnet.

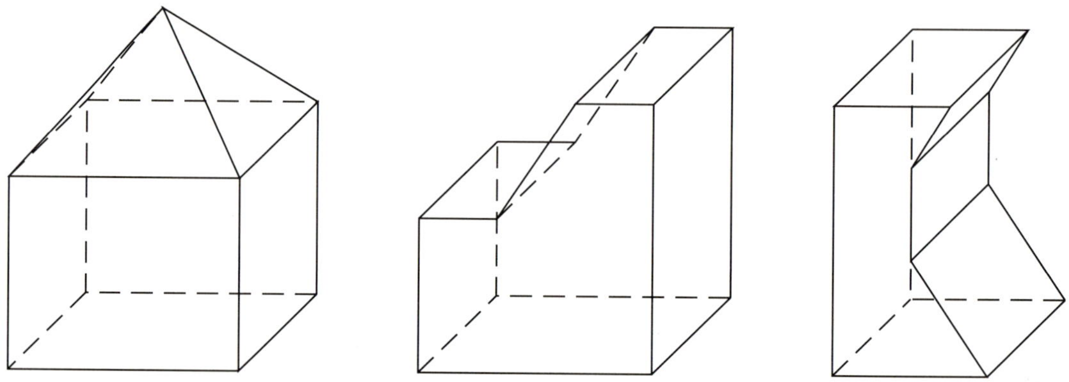

Zweitafelprojektionen

Wird ein Körper sowohl auf eine horizontale als auch auf eine vertikale Bildebene senkrecht projiziert, so spricht man von einer **Zweitafelprojektion**. Die beiden Bilder bezeichnet man als **Grundriß** oder **Draufsicht** und als **Aufriß** oder **Vorderansicht**. Die Achse, um die die Aufrißtafel nach hinten gedreht wird, heißt **Rißachse**.

Die nebenstehende Abbildung zeigt Grund- und Aufriß einer Pyramide. Beachte, daß die Höhe des Aufrisses nicht gleich der Höhe einer der dreieckigen Seitenflächen der Pyramide ist. Grund- und Aufriß eines Punktes liegen auf einer Geraden, die senkrecht zur Rißachse steht. Diese Gerade bezeichnen wir als **Zuordnungslinie** (blau gezeichnet). Die Zuordnungslinien solltest du stets dünn gestrichelt zeichnen. Beide Risse zusammen mit Rißachse und Zuordnungslinien nennen wir **Zweitafeldarstellung**.

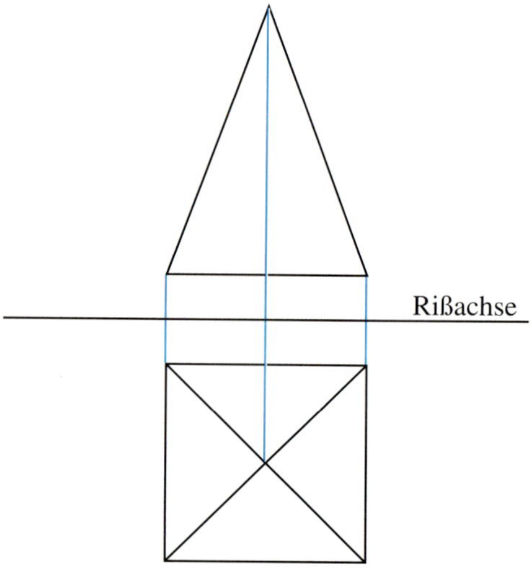

10 Zeichne eine der dreieckigen Seitenflächen der Pyramide aus der Abbildung im Kasten in ihren Originalmaßen. Die Höhe der Pyramide und die Seitenlänge der Grundfläche kannst du aus Grund- und Aufriß entnehmen.

11 Zeichne die Zweitafeldarstellung einer Streichholzschachtel in wahrer Größe.

12 Zeichne die Zweitafeldarstellung für ein senkrechtes Prisma mit Höhe h = 4,5 cm, dessen Grundfläche

a) ein gleichseitiges Dreieck mit Seitenlänge a = 3,8 cm ist,

b) ein rechtwinkliges Dreieck mit den Katheten a = 3,0 cm und b = 4,0 cm ist,

c) ein regelmäßiges Sechseck mit Seitenlänge a = 3,0 cm ist.

13 Zeichne die Zweitafeldarstellung eines quadratischen Pyramidenstumpfes, dessen untere Grundkante a = 4,8 cm und dessen obere Grundkante b = 3,2 cm mißt. Die Höhe soll 2,8 cm betragen.

14 Die untenstehenden Abbildungen zeigen jeweils Grund- und Aufriß eines Körpers, der aus mehreren Streichholzschachteln aufgebaut ist. Baue diese Körper nach.

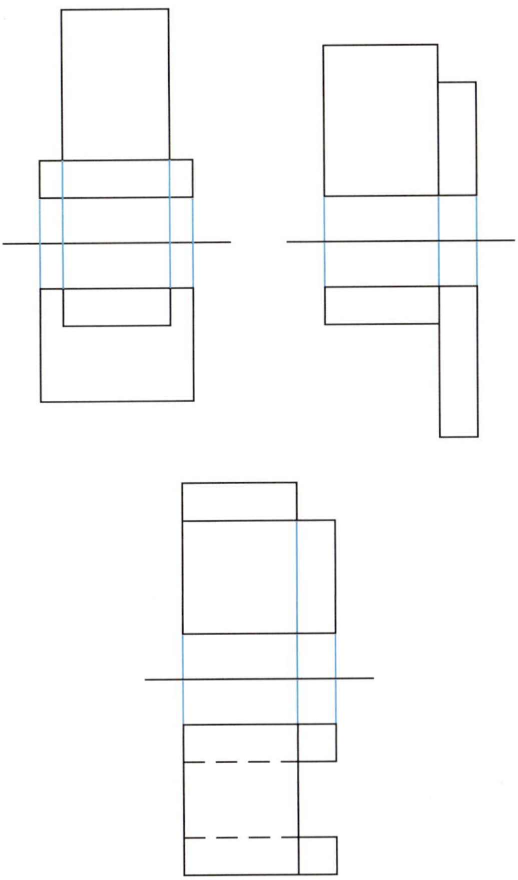

15 Baue aus mehreren Streichholzschachteln Körper auf, von denen dein Nachbar (deine Nachbarin) eine Zweitafeldarstellung anfertigen soll.

16 Zeichne die Zweitafeldarstellung eines Globus mit Radius r = 3 cm. Es soll der Äquator und der 30°- und 60°-Breitenkreis im Bild erscheinen.

a) Zeichne so, daß die Grundrißebene den Globus am Südpol berührt. Die Aufrißebene soll parallel zur Ebene des 0°-Meridians liegen.

b) Wie erscheint der 30°-Meridian im Grund- und Aufriß? Zeichne ihn ein.

c) Welcher Meridian erscheint in beiden Rissen als Strecke?

17 Die beiden folgenden Körper sind in Kavalierprojektion dargestellt. Zeichne für beide Körper die Zweitafeldarstellung. Was stellst du fest?

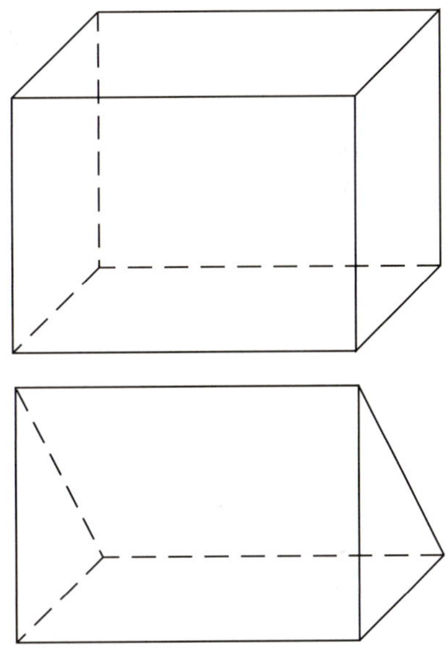

18 Wie müßte eine dritte Tafel aufgestellt werden, damit man durch eine zusätzliche senkrechte Projektion auf diese Ebene den Unterschied zwischen den beiden Körpern aus Aufgabe 17 erkennen und die Maße des Körpers bestimmen kann?

Dreitafelprojektionen

In vielen Fällen ist es notwendig, zwei zueinander senkrechte vertikale Tafeln als Bildebenen für die senkrechte Projektion zu verwenden. Man spricht deshalb von einer Dreitafelprojektion. Die drei zugehörigen Risse heißen **Grundriß, Aufriß** und **Seitenriß** oder auch **Draufsicht**, **Vorderansicht** und **Seitenansicht**. Bei der Seitenansicht werden die von der linken Seite sichtbaren Kanten durchgezogen, die unsichtbaren gestrichelt (oder gar nicht) gezeichnet.

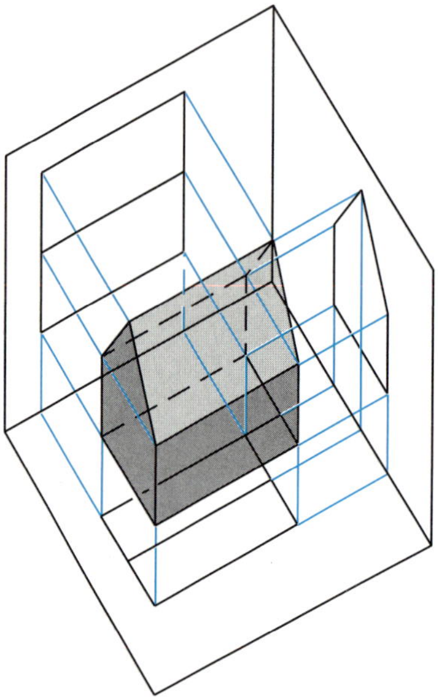

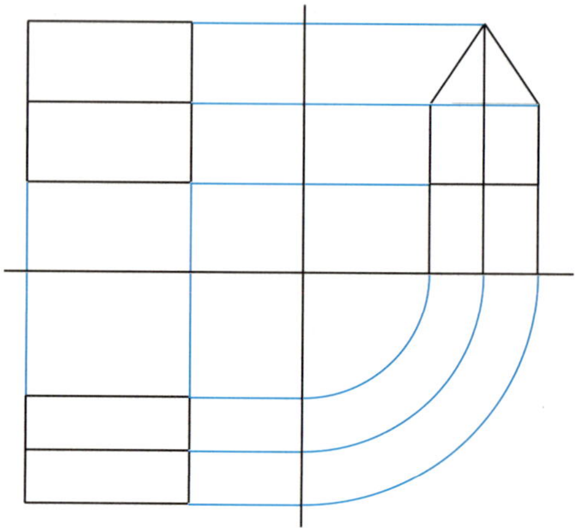

Auch hier stellt man sich vor, daß die zunächst vertikal stehenden Tafeln um die Rißachsen gedreht werden, so daß sie beide in die Grundrißebene fallen (siehe rechtes Bild). Die Zuordnungslinien, die die Zuordnung zwischen Grund- und Seitenriß darstellen, müssen durch Viertelkreisbögen ergänzt werden.

19 Zeichne eine Streichholzschachtel in wahrer Größe in Dreitafelprojektion.

20 Zeichne die Dreitafeldarstellung einiger vom Lehrer vorgegebener Modellkörper aus der Mathematiksammlung (gegebenenfalls in geeignetem Maßstab verkleinert).

21 Zeichne die Dreitafeldarstellung der folgenden Körper, die im Schrägbild dargestellt sind.

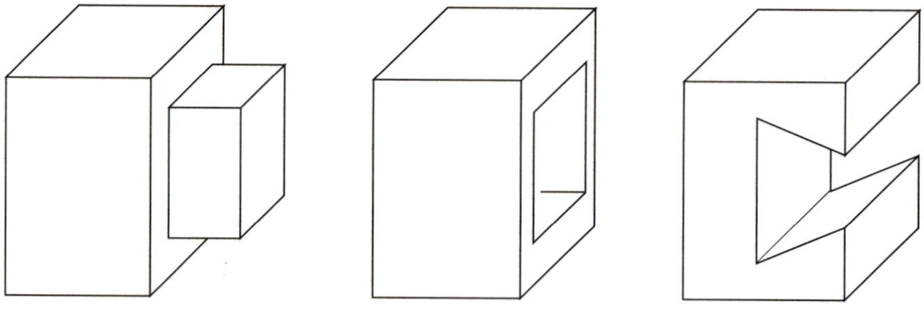

22 Zeichne die folgenden Dreitafeldarstellungen in doppelter Größe ab und ergänze jeweils den fehlenden dritten Riß. Schraffierte Flächen zeigen an, daß es sich nicht um einen Seitenriß im üblichen Sinn handelt, sondern um ein Schnittbild, das eine Schnittfläche durch die Mitte des Körpers parallel zur Bildebene des Seitenrisses zeigt.

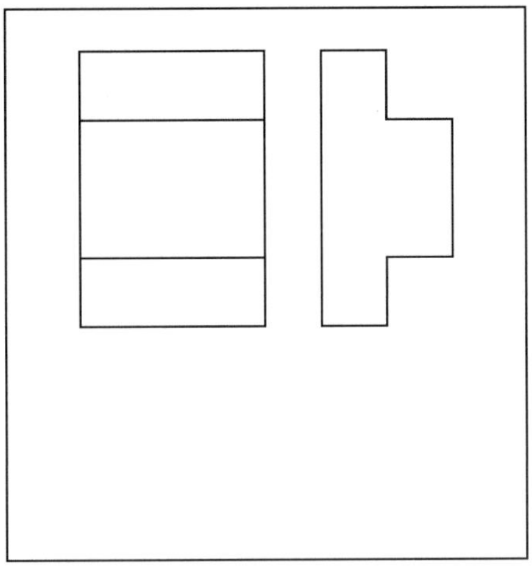

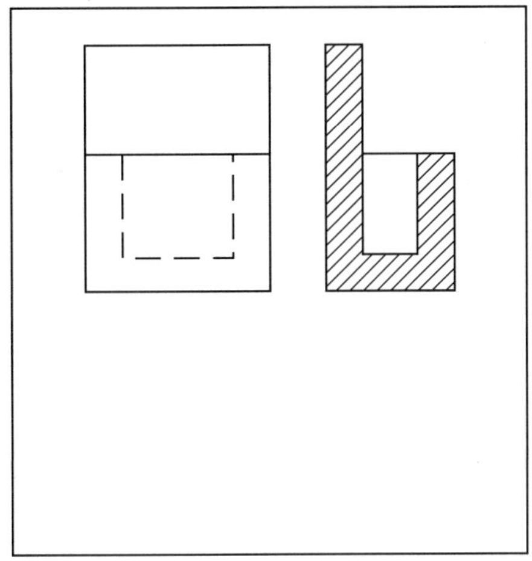

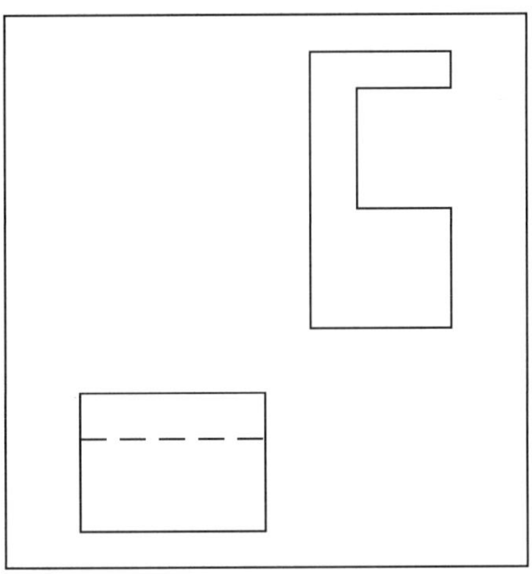

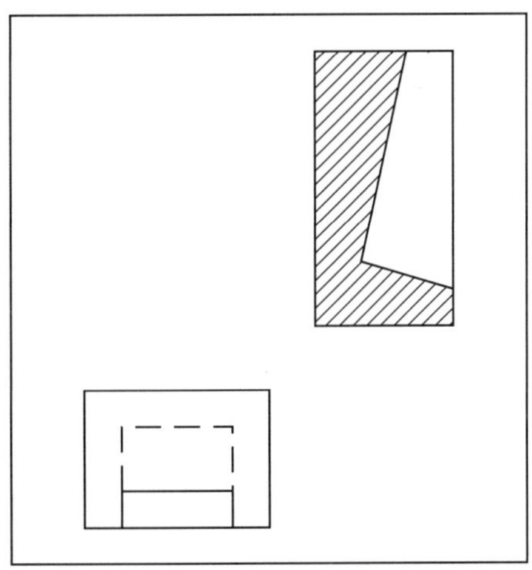

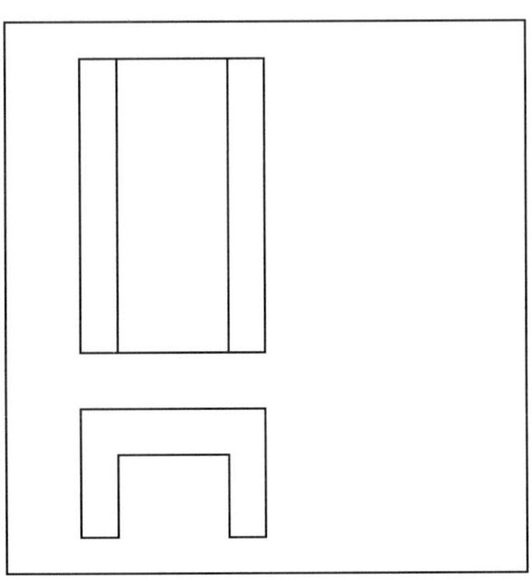

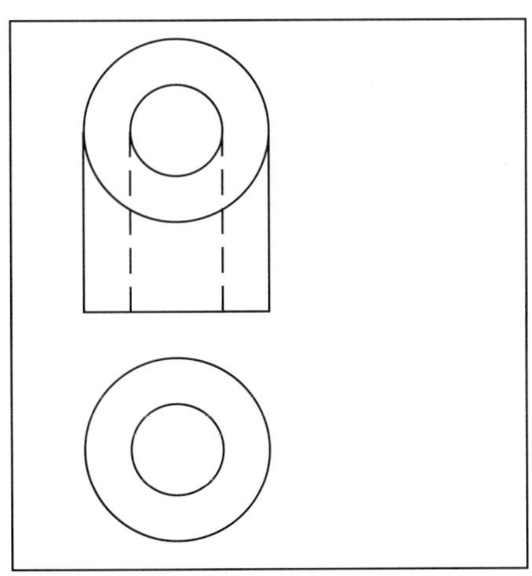

23 Skizziere zu den folgenden Dreitafeldarstellungen den Körper im Schrägbild. Es kommt dabei nicht auf genaue Abmessungen an.

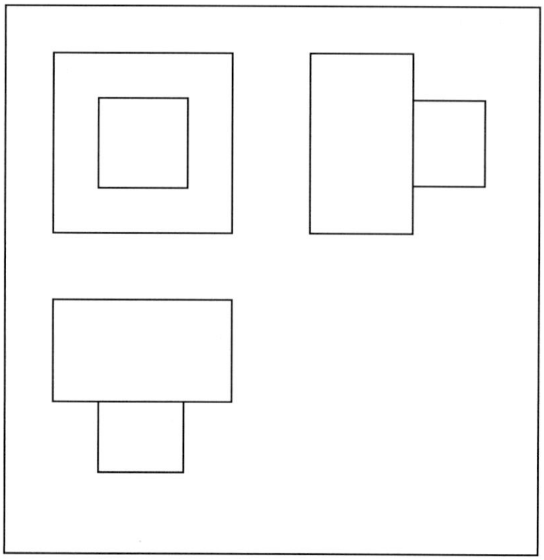

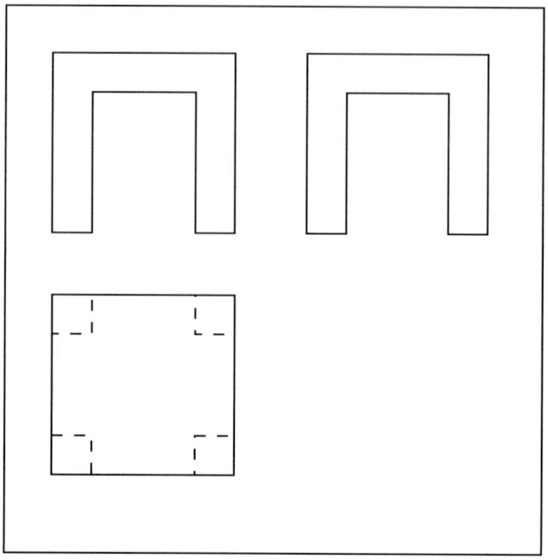

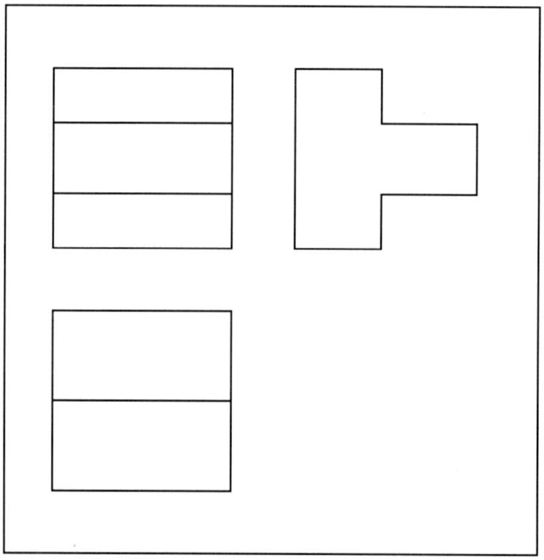

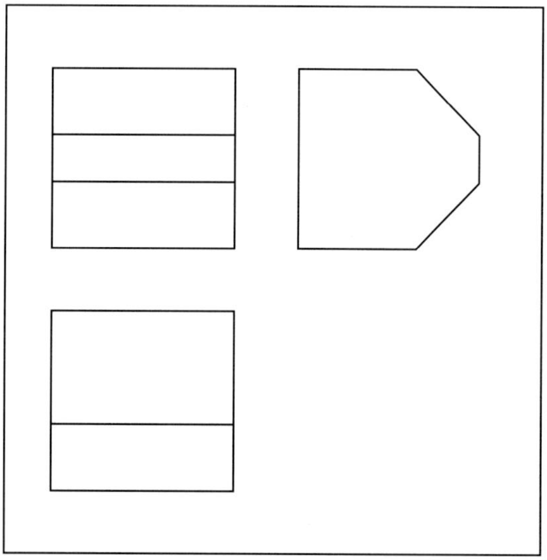

24 Skizziere auch für die Dreitafeldarstellungen aus Aufgabe 22 die Schrägbilder.

2.5 Normalprojektionen und Raumbilder

1 Vergleiche die beiden folgenden Abbildungen eines Würfels (Kantenlänge 2 cm) miteinander.

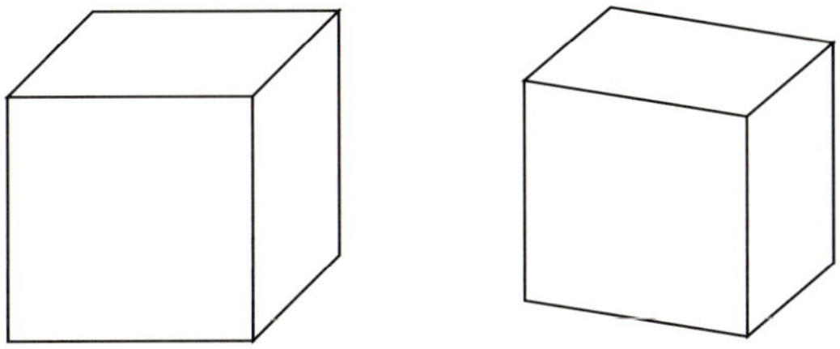

a) Bestimme z.B. die Kantenlängen und vergleiche sie mit der Originallänge und untereinander. Was stellst du fest?

b) Die linke Abbildung ist mittels Kavalierprojektion gewonnen worden, die rechte durch eine neuartige Abbildung, die wir in diesem Abschnitt genauer untersuchen werden. Begründe, warum die rechte Abbildung dem Bild eines Würfels, wie man ihn sieht, ähnlicher ist als die linke.

c) Welche Vorteile hat die Kavalierprojektion?

2 Die Schrägbilder aus dem Abschnitt 2.3 haben den Nachteil, daß die Gestalt der Körper z.T. stark verzerrt dargestellt wird. Solche Verzerrungen kann man weitgehend vermeiden, wenn man die schräge Parallelprojektion durch eine senkrechte Parallelprojektion **(Normalprojektion)** ersetzt. In der folgenden Zeichnung lernst du eine Methode kennen, mit deren Hilfe man räumliche Bilder in Normalprojektion zeichnen kann. Man geht dabei von Grund- und Aufriß aus und konstruiert an Stelle des Seitenrisses das Raumbild.

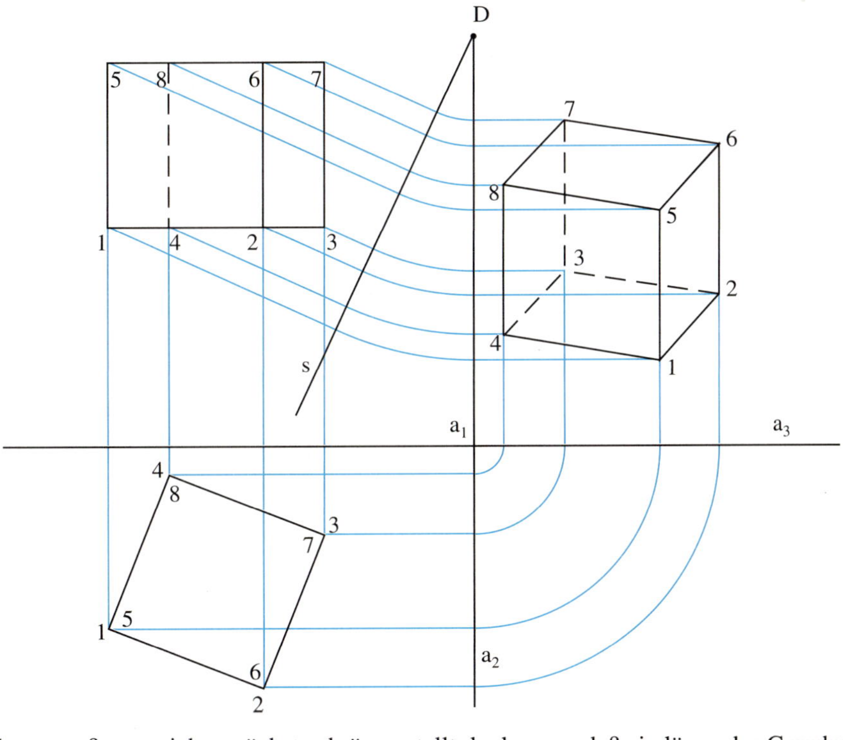

Die Bildebene muß man sich zunächst schräg gestellt denken, so daß sie längs der Geraden s die Aufrißebene schneidet. Dann wird die Bildebene um den Punkt D gedreht, bis s mit der normalen Rißachse (a_1) zusammenfällt. Beschreibe am Beispiel des Punktes 1 im Raumbild, wie man bei der Konstruktion vorgeht. Ausgangspunkt ist der Grundriß in gedrehter Lage.

3 Vergleiche die Seitenlängen des Würfels im Raumbild mit denen des Originals. Was stellst du fest?

Trimetrische Normalprojektion

Die Normalprojektion liefert Bilder, die dem tatsächlich gesehenen Bild wesentlich ähnlicher sind als ein Schrägbild. Dementsprechend erscheinen Strecken (z.B. Kanten eines Körpers) verkürzt, wie dies für einen Körper in gedrehter Lage zu erwarten ist. Wie stark diese Verkürzung ist, hängt von der Lage der Bildebene und der Lage der Strecke im Raum ab. Im allgemeinen werden Strecken, die in den drei Hauptrichtungen des Raumes (Breite, Tiefe, Höhe) liegen, unterschiedlich stark verkürzt. Man spricht dann von **Trimetrie** (gr. tri- = drei, metron = Maß). Das Verhältnis von Länge im Bild zu wahrer Länge ist der **Verkürzungsfaktor k**. Jede Raumrichtung hat ihren eigenen Verkürzungsfaktor. Gewöhnlich gibt man sie nur für die drei Hauptrichtungen des Raumes an.

Ein Konstruktionsverfahren für die trimetrische Normalprojektion

Zu Konstruktion eines Raumbildes gehen wir in folgenden Schritten vor (Bilder auf der nächsten Seite):

- Der Grundriß wird in gedrehter Lage gezeichnet (Bild 1).
- Der Aufriß wird über dem Grundriß konstruiert (Bild 2).
- Die schräge Rißachse s wird unter dem gewünschten Winkel gezeichnet. Der Aufriß wird senkrecht auf s projiziert (Bild 3).
- Die Aufrißprojektion wird in die senkrechte Lage auf a_1 gedreht. Der Grundriß wird auf a_2 projiziert (Bild 4).
- Die Grundrißprojektion wird um 90° auf a_3 gedreht (Bild 5).
- Die Schnittpunkte der Zuordnungslinien ergeben das Raumbild. Dabei werden nur solche Schnittpunkte berücksichtigt, deren Zuordnungslinien vom gleichen Punkt ausgehen (Bild 6). Die Numerierung kann dabei hilfreich sein (siehe Zeichnung zu Aufgabe 2).

4 Zeichne das Raumbild eines Würfels mit 3 cm Kantenlänge in trimetrischer Normalprojektion, wobei der Grundriß um 25° gegenüber der waagerechten Achse und die schräge Rißachse s ebenfalls um 25° gegenüber der senkrechten Achse gedreht ist. Bestimme die Verkürzungsfaktoren k_1, k_2 und k_3 für die Breite, Tiefe und Höhe des Würfels.

5 Zeichne das Raumbild einer quadratischen Säule (Pyramide) von 5 cm Höhe, deren Grundfläche eine Kantenlänge von 3 cm hat. Die Winkel für die Verdrehung kannst du selbst wählen. Vergleiche dein Ergebnis mit dem einer Nachbarin (eines Nachbars), die (der) andere Winkel gewählt hat.

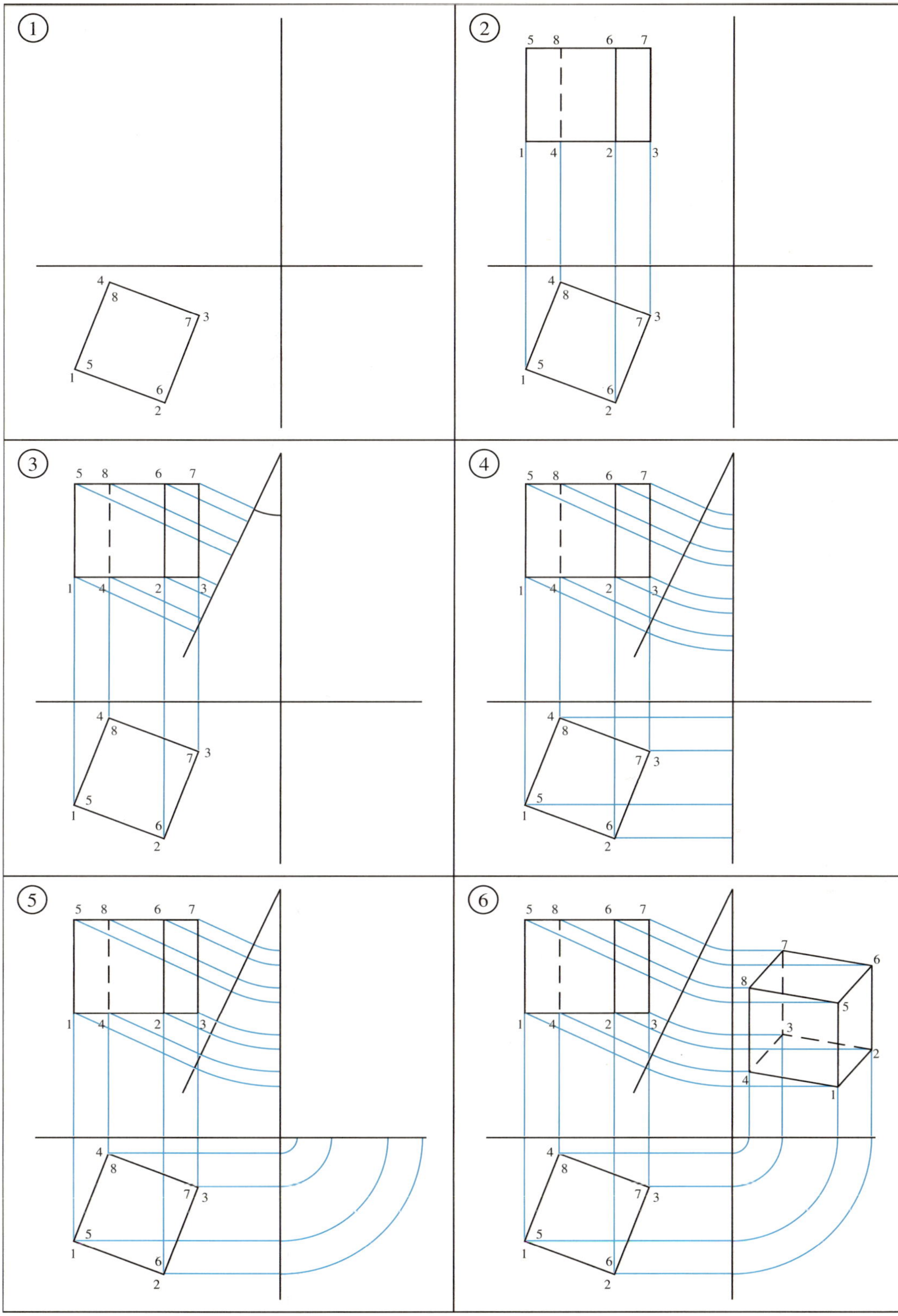

6 Im folgenden Bild sind Grund- und Aufriß eines Hauses dargestellt. Zeichne die beiden Risse als Zweitafeldarstellung (mit um 20° gedrehtem Grundriß) und konstruiere das Raumbild mit einer schrägen Rißachse, die mit der Senkrechten einen Winkel von 20° einschließt.

7 Konstruiere die Raumdarstellung eines Oktaeders (Achtflächners) mit Kantenlänge $a = 4$ cm. Die Anordnung des Grundrisses und der schrägen Rißachse kannst du nach eigenem Ermessen vornehmen.

8 Konstruiere Raumdarstellungen von verschiedenen Modellkörpern aus der mathematischen Sammlung deiner Schule (eventuell in einem geeigneten Maßstab verkleinert).

9 Konstruiere das Raumbild eines Würfels mit 3 cm Kantenlänge, wobei der Grundriß um 45° gedreht ist und die schräge Rißkante mit der Senkrechten einen Winkel von $35\frac{1}{4}°$ einschließt. Erläutere, welche besonderen Eigenschaften dieses Bild des Würfels aufweist.

10 Ein Würfel wird in Normalprojektion abgebildet, wobei die projizierenden Geraden parallel zu einer Raumdiagonalen des Würfels sind. Begründe, warum in diesem Fall alle Würfelkanten im Bild gleich lang erscheinen. Welche Winkel schließen die Würfelkanten im Bild ein?

Isometrische Normalprojektionen

Wenn bei einer Normalprojektion die Verkürzungsfaktoren für die drei Hauptrichtungen des Raumes (Breite, Tiefe und Höhe) gleich sind, bezeichnet man diese als **isometrisch** (gr. iso- = gleich, metron = Maß). Der Winkel zwischen den Rissen der Koordinatenachsen, die die Hauptrichtungen des Raumes repräsentieren, beträgt jeweils 120°. Im Bild erscheinen Breite und Tiefe gleichartig und sind nicht zu unterscheiden. Der Verkürzungsfaktor für alle drei Raumesrichtungen ist $\sqrt{\frac{2}{3}}$ (siehe Aufgabe 13).

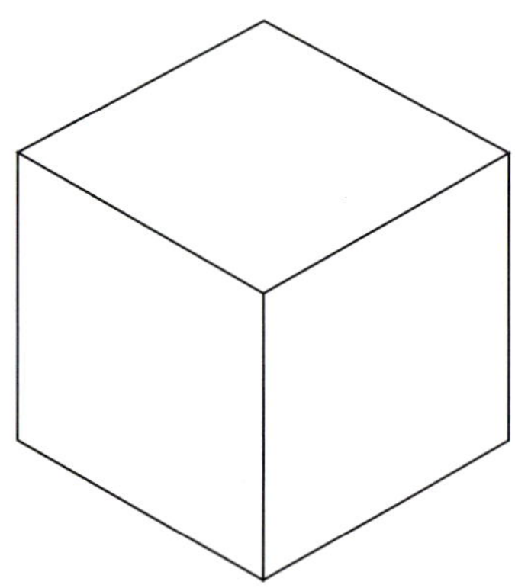

11 Vergleiche das Bild des Würfels in isometrischer Normalprojektion mit dem Würfelriß in Militärprojektion. Was ist beiden Bildern gemeinsam? Worin unterscheiden sie sich?

12 Mit Hilfe eines Kreises kann man schnell einen Würfel in isometrischer Darstellung konstruieren. Erläutere das Verfahren.

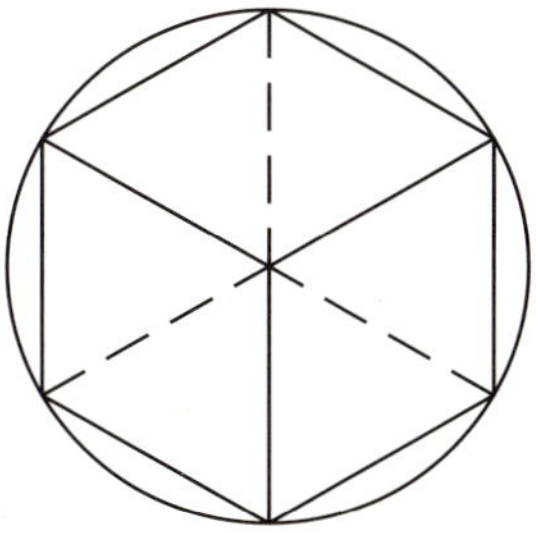

13 a) Zeige, daß in der nebenstehenden Abbildung für den Kreisradius $r = h \frac{2}{\sqrt{3}}$ gilt.

b) Zeige mit Hilfe der Konstruktion aus Aufgabe 9, daß $h = \frac{a}{\sqrt{2}}$ ist.

c) Zeige mit Hilfe von a) und b), daß der Verkürzungsfaktor bei der isometrischen Normalprojektion gleich $\sqrt{\frac{2}{3}}$ ist.

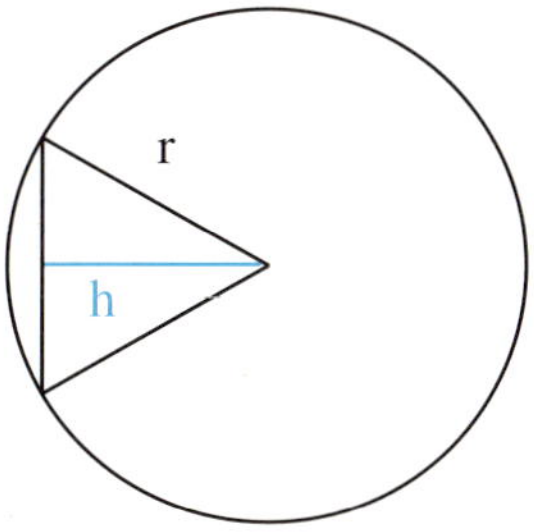

Anfertigung isometrischer Zeichnungen

Das in Aufgabe 9 verwendete Konstruktionsverfahren ist sehr umständlich. Wenn man eine isometrische Zeichnung anlegen will, kann man darauf verzichten, indem man die folgenden Punkte beachtet:

- Vertikale Strecken werden parallel zum linken (oder rechten) Blattrand in Originallänge gezeichnet.
- Horizontale Strecken in den Hauptrichtungen (Breite und Tiefe) werden unter einem Winkel von 60° zum linken Blattrand oder 30° zum unteren (bzw. oberen) Blattrand in Originallänge gezeichnet.

Die so gezeichnete Darstellung ist natürlich etwas zu groß, da man die Verkürzung nicht berücksichtigt hat. Da aber alle Längen gleichartig verkürzt sind, spielt das keine entscheidende Rolle. Vielmehr hat man den Vorteil, daß man aus der Zeichnung direkt Maße entnehmen kann. Verwendet man das **Isometriepapier**, so hat man den Vorteil, daß die Hauptrichtungen des Raumes im Riß bereits vorgegeben sind.

14 Hier findest du ein Muster für sogenanntes **Isometriepapier**. Man benutzt es, um schnell isometrische Skizzen anfertigen zu können. Erläutere, wie man es verwendet.

Isometriepapier

15 Nachfolgend sind zwei Körper in Dreitafeldarstellung gegeben. Zeichne jeweils ein isometrisches Raumbild in doppelter Größe.

a)

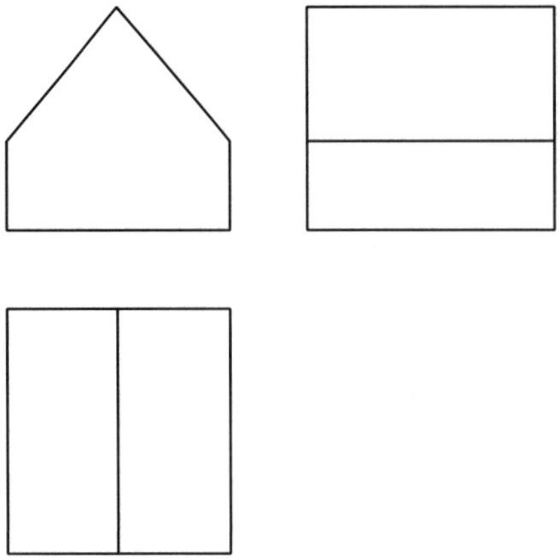

b)

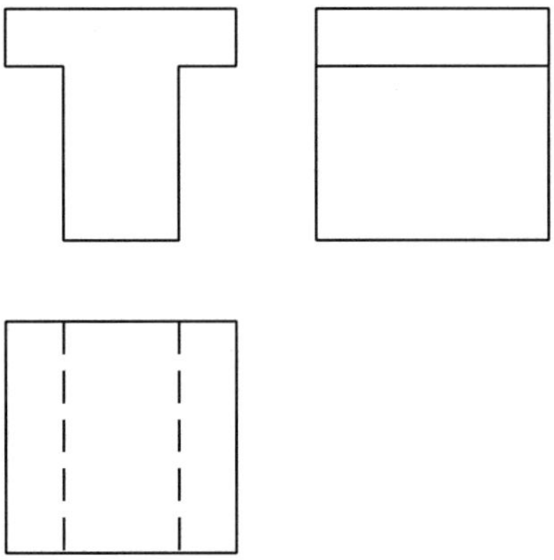

16 Zeichne für die folgenden Körper in isometrischer Darstellung jeweils die Dreitafeldarstellung (Maßstab 1:1).

a)

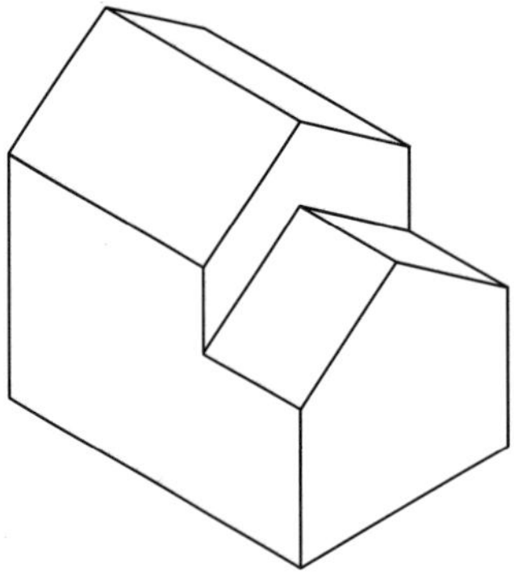

b)

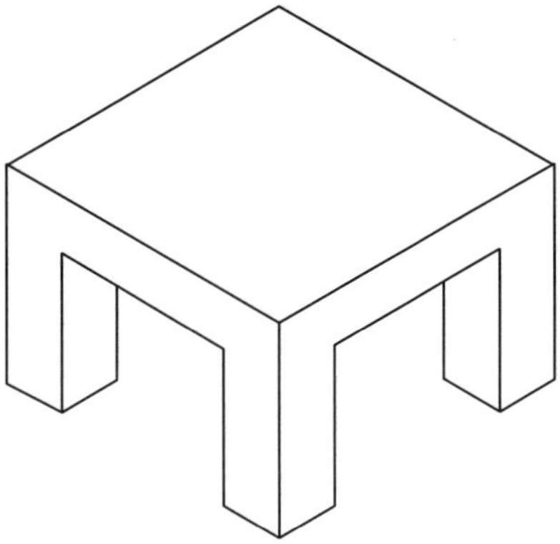

17 Zeichne eine Treppe mit 5 Stufen in isometrischer Darstellung.

18 Zeichne die Treppenkonstruktion unten etwa in doppelter Größe mit Hilfe von Isometriepapier.

19 Zeichne isometrische Darstellungen von verschiedenen Modellkörpern aus der mathematischen Sammlung deiner Schule (ggf. in einem geeigneten Maßstab verkleinert).

Mathe-Brücke

Aus der Technik: **Isometrie und Dimetrie**

Neben der in technischen Zeichnungen sehr oft verwendeten Dreitafeldarstellung werden häufig auch Raumdarstellungen benötigt. Zu diesem Zweck verwendet man u.a. die eben besprochene **isometrische** Darstellung, wenn Wesentliches in allen drei Ansichten (Draufsicht, Vorderansicht und Seitenansicht) gezeigt werden soll. Die perspektivische Verkürzung mit dem Verkürzungsfaktor $k = 0{,}8165$ läßt man meistens weg und zeichnet die Längen im Maßstab 1 : 1.

Wenn hingegen eine Ansicht bevorzugt dargestellt werden soll (hier die Vorderansicht), verwendet man eine andere Darstellungsart, die **dimetrische Normalprojektion** (gr. di- = zwei, metron = Maß). Die folgende Abbildung zeigt ein Gelenkstück in isometrischer und in dimetrischer Darstellung (genormt nach DIN 5).

Bei der dimetrischen Normalprojektion werden Breiten und Höhen mit dem Verkürzungsfaktor $k_1 = 0{,}9428$ und die Tiefe mit $k_2 = 0{,}4714$ verkürzt. Die Tiefe wird also nur halb so groß gezeichnet wie Breite und Höhe. In technischen Zeichnungen läßt man allerdings die Verkürzung der Breite und Höhe fort und verkleinert die Tiefe 1 : 2. Dadurch erscheint das Bild zwar geringfügig vergrößert, aber man hat den Vorteil, mit einem einfacheren Maßstab arbeiten zu können. In **dimetrischen Darstellungen** gelten für die Richtungen noch folgende Regeln:

- Vertikale Strecken werden parallel zum linken (bzw. rechten) Blattrand gezeichnet.
- Horizontale Strecken, die in der Frontalebene des Körpers liegen (Breiten), werden unter einem Winkel von 7° zum unteren (bzw. oberen) Blattrand gezeichnet.
- Horizontale Strecken, die senkrecht zur Frontalebene des Körpers liegen (Tiefen), werden unter einem Winkel von 42° zum unteren (bzw. oberen) Blattrand gezeichnet.

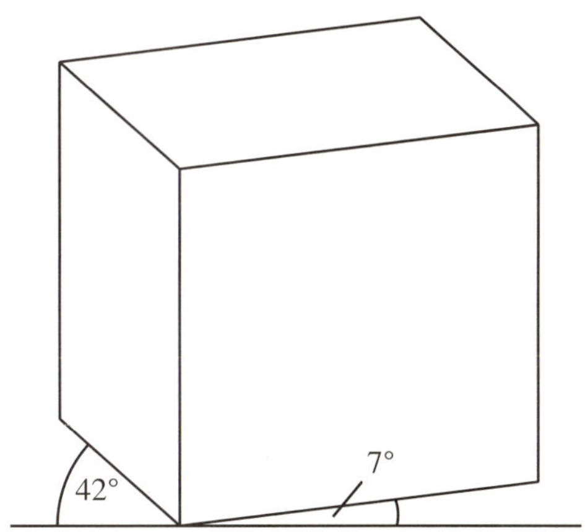

Für dimetrische Zeichnungen verwendet man oft ein spezielles Lineal, bei dem Kanten mit den beiden charakteristischen Winkeln bereits vorgegeben sind.

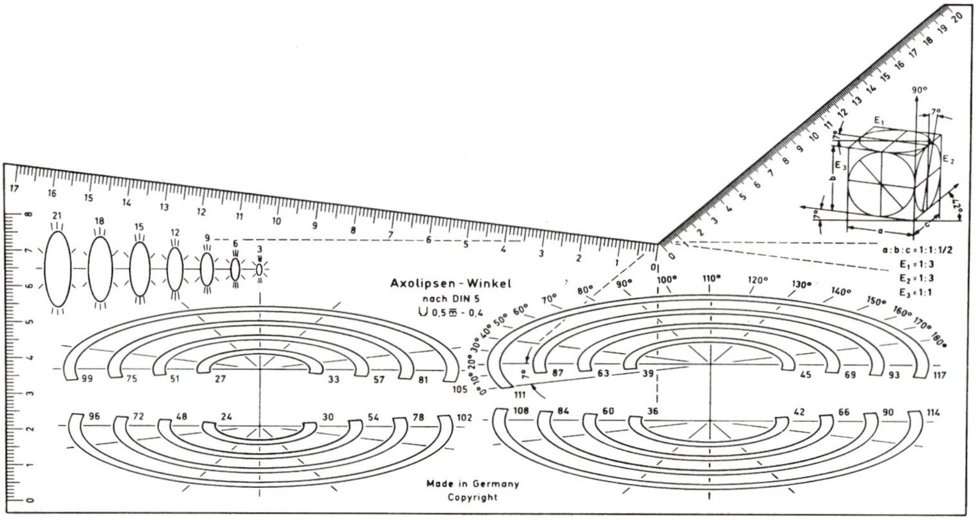

Die Kavalierprojektion (mit k = 0,5 und ω = 45°) ist auch eine dimetrische Darstellung, die allerdings nicht der DIN-Norm entspricht, da die vorgeschriebenen Winkel nicht eingehalten worden sind. Die folgende Abbildung zeigt noch einmal das Gelenkstück in dimetrischer Normalprojektion und in Kavalierprojektion.

Wie man sieht, ist der Unterschied nicht sehr groß.

1 Zeichne eine quadratische Pyramide mit Kantenlänge a = 4 cm (für die Grundfläche) und Höhe h = 5 cm in dimetrischer Normalprojektion (Maßstab 1 : 1 für Höhe und Breite).

2 Stelle fest, wo in diesem Buch Abbildungen in dimetrischer Normalprojektion zu finden sind.

3 Konstruiere das Raumbild eines Würfels mit Kantenlänge 3 cm wie in Aufgabe 8, wobei eine Grundrißkante um $20\frac{2}{3}°$ gegenüber der waagerechten Rißachse und die schräge Rißachse um 19,5° gegenüber der Senkrechten gedreht sind. Prüfe, ob das Ergebnis eine dimetrische Darstellung ist.

20 Die folgende Abbildung zeigt im linken Teil Grund- und Aufriß eines schräg angeschnittenen Zylinders. Es geht darum, die wahre Gestalt und Größe der Schnittfläche zu bestimmen. An Stelle des Seitenrisses ist hier die Schnittfläche konstruiert worden, deren Randkurve eine **Ellipse** ist. Erläutere die Vorgehensweise. Wie ist hier die schräge Rißachse gelegt worden?

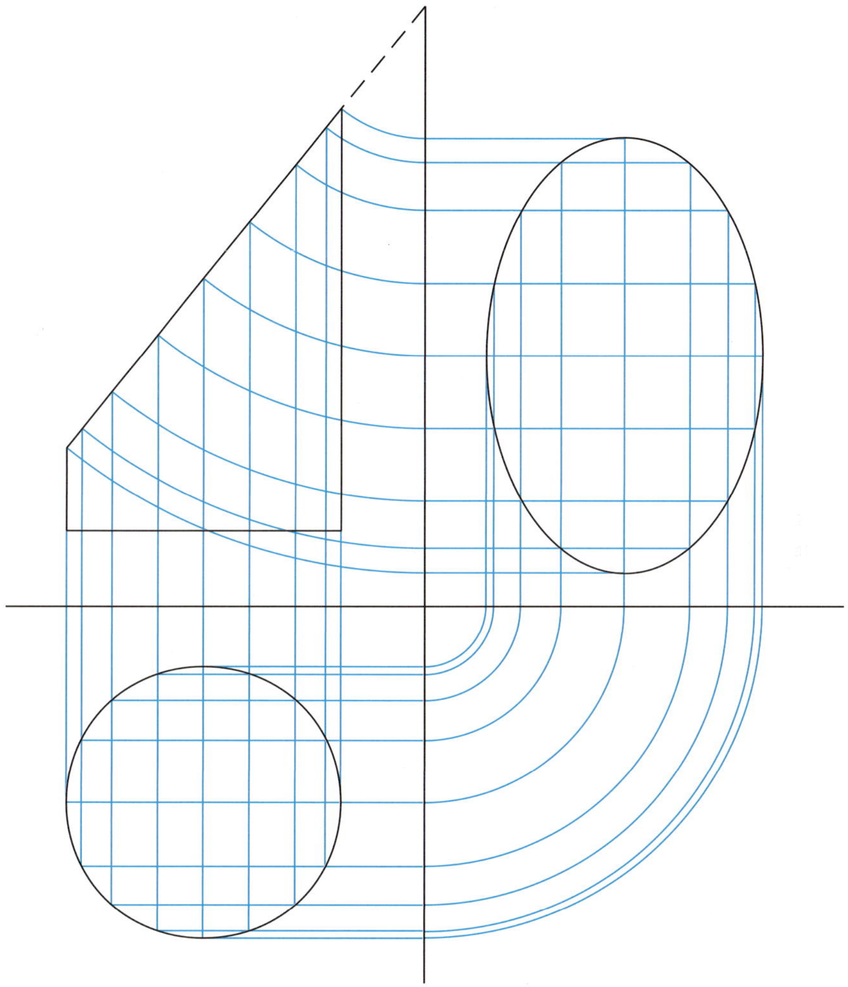

21 Bestimme nach der Methode von Aufgabe 20 die wahre Gestalt der Schnittfläche durch einen Zylinder mit Radius 2 cm, die gegenüber der Horizontalen um 50° geneigt ist. Bestimme den „Durchmesser" der Ellipse an ihrer schmalsten (breitesten) Stelle.

22 Zeichne die Dreitafeldarstellung für die in Aufgabe 21 genannten Daten. Vergleiche die Ellipse im Seitenriß mit der wahren Gestalt der Schnittfläche.

3 Optimierung

3.1 Lineare Optimierung

1 Eine Firma der Unterhaltungselektronik stellt zwei verschiedene Typen von Radiogeräten her. Dabei sind folgende Produktionsbedingungen zu beachten:

- Die Abteilung für die Herstellung von Gehäusen kann höchstens 8000 Gehäuse pro Monat herstellen.
- Die Montageabteilung für das Gerät A kann höchstens 5000 Geräte zusammenbauen.
- Die Montageabteilung für das Gerät B kann höchstens 6500 Geräte zusammenbauen.
- Die Abteilung für elektrische Installationen kann im Monat maximal 6000 Geräte vom Typ A oder 9000 Geräte vom Typ B fertigstellen.

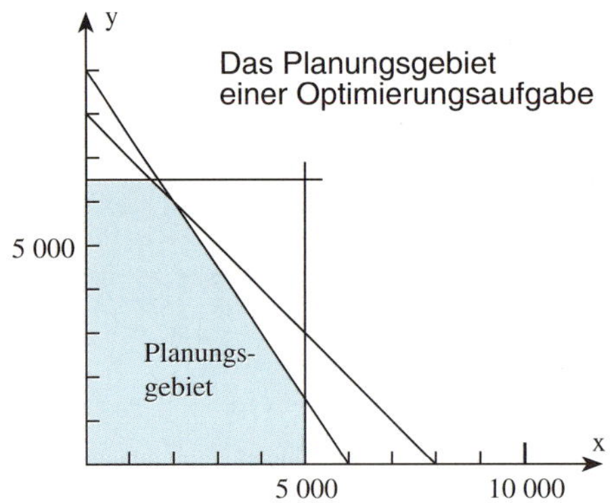

Der Gewinn bei einem Gerät vom Typ A beträgt 30,– DM und bei einem Gerät vom Typ B 25,– DM. Der Firmenleiter gibt seinem Planungsbüro den Auftrag, herauszufinden, wie viele Geräte vom Typ A bzw. B hergestellt werden müssen, damit der Gewinn möglichst groß wird. Manni Mathefix macht gerade ein berufskundliches Praktikum in dieser Firma und sieht im Planungsbüro das abgebildete Planungsdiagramm. Er versucht herauszufinden, in welchem Zusammenhang das Diagramm mit den oben angegebenen Produktionsbedingungen steht.

a) An den Achsen stehen die Variablenbezeichnungen x und y, die sich auf die Zahl der Geräte beziehen. Stelle fest, ob x die Zahl der Geräte vom Typ A oder B darstellt.

b) Stelle die ersten drei Bedingungen durch Ungleichungen dar und begründe, warum die vierte Bedingung durch die Ungleichung $3x + 2y \leq 18\,000$ beschrieben werden kann.

c) Das blaue Feld mit der Bezeichnung Planungsgebiet wird von 6 Geraden begrenzt. Stelle fest, ob diese Geraden etwas mit den Ungleichungen aus Aufgabe b) zu tun haben.

d) Zwei der Geraden stehen nicht im Zusammenhang mit den Ungleichungen aus Aufgabe b). Weshalb sind diese Grenzen trotzdem notwendig?

e) Für die Lösung des Problems sind die Punkte des Planungsgebietes von besonderer Bedeutung. Was stellen diese Punkte dar?

2 Nachdem Manni alle Aufgaben gelöst hat, zeigt er das halbfertige Planungsdiagramm seiner Schwester Maja. Sie überlegen zusammen, was man damit wohl machen kann. Maja stellt fest, daß der Gewinn darin überhaupt noch nicht vorkommt.

a) Wie groß ist der Gewinn G beim Verkauf von 2000 Geräten vom Typ A? Wie groß ist er beim Verkauf von 3000 Geräten vom Typ B? Wie groß ist er beim Verkauf aller 5000 Geräte zusammen?

b) Ermittle einen Punkt im Innern des Planungsgebietes, für den der Gewinn genau 135 000,– DM beträgt. Bestimme noch mindestens zwei weitere Punkte mit diesem Gewinn. Wie liegen alle Punkte, denen dieser Gewinn zuzuordnen ist? Zeichne das Planungsdiagramm ab und füge die Linie hinzu, auf der alle Punkte mit dem Gewinn von 135 000,– DM liegen.

3 In Aufgabe 2 wurde die Gewinngerade für den Gewinn 135 000,– DM gefunden.

a) Maja behauptet, daß man zwei Punkte dieser Gerade besonders einfach findet. Welche Punkte hat sie wohl gemeint?

b) Benutze die Methode von Maja, um die Gewinngerade für G = 165 000,– DM (bzw. 195 000,– DM) zu ermitteln. Was stellst du fest, wenn du alle drei Geraden miteinander vergleichst?

c) Geht diese Methode auch für G = 200 000,– DM?

4 Manni findet, daß es hilfreich wäre, wenn man eine Formel hätte, nach der der Gewinn G aus den Gerätezahlen x und y berechnet wird. Stelle eine solche Formel für G auf. Die Funktion, die den Gerätezahlen x und y den jeweiligen Gewinn zuordnet, wird als **Zielfunktion** bezeichnet, der entsprechende Wert G als **Zielwert**.

5 a) Zeige, daß man jeweils eine Geradengleichung mit den Variablen x und y bekommt, wenn man für G 100 000 DM (bzw. 150 000 DM, 200 000 DM) einsetzt. Zeichne diese Geraden in ein neues Diagramm ein. Man bezeichnet eine solche Gerade als **Zielgerade** oder Gewinngerade.

b) Sind auch diese Geraden parallel? Woran erkennt man dies an der Geradengleichung?

c) Gibt es auch noch Gewinngeraden für G > 200 000,– DM? Zeichne die Gewinngerade für den größten denkbaren Gewinn in das Diagramm ein. Wie groß ist dieser maximale Gewinn? Mit welchen Gerätezahlen ist dieser Gewinn erreichbar?

Das Verfahren der linearen Optimierung, 1. Art: Maximierungsaufgaben

Man geht bei der linearen Optimierung nach folgendem Schema vor:

1. Festlegung der Variablenbezeichnungen, z.B.
   – Anzahl der Geräte vom Typ A: x
   – Anzahl der Geräte vom Typ B: y
2. Formulierung der allgemeinen Bedingungen in Form von Ungleichungen, z.B.
   – Keine negativen Gerätezahlen, Typ A: $x \geq 0$
   – Keine negativen Gerätezahlen, Typ B: $y \geq 0$
   – Beschränkung bei der Gehäusezahl: $x + y \leq 8000$
   – Beschränkung bei der Montage, Typ A: $x \leq 5000$
   – Beschränkung bei der Montage, Typ B: $y \leq 6500$
   – Beschränkung bei der Installation: $3x + 2y \leq 18\,000$
3. Zeichnen des **Planungsgebietes**
   – In dem blau gezeichneten Gebiet liegen alle Zahlenpaare (x|y), die den allgemeinen Bedingungen genügen.
4. Ermittlung der **Zielfunktion** f, z.B. $z = f(x,y) = 30x + 25y$ und Zeichnen einer Zielgeraden für einen willkürlich gewählten **Zielwert** z, z.B. $z = 150\,000$ (blau gestrichelte Gerade in der Abbildung).
5. Bestimmung des größten Zielwertes durch Parallelverschiebung der Zielgeraden in Richtung wachsender Werte von z bis zum äußersten Rand des Planungsgebietes, so daß aber mindestens noch ein Punkt des Planungsgebietes auf der Zielgeraden liegt (blau durchgezogene Gerade in der Abbildung).
6. Formulierung des Ergebnisses, z.B.: Bei 2000 Geräten vom Typ A und 6000 Geräten vom Typ B erhält man den maximalen Gewinn von 210 000 DM.

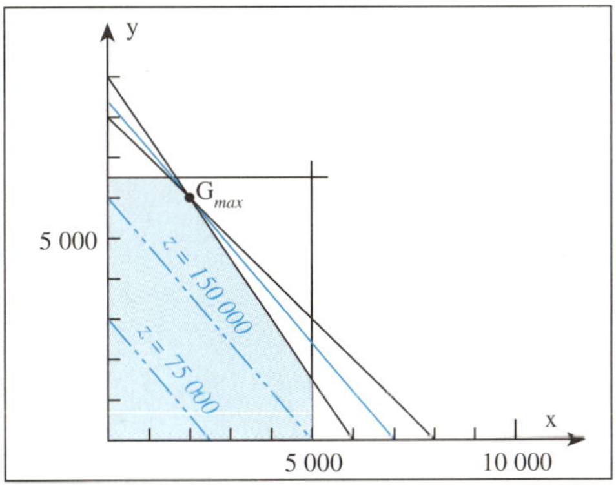

Die fertige Planungsfigur

6 In einer Abfüllanlage für Fruchtsäfte wird Apfelsaft und Orangensaft abgefüllt. Sie bekommt jedoch höchstens 4000 Leerflaschen pro Tag angeliefert. Die Füllmaschine für Apfelsaft schafft maximal 2400 Flaschen je Tag, die für Orangensaft 3200 Flaschen je Tag. Bei der ersten Sorte wird ein Gewinn von 8 Pf pro Flasche, bei der zweiten Sorte ein Gewinn von 6 Pf pro Flasche erzielt.

a) Lege die Variablenbezeichnungen fest und stelle ein lineares Ungleichungssystem für sie auf.

b) Zeichne das Planungsgebiet.

c) Ermittle einen Term für die Zielfunktion (Gewinnfunktion), der angibt, wie der Zielwert z von den oben gewählten Variablen abhängt.

d) Ermittle die Gleichungen für mindestens drei verschiedene Zielgeraden, die durch das Planungsgebiet gehen, und zeichne diese Geraden.

e) Bestimme den Punkt des Planungsgebietes, für den sich der größte Gewinn ergibt.

7 Bauer Feld will im nächsten Jahr auf einem Teil seiner Äcker Gemüse und Weizen anbauen. Insgesamt soll diese Fläche nicht mehr als 32 ha betragen. Zur Sicherstellung des Fruchtwechsels darf er höchstens 15 ha mit Gemüse bepflanzen. Beim Weizenanbau rechnet der Bauer für Saatgut und Düngung mit Unkosten in Höhe von 800 DM je ha, beim Gemüseanbau mit 2400 DM je ha. Mehr als 40 800 DM kann er nicht aufbringen. Er erwartet, daß er beim Verkauf der Ernte nach Abzug aller Unkosten einen Reingewinn von 1200 DM pro ha Weizen und von 1600 DM pro ha Gemüse erzielen kann. Wie muß er seine Felder bebauen, damit sein Gewinn möglichst groß wird?

8 Kaffeehändler Wohlbrandt kauft zwei Sorten Kaffee ein, eine teure Sorte A und eine billige Sorte B. Von der Sorte A kann er höchstens 180 kg, von der Sorte B höchstens 280 kg bekommen. Aus diesen zwei Sorten stellt er zwei Mischungen her: Die erste Mischung soll zu 60% aus Sorte A und zu 40% aus Sorte B bestehen, die zweite Mischung zu 20% aus Sorte A und zu 80% aus Sorte B. Der Verkaufspreis der ersten Mischung beträgt 14 DM, der der zweiten Mischung 10 DM je Kilogramm.

a) Welche Menge muß der Händler von jeder Mischung herstellen, damit er einen möglichst hohen Erlös erzielt?

b) Die Sorte A kostet im Ankauf 8 DM, Sorte B 6 DM. Welche Mengen von jeder Mischung muß der Händler herstellen, damit der Gewinn möglichst groß wird?

9 Zeichne jeweils das Planungsgebiet für die folgenden Bedingungen:

a) $x \geq 0;\ y \geq 0;\quad x + y \geq 100;\quad 2x + y \leq 160;\quad x + 2y \leq 160$

b) $x \geq 0;\ y \geq 0;\quad x + y \leq 15;\quad y \leq 12;\ x \leq 10;\quad 3x + 2y \leq 36$

c) $x \geq 0;\ y \geq 0;\quad x + 2y \leq 16;\quad 5x + 3y \leq 45;\quad x \leq 8;\ y \leq 6$

d) $x \geq -2;\ y \geq 0;\quad y - 2x \leq 3;\quad 3x + 4y \leq 13;\quad x - 6y \geq -7;\quad x + 2y \leq 13.$

10 Ein Hüttenwerk bezieht Eisenerz aus Ironia zum Preis von 40 DM je t und aus Ferristan zum Preis von 50 DM je t. Auf Grund bindender Verträge müssen mindestens 30% der verarbeiteten Erze aus Ironia kommen. Ein Bestandteil von Eisenerz ist Magneteisenstein. In einer Tonne Erz aus Ironia befinden sich 0,3 t Magneteisenstein, während eine Tonne aus Ferristan nur 0,1 t davon enthält. Für einen bestimmten Auftrag müssen mindestens 1000 t verhüttet werden. Darin sollen mindestens 150 t Magneteisenstein enthalten sein.

a) Die Variablen x und y sollen die Erzmengen aus Ironia bzw. Ferristan bezeichnen. Formuliere die Mindestmengenforderungen als Ungleichungen für x und y und stelle das Planungsgebiet graphisch dar. Sind dabei noch weitere einschränkende Bedingungen für x und y zu beachten?

b) Wodurch unterscheidet sich dieses Gebiet ganz wesentlich von den bisherigen?

c) Ermittle die Zielfunktion $z = K(x,y)$ für die Kosten und zeichne die Zielgeraden für $z = 70\,000$ DM, $z = 60\,000$ DM und $z = 50\,000$ DM in die Graphik ein.

d) Bestimme die Zielgerade mit den geringsten Kosten, die das Planungsgebiet noch berührt. Welche Erzmengen müssen also eingekauft werden? Wie hoch sind die Kosten?

e) Gibt es hier auch eine Zielgerade mit maximalen Kosten?

Lineare Optimierung, 2. Art: Minimierungsaufgaben:

Bei Minimierungsproblemen geht man genauso vor wie bei **Maximierungsaufgaben**. Auch hier wird eine beliebige **Zielgerade** bestimmt, die durch das Planungsgebiet geht. Durch Parallelverschiebung in Richtung geringerer Zielwerte erreicht man die Zielgerade, mit minimalem Zielwert am Rande des Planungsgebietes. Allerdings ist dies nicht immer links unten wie in Aufgabe 10.

11 Welches Ergebnis ergibt sich aus den Daten von Aufgabe 10, wenn der Preis des Erzes aus Ironia 40 DM je t und aus Ferristan 30 DM je t ist?

12 Für eine Großküche soll Fleisch eingekauft werden. Die Lieferung soll mindestens 48 kg fettfreies Fleisch und 12 kg Fett enthalten. Das angebotene Rindfleisch enthält durchschnittlich 10% Fett, das Schweinefleisch 40% Fett. Der Preis beträgt für Rindfleisch 12,40 DM, für Schweinefleisch 9,60 DM. Welche Mengen sollten eingekauft werden, wenn die Kosten möglichst gering sein sollen?

13 Für ein Entwicklungshilfeprojekt sollen Lastkraftwagen (LKW) angeschafft werden, die mit 6 m^3 bzw. 12 m^3 Erdboden beladen werden können. Man benötigt eine Gesamtlademenge von mindestens 180 m^3. Da in manchen Gegenden nur leichte LKW eingesetzt werden können, sollen mindestens 6 der kleineren Sorte angeschafft werden. Vor Ort stehen dem Projekt 25 Fahrer zur Verfügung. Die LKW können aus ehemaligen Militärbeständen günstig für 40 000 bzw. 60 000 DM angeschafft werden. Wie viele kleine bzw. große Fahrzeuge müssen gekauft werden, wenn die Anschaffungskosten möglichst niedrig sein sollen?

14 Wir gehen von der Situation der Aufgabe 6 aus, interessieren uns aber nicht für den Gewinn der Firma, sondern für die Lagerkosten, die natürlich so gering wie möglich sein sollen. Wird nicht abgefüllt, so betragen die Lagerkosten 80 DM je Tag. Für jede ausgelieferte Flasche vermindern sie sich um 1 Pf.

a) Bestimme die Zielfunktion $z = K(x,y)$. Zeichne die Zielgeraden für Lagerkosten von 50, 60 bzw. 70 DM.
b) Welche Besonderheiten stellst du fest, wenn du den Punkt mit den niedrigsten Kosten suchst? Wann tritt eine solche besondere Situation jeweils ein?

Eindeutigkeit der Lösung

Nicht immer läßt sich eine eindeutige Lösung des Optimierungsproblems finden. Wenn die Zielgeraden parallel zu einer der Begrenzungsgeraden des Planungsgebietes sind, gibt es in der Regel mehrere Punkte, die auf dieser Randgeraden liegen und den gleichen Zielwert haben. Gehört die Randgerade zum Planungsgebiet, stellen alle diese Punkte mögliche Lösungen dar.

15 Eine Baumschule hat sich auf die Anzucht von Fichten und Edeltannen spezialisiert. Insgesamt stehen 60 ha zur Verfügung. Um den Grundbedarf zu decken, sollen für Fichten mindestens 20 ha, für Edeltannen mindestens 15 ha Anbaufläche bereitgestellt werden.

a) Es wird mit einem Gewinn von 1000 DM pro ha bei den Fichten und von 1200 DM pro ha bei den Edeltannen gerechnet. Wie hoch ist der unter diesen Umständen zu erzielende maximale Gewinn?
b) Wegen einer ungünstigen Marktlage müssen im nächsten Jahr beide Sorten für 1000 DM pro ha verkauft werden. Wie ist das Optimierungsproblem nun zu lösen?

16 Ein Spezialgeschäft für Haushaltsgeräte will seinen Bestand an Waschmaschinen um zwei neue Typen A und B erweitern. Die Maschine A kostet im Einkauf 600 DM, die Maschine B 900 DM. Insgesamt will der Geschäftsführer 60 000 DM investieren. Marktforschungen haben ergeben, daß voraussichtlich mehr Geräte vom Typ B verkauft werden. Mehr als dreimal soviel Geräte wie vom Typ A will er aber nicht am Lager haben.

a) Bei Maschine A werden 200 DM, bei Maschine B 300 DM Gewinn gemacht. Welche Mengen sollte er einkaufen, um einen möglichst großen Gewinn zu machen? Wie hoch ist der Gewinn?

b) Löse die Aufgabe für den Fall, daß bei Maschine B nur ein Gewinn von 150 DM gemacht wird und alle anderen Angaben beibehalten werden.

17 Bei der Abschlußbesprechung des berufskundlichen Praktikums versucht Manni, seinen Klassenkameraden zu erklären, was er über das lineare Optimieren erlernt hat. Dabei geht er von folgenden Ungleichungen für das Planungsgebiet aus:

$$(1)\ x \geq 0; \quad (2)\ y \geq 0; \quad (3)\ y \leq 4;$$

$$(4)\ 5x + y \leq 20; \quad (5)\ \frac{1}{7}x + \frac{1}{5}y \leq 1.$$

Die Zielfunktion ist durch $Z(x,y) = 5x + 3y$ gegeben. Die Lösungen sollen ganzzahlig sein. Bei der Erklärung stößt er auf eine unerwartete Schwierigkeit. Nach kurzem Überlegen findet Lisa Listig die Lösung. Stelle das Planungsgebiet graphisch dar und trage die Punkte mit ganzzahligen Koordinaten ein. Welches Problem tritt bei dieser Aufgabe auf, und wie ist es zu lösen? Was ist hier der maximale Zielwert?

18 Bei einem weiteren Entwicklungshilfeprojekt werden Kleintransporter benötigt. Es sind zwei verschiedenen Modelle vorgesehen, das eine zu 40 000 DM pro Stück, das andere zu 50 000 DM. Gebraucht werden mindestens 12, höchstens aber 20 Wagen. Auf Grund der Erfahrungen aus früheren Projekten erwartet man, daß von den teureren Wagen höchstens doppelt so viele wie von den billigeren, mindestens aber einer mehr gebraucht werden.

a) Stelle das Planungsfeld graphisch dar, und zeichne die Punkte mit ganzzahligen Koordinaten ein.

b) Zeichne eine Zielgerade ein, die durch einen der Punkte geht, und finde durch Parallelverschiebung den Punkt, für den die Anschaffungskosten minimal werden.

Ganzzahlige Lösungen

Wenn nur ganzzahlige Lösungen erlaubt sind, kann es geschehen, daß die Zielgerade mit dem größten (bzw. kleinsten) Zielwert das Planungsgebiet nicht in einem Randpunkt berührt, sondern in der Nähe des Randes durchschneidet, so daß zwischen ihr und dem Rand kein Punkt des Planungsgebietes mit ganzzahligen Koordinaten liegt.

19 Ein Fahrradhändler bezieht von der Fabrik zwei Sorten Fahrräder: Sorte A zu 200 DM/Stück und Sorte B zu 250 DM/Stück. Es sollen von B mindestens halb so viele wie von A und höchstens ebenso viele wie von A sein. Im ganzen möchte er nicht mehr als 25 000 DM investieren. Wie viele von jeder Sorte wird er nehmen, wenn sein Gesamtverdienst möglichst groß sein soll und er

a) an jedem Fahrrad gleichviel,

b) an Sorte A 15%, an B 20% des Einkaufspreises,

c) an beiden Sorten 15% des Einkaufspreises verdienen kann?

20 In einem Neubau ist eine Bodenfläche von insgesamt 7200 m^2 zu belegen. Es stehen zwei Sorten Belag zur Wahl: Sorte A zu 15 DM/m^2 und Sorte B zu 25 DM/m^2. Die Reinigungskosten betragen bei A 2,50 DM pro m^2 und Jahr und bei B 2,00 DM pro m^2 und Jahr. Die Auswahl soll so getroffen werden, daß die Herstellungskosten zwischen 120 000 DM und 160 000 DM liegen und die gesamten Reinigungskosten möglichst niedrig sind.

21 Das Reiseunternehmen *Adventure Tours* will Kanureisen in sein Programm aufnehmen. Zu diesem Zweck sollen Zweier- und Dreier-Wanderkanadier angeschafft werden. Erfahrungsgemäß werden zweisitzige Kanus bevorzugt, da sie mehr Platz für das Gepäck haben und etwas leichter sind. Deshalb sollen mindestens doppelt so viele Zweierkanus wie Dreierkanus zur Verfügung stehen. Mindestens fünf Dreierkanus sollten aber vorhanden sein, da gelegentlich Kinder mitgenommen werden. Es soll für mindestens 45 Teilnehmer Platz vorhanden sein. Zunächst schafft man zur Probe gebrauchte Kanus zum einheitlichen Preis von 1500 DM für beide Typen an.

a) Welche Punkte des Planungsfeldes führen zu den geringsten Kosten? Wie hoch sind diese Kosten?

b) Im nächsten Jahr werden für ein weiteres Projekt Kanus angeschafft. Jetzt nimmt man aber neue Boote zum Preis von 2 000 DM für Zweier und von 2 200 DM für Dreier. Wie viele Zweier und Dreier wird man nun kaufen, wenn die Kosten möglichst gering sein sollen?

22 Ein Fahrradclub will neue Leihräder anschaffen. Es werden zwei verschiedene Typen ausgewählt, zu 600 DM bzw. 900 DM Anschaffungspreis. Insgesamt können 9 000 DM investiert werden. Von dem billigen Typ sollen mindestens genauso viele, höchstens aber doppelt so viele wie von dem teureren vorhanden sein. Für das billigere Fahrrad bekommt man einen Mietpreis von 15 DM pro Tag, für das teurere von 20 DM pro Tag. Wie muß angeschafft werden, um möglichst hohe Mieteinnahmen zu haben?

23 In einer Abfüllanlage für Fruchtsäfte wird Apfelsaft, Orangensaft und Traubensaft abgefüllt. Es stehen täglich genau 5000 Flaschen zur Verfügung. Die Füllmaschine für Apfelsaft schafft maximal 2400 Flaschen pro Tag, die Maschinen für Orangensaft und für Traubensaft schaffen jeweils 3200 Flaschen am Tag. Beim Apfelsaft wird ein Gewinn von 8 Pf, beim Orangensaft von 6 Pf und beim Traubensaft von 4 Pf pro Flasche erzielt.

a) Wenn wir die Zahl der Flaschen der verschiedenen Saftsorten mit x, y, z bezeichnen, so gilt eine sogenannte **Nebenbedingung**: $x + y + z = 5000$. Begründe diese Gleichung. Sie kann benutzt werden, um eine der drei Variablen, z.B. z, zu eliminieren.

b) Aus der Forderung $z \geq 0$ ergibt sich eine Ungleichung für x und y. Wie lautet sie?

c) Begründe, warum das Planungsfeld durch die Ungleichungen $x \geq 0$, $y \geq 0$, $x \leq 2400$, $y \leq 3200$, $y \geq 1800 - x$ und $y \leq 5000 - x$ festgelegt wird. Zeichne es.

d) Die Nebenbedingung kann auch benutzt werden, um z in der Zielfunktion zu eliminieren. Wie lautet die Gleichung der Zielfunktion? Zeichne Zielgeraden für die Gewinne 280 DM, 300 DM und 320 DM.

e) Bestimme den maximalen Gewinn. Wie viele Flaschen von jeder Sorte müssen abgefüllt werden, um den maximalen Gewinn zu erzielen?

f) Stelle fest, ob es auch möglich ist, an Stelle von z auch x oder y zu eliminieren. Führe ggf. die gesamte Rechnung durch, um zu überprüfen, ob die Endergebnisse übereinstimmen.

Optimierung mit Nebenbedingungen

In manchen Fällen sind die in einem Optimierungsproblem auftretenden Variablen nicht nur durch Ungleichungen eingeschränkt, sondern auch durch Gleichungen wie z.B. die Gleichung $x + y + z = 5000$ in Aufgabe 23, die zum Ausdruck bringt, daß jeden Tag genau 5000 Flaschen abgefüllt werden. Wir bezeichnen eine solche Gleichung als **Nebenbedingung**. Solche Nebenbedingungen können genutzt werden, um die Zahl der Variablen zu reduzieren. Wenn z.B. die obengenannte Gleichung gilt, kann überall dort, wo die Variable z auftritt, an deren Stelle $5000 - x - y$ eingesetzt werden, so daß nur die Variablen x und y übrigbleiben.

Beispiel:
Die Variablen x, y, z sollen alle nicht-negativ sein und folgenden Ungleichungen genügen:
(1) $x \leq 50$, (2) $y \leq 40$, (3) $z \leq 40$
Ferner wird die Nebenbedingung $x + y + z = 80$ gefordert. Die Zielfunktion ist durch $G = 3x + 4y + 5z$ gegeben, worin die Variable G z.B. den Gewinn bezeichnet. Durch Ausnutzung der Nebenbedingung $z = 80 - x - y$ erhält man $G = 400 - 2x - y$ als Gleichung der Zielfunktion. Aus der Ungleichung (3) wird nun $x + y \geq 20$, und aus der Forderung $z \geq 0$ ergibt sich $x + y \leq 80$. Die nebenstehende Abbildung zeigt das so ermittelte Planungsfeld für die Variablen x und y und einige Zielgeraden. Der maximale Zielwert $G = 380$ liegt bei $(x; y; z) = (0; 20; 60)$.

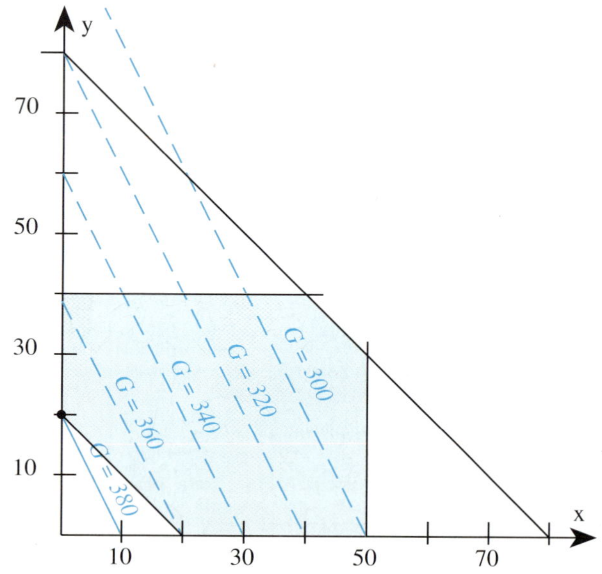

24 Führe die Rechnungen von Aufgabe 23 durch, wenn für den Traubensaft ein Gewinn von 7 Pf pro Flasche zu erzielen ist. Alle anderen Daten werden übernommen.

25 Eine Goldlegierung hat den Feingehalt 800, wenn 1 kg des Materials 800 g reines Gold und 200 g andere Metalle enthalten. Ein Goldschmied benötigt für einen eiligen Auftrag 2 kg mit einem Feingehalt von mindestens 700. Gelagert hat er jeweils 1200 g Gold mit Feingehalt 600 bzw. 800, außerdem eine größere Menge reines Gold. Die Einkaufskosten betragen 12 DM pro g für Gold mit Feingehalt 600, 16 DM pro g für Gold mit Feingehalt 800 und 19 DM pro g für reines Gold. Welche Mengen muß er verwenden, damit die Kosten möglichst niedrig werden? Wie groß sind die minimalen Kosten?

26 Eine Hüttengesellschaft führt Eisenerz aus Brasilien, Liberia und Australien ein. Die Kosten betragen für brasilianisches Erz 50 DM je t, für liberianisches 45 DM und für australisches 55 DM. Auf Grund von vertraglichen Bindungen müssen mindestens 30% in Australien eingekauft werden. Aus Brasilien sollen höchstens 50% kommen. Insgesamt werden 10 000 t benötigt. Welche Mengen müssen eingekauft werden?

27 Ein Teegroßhändler hat zwei Teesorten gelagert, und zwar 40 Ztr. von Sorte I und 60 Ztr. von Sorte II. Die erste Sorte kann er für 900 DM je Zentner verkaufen, die zweite für 600 DM. Eine Mischung aus beiden Sorten, die zu mindestens 30% aus Sorte I besteht, ließe sich für 800 DM verkaufen. Welche Mengen müssen von Sorte I, von Sorte II und von der Mischung verkauft werden, damit der Erlös möglichst groß wird?

Hinweis: Lege die Variablen x und y so fest, daß sie die Mengen von Sorte I und II in der Mischung bestimmen. Die jeweiligen Restmengen von Sorte I und II kannst du dann mit u und v bezeichnen, für die du leicht jeweils eine Nebenbedingung findest.

28 Ein Baustoffunternehmen betreibt 3 Steinbrüche zur Schottergewinnung in Rustadt, Safeld und Tedorf. Die Tagesproduktionen betragen 500 t, 700 t und 700 t. Die gesamte Produktion soll an zwei Großbaustellen in Aburg und in Behausen geliefert werden. In Aburg werden täglich 1100 t benötigt, in Behausen 800 t. In der nachfolgenden Tabelle sind die Transportkosten je Tonne angegeben:

	Rustadt	Safeld	Tedorf
Aburg	12 DM	12 DM	18 DM
Behausen	13 DM	15 DM	11 DM

Hinweis: Es kommen sechs Transportarten vor. Bezeichne die zugehörigen Transportmengen mit den Variablennamen u, v, w, x, y, z. Die Variablen sind allerdings nicht unabhängig voneinander. Bezeichnen u und x z.B. die von Rustadt abgehenden Transportmengen, so gilt $u + x = 500$. Es lassen sich insgesamt 4 solcher Nebenbedingungen aufstellen, mit deren Hilfe man die Zahl der Variablen auf zwei (z.B. u und v) vermindern kann. Da alle Variablen größer oder gleich 0 sein müssen, ergeben sich weitere Bedingungen für die verbleibenden Variablen, die das Planungsfeld einschränken, z.B. folgt aus $x \geq 0$, daß $u \leq 500$ ist, wenn wir die Bezeichnungen wie oben angegeben wählen.

29 Ein Baumarkt soll kurzfristig für drei verschiedene Baustellen Sand anliefern. An der Baustelle A werden 5 LKW-Ladungen benötigt, an Baustelle B 7 Ladungen und an C nur 4. Die Auslieferung erfolgt von zwei verschiedenen Niederlassungen M und N. M kann kurzfristig 10 Ladungen, N nur 6 Ladungen liefern. Die Transportkosten je Fuhre sind in der folgenden Tabelle aufgelistet.

	Niederlassung M	Niederlassung N
Baustelle A	40 DM	10 DM
Baustelle B	30 DM	20 DM
Baustelle C	50 DM	25 DM

Stelle fest, wie der Händler die Fuhren ausliefern muß, damit die Kosten möglichst gering werden.

3.2 Weitere Optimierungsverfahren

1 Greta will für ihr Kaninchen aus 17 m Maschendraht ein rechteckiges Gehege mit möglichst großem Flächeninhalt bauen. Für eine Seite der Einfriedigung kann sie eine Hauswand benutzen. Sie will nun die optimalen Seitenlängen x und y des Rechtecks bestimmen.

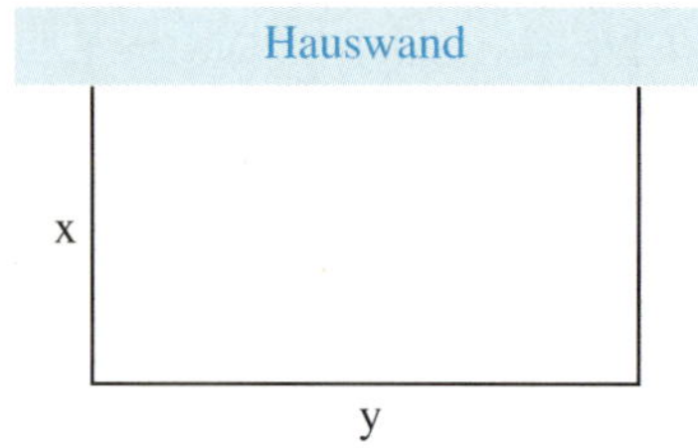

a) Der zu optimierende Zielwert ist hier der Flächeninhalt. Wie lautet der Term der Zielfunktion (vorläufige Zielfunktion)?

b) Die Variablen x und y werden hier nicht wie im vorigen Abschnitt durch ein Ungleichungssystem eingeschränkt, sondern durch eine Gleichung, die als **Nebenbedingung** bezeichnet wird. Wie lautet diese Gleichung?

c) Löse die Nebenbedingung nach y auf, und setze den entstandenen Term für y in der Zielfunktion ein, so daß nur noch die Variable x übrigbleibt (endgültige Zielfunktion). Stelle diese Funktion graphisch dar. Bei welchem x-Wert wird der Flächeninhalt maximal? Welcher y-Wert gehört dazu, und wie groß ist die maximale Fläche?

d) Hätte man die Lösung auch gefunden, wenn man die Nebenbedingung nach x aufgelöst und in der Zielfunktion x eliminiert hätte?

e) Ist es möglich, die maximale Fläche ohne graphische Darstellung rein rechnerisch zu finden?

2 Ein Rechteck mit 20 cm Umfang soll einen möglichst großen Flächeninhalt haben.

a) Bestimme die (vorläufige) Zielfunktion und die Nebenbedingung.

b) Eliminiere mit Hilfe der Nebenbedingung eine Variable, und ermittle die (endgültige) Zielfunktion.

c) Bringe den Term der quadratischen Zielfunktion in eine Form, an der du den Maximalwert sofort ablesen kannst. Für welche Variablenwerte wird der Zielwert maximal? Welche Art von Rechteck ist es?

Quadratische Optimierung mit Nebenbedingung

Bei den hier vorliegenden Aufgabenstellungen geht es um die Optimierung einer Größe, die von zwei Variablen abhängt. Diese Größe wird durch die **vorläufige Zielfunktion z = f(x,y)** beschrieben. Die beiden Variablen x und y sind jedoch nicht unabhängig voneinander, sondern durch eine **Nebenbedingung** eingeschränkt, die benutzt wird, um in der Zielfunktion eine Variable mit Hilfe des **Einsetzungsverfahrens** zu eliminieren. Ist die so gewonnene **endgültige Zielfunktion** eine quadratische Funktion, so können wir den Funktionsterm auf die **Scheitelpunktsform** bringen und so das Maximum oder Minimum bestimmen. Handelt es sich nicht um eine quadratische Funktion, so läßt sich mit den uns zur Verfügung stehenden Mitteln das Maximum oder Minimum nur graphisch bestimmen.

Beispiel: Ein Rechteck mit 100 cm Umfang soll einen maximalen Flächeninhalt haben. Bestimme die Seitenlängen des Rechtecks.

Vorläufige Zielfunktion: $A = x \cdot y$

Nebenbedingung: $2x + 2y = 100 \Leftrightarrow y = 50 - x$

Endgültige Zielfunktion: $A = x \cdot (50 - x)$

Umrechnung auf Scheitelpunktsform:

$$A = -x^2 + 50x \quad (1)$$
$$-A = x^2 - 50x \quad (2)$$
$$= (x-25)^2 - 625 \quad (3)$$
$$A = -(x-25)^2 + 625 \quad (4)$$

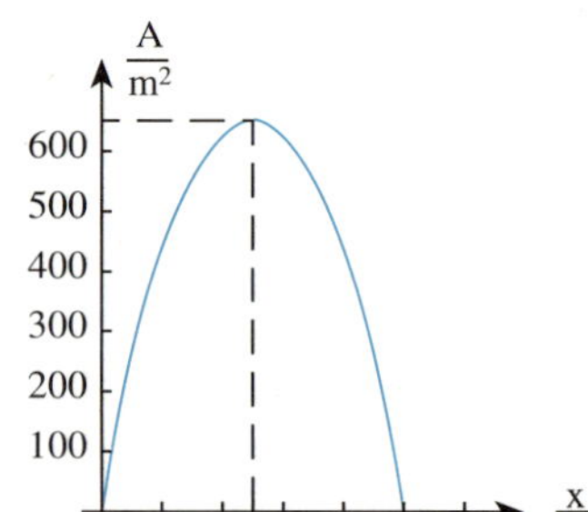

Das Maximum liegt offenbar bei x = 25 und y = 25, d.h. die maximale Fläche wird durch ein Quadrat mit 25 cm Seitenlänge erreicht.

3 Manni hat zum Geburtstag einen Hund bekommen. Er will mit 13 m Maschendraht einen Platz für ihn einzäunen, wobei er die Rückwand von Garage und Haus benutzen kann (siehe Zeichnung). Wie lang muß er $\overline{BC}$ machen, damit die Fläche möglichst groß wird? Wie groß ist diese Fläche?

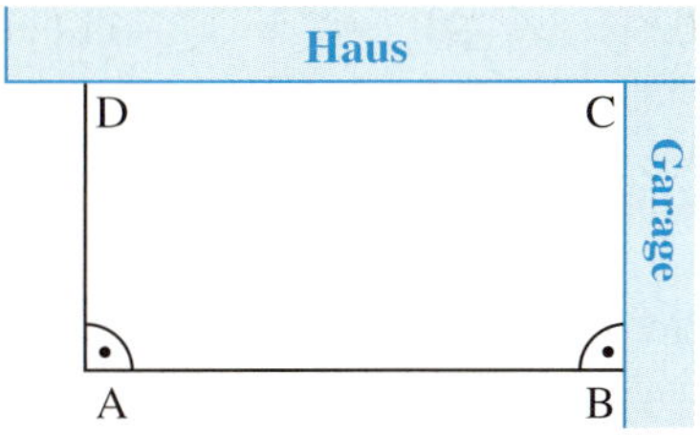

4 Welche Maße müssen die Seiten eines Rechteckes mit Umfang 60 m haben, wenn der Flächeninhalt möglichst groß werden soll?

> Von allen Rechtecken mit gleichem Umfang hat das Quadrat einen größeren Flächeninhalt als alle anderen Rechtecke.

5 Beweise den oben stehenden Satz allgemein.

6 Für welche Zahl ist das Produkt aus der Hälfte der Zahl und der um 10 vergrößerten Zahl am kleinsten? Gib das Minimum an.

7 Ein Getränkehändler verkauft monatlich 1000 Flaschen Sekt zu einem Stückpreis von 12 DM. Eine Marktforschung legt die Vermutung nahe, daß sich der Absatz bei einer Preissenkung von 0,1 DM pro Stück um 20 Stück monatlich erhöhen würde. Der Einkaufpreis beträgt 5 DM pro Flasche.

a) Welche Gewinne ergeben sich pro Flasche bei einer Preissenkung um 0,1 DM, 0,2 DM, 0,3 DM, x DM? Wie viele Flaschen würde der Händler jeweils monatlich verkaufen? Berechne den Gesamtgewinn.

b) Bei welcher Preissenkung ist der Gewinn am größten? Welche Gewinnsteigerung ist zu erwarten?

8 Rechne wie in Aufgabe 7 mit einem Einkaufspreis von 8 DM, aber sonst gleichen Daten. Was ist in diesem Fall wesentlich anders?

9 Eine Mauer von 20 m Länge soll durch einen 50 m langen Zaun so zu einem Rechteck ergänzt werden, daß die Fläche des Rechtecks maximal wird.

a) Welcher Wert muß für x gewählt werden, wenn die Mauer in ihrer ganzen Länge zum Umfang des Rechtecks gehören soll?

b) Wie ist zu verfahren, wenn die Mauer auch nur zum Teil zum Umfang des Rechtecks gehören darf?

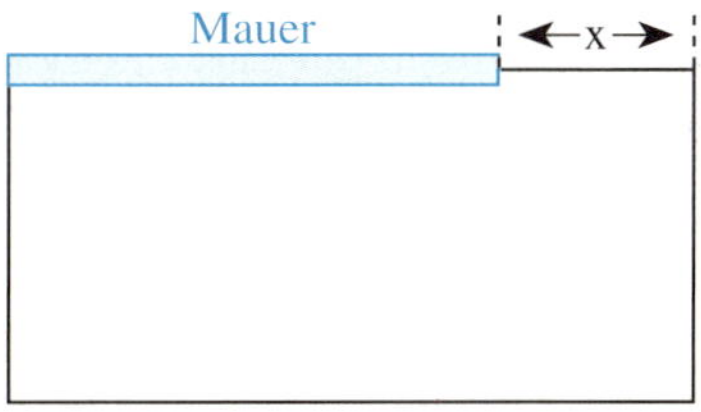

Auch Aufgaben, die zunächst nicht auf quadratische Funktionen führen, lassen sich manchmal mit der Scheitelpunktsmethode lösen, wenn man trickreich vorgeht. Für die drei folgenden Aufgaben wird allerdings der *Satz des Pythagoras* vorausgesetzt:

10 Ein Rechteck soll eine Diagonale der Länge 10 cm haben. Wie müssen die Rechteckseiten x und y gewählt werden, damit der Flächeninhalt maximal wird?

a) Zeige zunächst, daß die (endgültige) Zielfunktion durch $A(x) = x\sqrt{100 - x^2}$ beschrieben wird.

b) Die Fläche A wird genau dann maximal, wenn A^2 maximal wird. Berechne den Funktionsterm für A^2 und ersetze in diesem Term x^2 durch z. Auf diese Weise erhältst du wieder eine quadratische Funktion. Bestimme den z-Wert, für den A^2 maximal wird. Welche x- und y-Werte gehören dazu?

11 Ein rechtwinkliges Dreieck soll eine Hypotenuse von 40 m Länge haben. Wie müssen die Katheten gewählt werden, damit der Flächeninhalt maximal wird?

12 Eine Raute mit den Diagonalen x und y hat eine Seitenlänge a = 6 cm. Wie müssen x und y gewählt werden, damit der Flächeninhalt maximal wird?

13 Ein Rechteck soll einen Umfang von 40 cm haben. Bestimme die Seiten so, daß die Diagonale möglichst kurz wird. Wie lang ist die minimale Diagonale?

Für die folgende Aufgabe wird die Kenntnis der *Strahlensätze* vorausgesetzt.

14 Aus einer Glasscherbe, die die Gestalt eines rechtwinkligen Dreiecks mit den Katheten 18 cm und 12 cm hat, soll ein rechteckiges Stück ausgeschnitten werden, das eine möglichst große Fläche hat. Dabei sollen zwei der Rechteckseiten auf den Katheten des Dreiecks liegen. Skizziere den Sachverhalt und berechne die Rechteckseiten und den Flächeninhalt.

15 Ein Bauer will auf einer größeren Wiese einen rechteckigen Bereich von 400 m² für ein Pferd einzäunen. Aus Kostengründen soll der Zaun möglichst kurz sein. Wie muß er die Seitenlängen des Rechtecks wählen? Wie lang wird der Zaun insgesamt? Löse die Aufgabe, indem du den Graphen der Zielfunktion zeichnest und das Minimum aus dem Graphen abliest.

16 Man bezeichnet $\frac{x+y}{2}$ als **arithmetisches Mittel** und $\sqrt{xy}$ als **geometrisches Mittel** von x und y (siehe Abakus, Band 9, S. 8 bzw. 97).

a) Berechne für 5 verschiedene Zahlenpaare aus positiven Zahlen jeweils die beiden Mittelwerte und vergleiche sie. Was stellst du fest? Hat deine Nachbarin / dein Nachbar die gleiche Beobachtung gemacht?
b) Wir versuchen nun die in a) getroffene Feststellung zu begründen. Dazu gehen wir in mehreren Schritten vor. Begründe zunächst, warum $(x-y)^2 \geq 0$ ist.
c) Zeige durch geeignete Umformungen, daß aus der Ungleichung in b) die folgende Ungleichung über das arithmetische und geometrische Mittel folgt:

$$\frac{x+y}{2} \geq \sqrt{xy}$$

In welchem Fall ist das Gleichheitszeichen zu setzen?

Für zwei verschiedene positive Zahlen x und y ist das arithmetische Mittel stets größer als das geometrische Mittel:

$$\frac{x+y}{2} \geq \sqrt{xy}$$

Das Gleichheitszeichen gilt für den Fall, daß x = y ist.

17 a) Zeige mit Hilfe des Ergebnisses der vorigen Aufgabe, daß bei einem Rechteck für Umfang U und Flächeninhalt A folgende Ungleichung gilt:

$$U \geq 4\sqrt{A}$$

In welchem Fall gilt das Gleichheitszeichen?

b) Wie groß ist der minimale Umfang für ein Rechteck mit einem Flächeninhalt von 100 m² (bzw. k m²)? Gib die Seitenlängen eines solchen Rechtecks an.

18 Greta Grübel fragt nach kurzem Nachdenken: „Woher weiß man eigentlich, daß es außer dem Quadrat nicht noch ein anderes Rechteck mit der Eigenschaft $U = 4\sqrt{A}$ gibt?"

a) Ist diese Frage berechtigt?
b) Der Lehrer argumentiert so: „Wenn es noch ein anderes Rechteck mit der Eigenschaft $U = 4\sqrt{A}$ gibt, dann hat dieses Rechteck den gleichen Umfang wie das Quadrat mit dieser Eigenschaft. Für zwei Rechtecke mit gleichem Umfang haben wir aber bereits bewiesen, daß das Quadrat einen größeren Flächeninhalt hat (siehe Aufgabe 5), also kann es ein solches Rechteck nicht geben." Ist diese Argumentation zutreffend?

19 Gegeben sei eine Funktion f durch $f(x) = x + \frac{k}{x}$, die für $x > 0$ definiert sein soll. Erläutere, warum diese Funktion für $x = \sqrt{k}$ den kleinsten Funktionswert hat. Welcher Funktionswert ist es? Du kannst hier auf die Lösungswege von Aufgabe 15 und 16 zurückgreifen.

> Eine Funktion f, die für $x > 0$ durch $f(x) = x + \frac{k}{x}$ definiert ist, hat für $x = \sqrt{k}$ ein Minimum der Funktionswerte. Der minimale Funktionswert ist $y_{min} = 2\sqrt{k}$.

20 Greta Grübel ist mit der im Unterricht besprochenen Lösung noch nicht zufrieden. Sie will den Funktionsterm so ähnlich umformen wie bei der quadratischen Funktion (Scheitelpunktsform), so daß man unmittelbar erkennen kann, für welches x der Funktionswert minimal wird und wie groß dieser dann ist. Nach längerem Probieren findet sie die nebenstehende Umformung.

$$\begin{aligned} f(x) &= x + \frac{k}{x} \\ &= \left(x - 2\sqrt{k} + \frac{k}{x}\right) + 2\sqrt{k} \\ &= \left(\sqrt{x} - \sqrt{\frac{k}{x}}\right)^2 + 2\sqrt{k} \end{aligned}$$

a) Überprüfe alle Rechenschritte.
b) Kann man an diesem Term tatsächlich ablesen, für welches x der Funktionswert minimal wird?

21 Ein Tapetenhändler versucht, seine Nebenkosten für die Bevorratung einer bestimmten Tapetensorte zu minimieren. Dabei sind Transport- und Lagerkosten zu berücksichtigen. Die Transportkosten betragen für jeden Transport unabhängig von der Zahl der Rollen 25 DM. Je mehr Rollen er allerdings anliefern läßt, desto mehr Lagerraum wird benötigt. Im Schnitt entfallen auf jede Rolle 0,01 DM Lagerkosten. Eine neue Lieferung erfolgt erst, wenn der alte Vorrat aufgebraucht ist.

a) Erläutere, warum die Nebenkosten pro Rolle durch die Zielfunktion

$$z(x) = \frac{25}{x} + 0{,}01\,x$$

beschrieben werden, wenn x die Zahl der Rollen pro Lieferung ist.

b) Benutze Gretas Trick, um den x-Wert zu finden, für den die Nebenkosten minimal sind.

22 Bestimme die Seiten eines Rechtecks mit einem Flächeninhalt von 100 cm^2 so, daß die Diagonale des Rechtecks minimal wird. Gehe ähnlich wie in Aufgabe 10 vor.

23 Ein Quader mit quadratischer Grundfläche und einem Rauminhalt von 64 l soll eine möglichst geringe Oberfläche haben. Es ist die Seitenlänge x der Grundfläche und die Höhe y zu berechnen.

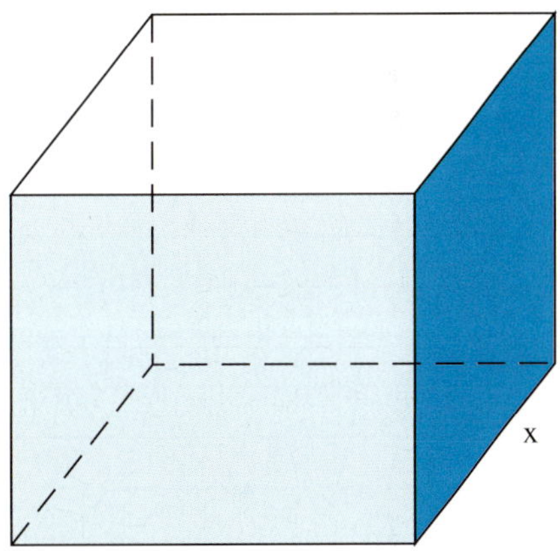

a) Zeige zunächst, daß die Oberfläche O mit Hilfe der Formel

$$O = 2x^2 + \frac{256}{x}$$

berechnet werden kann, indem du y mit Hilfe einer geeigneten Nebenbedingung eliminierst.

b) Stelle die Funktion f, die durch $f(x) = 2x^2 + \frac{256}{x}$ gegeben ist, im Intervall [1; 7] graphisch dar.

c) Bestimme aus der Graphik den x-Wert, für den O minimal wird.

Hinweis: Du kannst diese Aufgabe im Augenblick nur graphisch lösen. In der Oberstufe wirst du Methoden kennenlernen, mit deren Hilfe man das Minimum auch rechnerisch ganz exakt ermitteln kann.

4 Parabeln und verwandte Kurven

4.1 Die Parabel

1 In einem afrikanischen Mathematikbuch entdeckt Greta Grübel die folgende Abbildung. Leider ist der Text in Suaheli (einer ostafrikanischen Sprache) geschrieben und für sie nicht verständlich.
Es ist eine Schar von konzentrischen **Kreisen** um einen gemeinsamen Mittelpunkt F gezeichnet, die gleichen **Abstand** voneinander haben, außerdem eine Schar von Geraden ebenfalls im gleichen Abstand voneinander, beginnend mit der Geraden *l*. An einigen Schnittpunkten von Kreis und Gerade sind blaue Punkte eingezeichnet. Nun grübelt Greta darüber nach, durch welche besondere Eigenschaft diese Punkte gekennzeichnet sind. Hast du die Lösung schon gefunden?

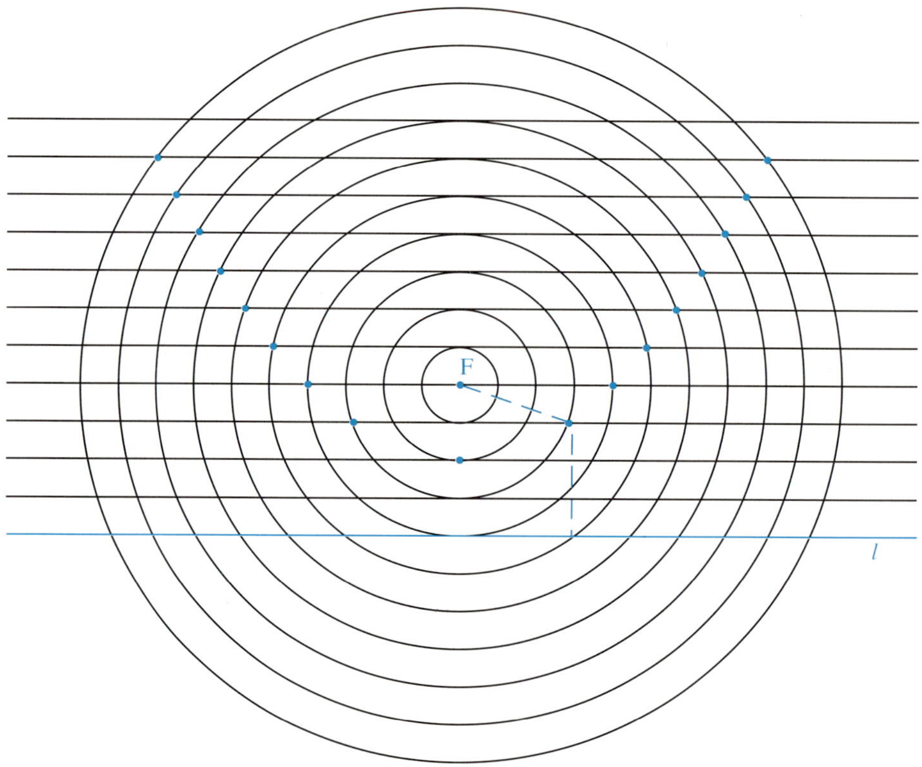

2 Zeichne eine Gerade *l* und einen Punkt F, der von *l* einen Abstand von 1 cm hat, und bestimme nach dem Muster von Aufgabe 1 Punkte, die von *l* und F gleichen Abstand haben. Die Punkte mit dieser Eigenschaft liegen alle auf einer Kurve. Zeichne diese Kurve ebenfalls in die Zeichnung ein. Woher kennst du solche Kurven als Funktionsgraphen?

3 Zeichne den Graphen der Parabel mit der Funktionsgleichung $y = \frac{1}{2}x^2$ auf Transparentpapier und vergleiche ihn mit der Kurve aus Aufgabe 2.

Die Parabel als Ortslinie

Die Parabel ist eine Kurve (Ortslinie), deren Punkte von einer vorgegebenen Geraden l, der **Leitgeraden,** und einem vorgegebenen Punkt F, dem **Brennpunkt** (Focus), gleichen Abstand haben. Den Abstand der Leitgeraden vom Brennpunkt bezeichnet man als **Parameter p** der Parabel.

4 Zeichne eine Parabel mit dem Parameter $p = 3$ cm (bzw. $p = 1{,}5$ cm) und vergleiche die Kurvenform mit der von Aufgabe 1 und 2. Wie wirkt sich der Parameter auf die Kurvenform aus?

5 Die folgende Abbildung zeigt eine Parabelschar, die mit Hilfe einer Parallelenschar und einer Schar von konzentrischen Kreisen konstruiert worden ist. Stelle fest, welche Parameter die einzelnen Parabelbögen haben. Gib sie als Vielfache von a an.

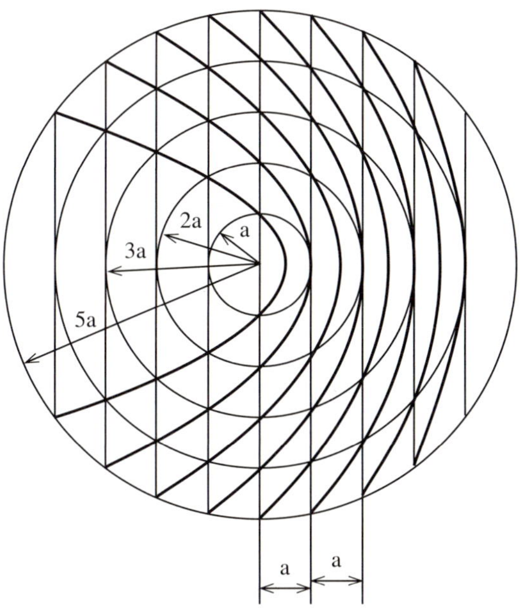

6 Die folgende Abbildung zeigt eine Methode, mit der man Parabeln zeichnen kann. Sie wurde bereits von Johannes Kepler benutzt. Erläutere, warum die so gezeichnete Kurve eine Parabel ist.

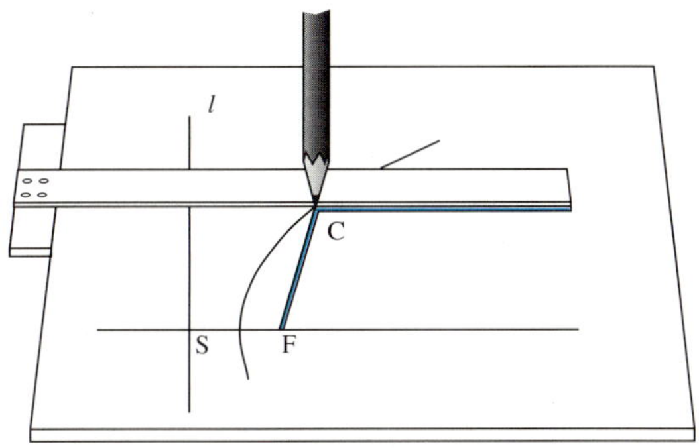

7 Zeichne Leitgerade und Brennpunkt für $p = 2$ und fälle das Lot von F auf l. Den Lotfußpunkt bezeichne mit L. Trage auf l im Abstand 1 cm (2 cm, 3 cm, 4 cm) von L Punkte A_1, B_1 (bzw. A_2, B_2 usw.) ein und verbinde sie mit F (nur dünn zeichnen). Zeichne dann (mit Geodreieck) die Mittelsenkrechten von $\overline{A_1F}$, $\overline{B_1F}$ usw. Was stellst du fest?

8 Vergleiche das Ergebnis aus Aufgabe 7 mit der Parabel aus Aufgabe 1, indem du letztere auf Tansparentpapier zeichnest und auf die neue Zeichnung legst.

Hüllkurven

Eine Kurve kann nicht nur als Ortslinie, also als eine unendliche Menge von Punkten betrachtet werden, sondern auch als **Hüllkurve**, d.h. als Kurve, die von einer unendlichen Menge von Geraden „eingehüllt“ wird. Die Geraden berühren die Kurve jeweils in einem Punkt, sie sind also **Berührgeraden** oder **Tangenten** der Kurve. In manchen Fällen ist es zweckmäßiger, eine Kurve nicht „punktweise“, sondern „geradenweise“ zu konstruieren (siehe Aufgabe 10).

9 Wir müssen nun noch prüfen, ob die in Aufgabe 7 gezeichneten Geraden wirklich Tangenten an die Parabel mit p = 2 sind.

(a)

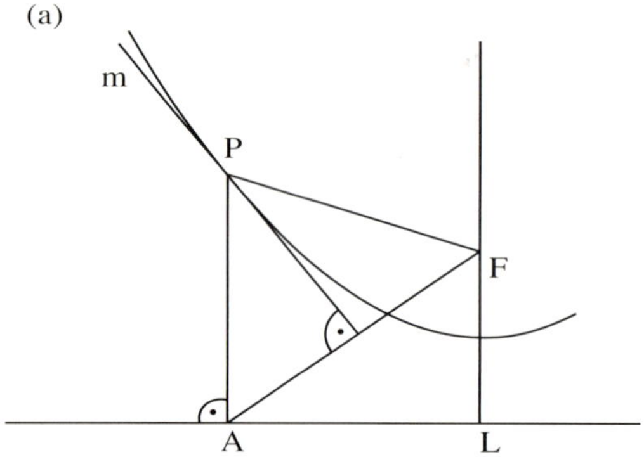

(b)

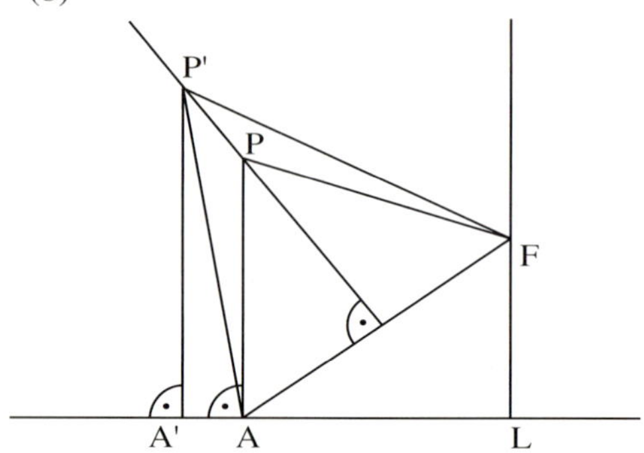

a) Begründe, warum der Punkt P in Abbildung (a) ein Punkt der Parabel ist. Benutze die Definition der Parabel.

b) Wir wissen jetzt, daß die Gerade m und die Parabel den Punkt P gemeinsam haben. Wir wissen aber noch nicht, ob es ein Berührpunkt oder ein Schnittpunkt ist. Um dies zu überprüfen, zeigen wir zuerst mit Hilfe von Abbildung (b), daß jeder Punkt P', der auf m liegt und nicht mit P identisch ist, von der Leitgeraden *l* einen geringeren Abstand hat als von F. Begründe dies.

c) Was folgt aus dem Ergebnis von b) für die Lage von P' bezüglich der Parabel? Wieso kann man daraus schließen, daß m eine Tangente an die Parabel ist?

Die Parabel als Hüllkurve

Die in Aufgabe 7 konstruierte Geradenschar hüllt die Parabel mit p = 2 ein, d.h. jede Gerade ist Tangente an die Parabel.

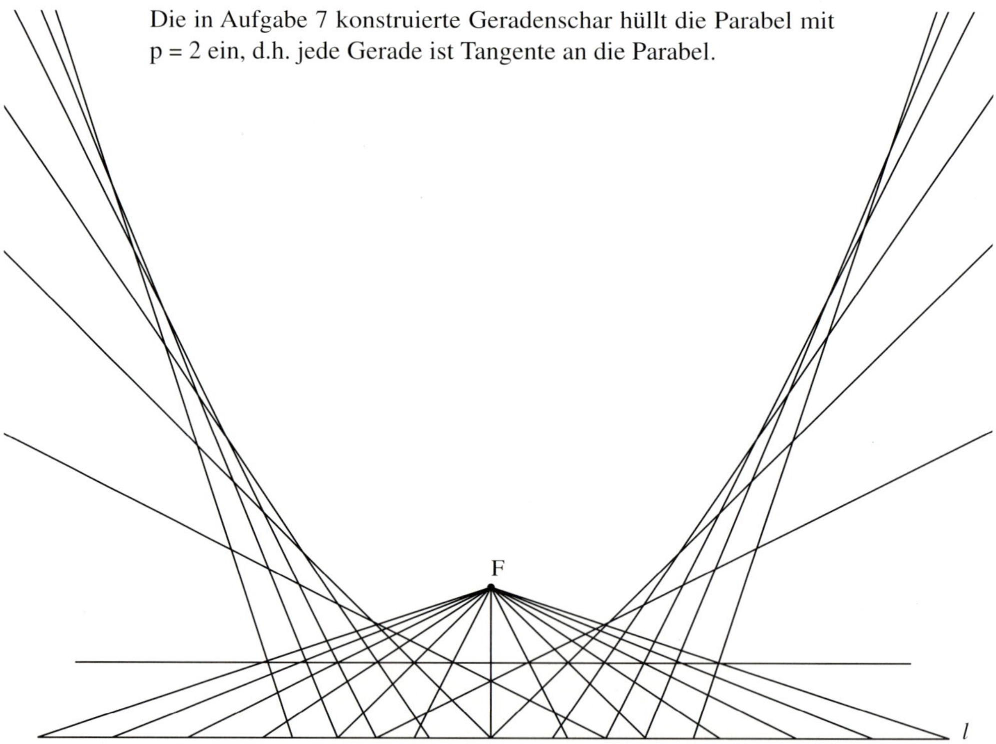

10 Stelle mit Hilfe der Hüllkonstruktion Parabelschablonen aus Pappe für die Parameter p = 1 cm, p = 2 cm und p = 3 cm her.

11 Zeichne eine Gerade g und einen Punkt F im Abstand von 2 cm von der Geraden. Fälle das Lot von F auf g, und bezeichne den Lotfußpunkt mit G. Trage auf g im Abstand 1 cm (2 cm, 3 cm, 4 cm) von G Punkte A_1, B_1 (bzw. A_2, B_2 usw.) ein, und verbinde sie mit F (nur dünn zeichnen). Errichte dann in A_1, B_1 usw. die Senkrechten zu den Geraden A_1F, B_1F usw. Handelt es sich bei der so entstandenen Hüllkurve auch um eine Parabel? Welchen Parameter hat sie gegebenenfalls?

12 Verfahre wie bei der vorigen Aufgabe, wobei jetzt F von g den Abstand 1 cm haben soll.

4.2 Parabeln in der Optik

1 In der Optik werden häufig **Parabolspiegel** verwendet, die so gebaut sind, daß man sich die spiegelnde Fläche durch eine Drehung der Parabel um ihre Symmetrieachse entstanden denken kann. Solche Parabolspiegel haben besonders günstige optische Eigenschaften, die wir in dieser Aufgabe genauer untersuchen werden.

a) Zeichne zunächst noch einmal die Hüllkonstruktion für die Parabel mit p = 2, und markiere die Berührpunkte. Zeichne auch die Symmetrieachse der Parabel ein (optische Achse).

b) Zeichne parallel zur optischen Achse eine Schar von Strahlen, so daß jeder Strahl an einem der in a) markierten Berührpunkte beginnt. Diese Strahlen können wir als einfallende Lichtstrahlen interpretieren, die in den Punkten, in denen sie auf den Spiegel treffen, reflektiert werden.

c) Der Parabolspiegel reflektiert an jeder Stelle genau wie ein ebener Spiegel, der die Lage der Tangente hat. Wir können deshalb das Reflexionsgesetz anwenden (Einfallswinkel = Reflexionswinkel). Der reflektierte Strahl hat also in bezug auf die Tangente den gleichen Winkel wie der einfallende Strahl. Zeichne für alle einfallenden Strahlen den weiteren Verlauf. Was stellst du fest?

2 Benutze die untenstehende Figur, um zu zeigen, daß der Winkel α genauso groß wie der Winkel β ist.

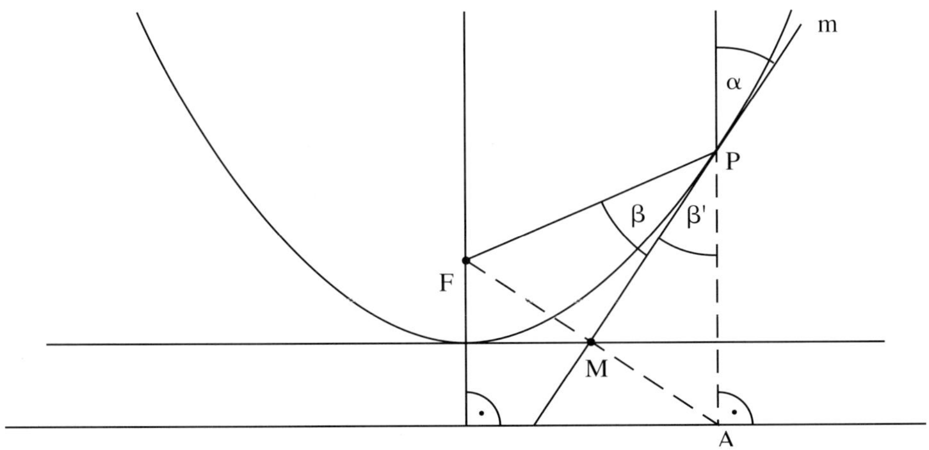

Ist P der Berührpunkt einer Tangente an die Parabel mit Brennpunkt F, so ist der Winkel β zwischen der Tangenten m und FP genauso groß wie der Winkel α zwischen der Parallelen zur Symmetrieachse durch P und der Tangenten m (siehe Abbildung zu Aufgabe 2).

3 Begründe: Lichtstrahlen, die parallel zur optischen Achse auf einen Parabolspiegel fallen, werden so reflektiert, daß sie durch den Brennpunkt F des Parabolspiegels gehen.

4 Stelle dir vor, daß eine Lampe im Brennpunkt des Parabolspiegels angebracht ist. Wie werden die von dieser Lampe ausgehenden Lichtstrahlen verlaufen?

5 Licht hat eine Geschwindigkeit von ca. 30 000 000 000 cm/s. Wenn die Lampe im Brennpunkt eingeschaltet wird, breitet sich das Licht nach allen Seiten gleichmäßig aus. Stelle fest, bis wohin es sich auf den Strahlen, die reflektiert werden, innerhalb von 0,000 000 000 2 s ausgebreitet hat. Zeichne für jeden in Aufgabe 1 gezeichneten Strahl diesen Punkt ein. Was stellst du fest?

6 Gib einige Beispiele an, wo Parabolspiegel Verwendung finden.

7 Zeichne einen Halbkreis mit Radius r = 6 cm, der einen Schnitt durch einen sphärischen Hohlspiegel darstellen soll.

a) Zeichne zunächst die optische Achse ein (siehe Abbildung).

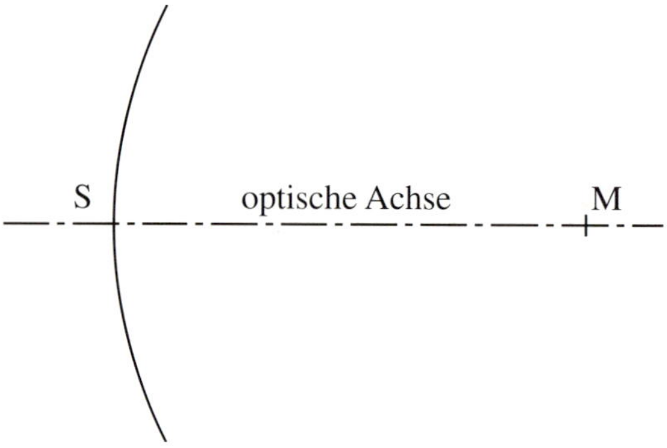

b) Zeichne parallel zur optischen Achse je 11 Strahlen oberhalb und unterhalb von ihr im Abstand von jeweils 5 mm bis zum Auftreffen auf den Kreis (Hohlspiegel). Wie werden die Strahlen reflektiert (siehe Aufgabe 1)?

c) Zeichne die reflektierten Strahlen, wobei Hilfslinien nur ganz dünn gezeichnet werden dürfen. Die reflektierten Strahlen ergeben eine Hüllkurve, die sogenannte **Katakaustik**.

d) Leuchte mit einer Taschenlampe ins Innere einer ringförmigen, metallischen Fläche, die auf einem weißen Papier liegt. Vergleiche das so entstandene Strahlengebilde mit dem in c) konstruierten.

8 Wie wird ein Parallelstrahlbündel reflektiert, das auf einen außen verspiegelten Parabolspiegel achsenparallel auftrifft? Zeichne ein Schnittbild.

9 Wie kann man einen außen und einen innen verspiegelten Parabolspiegel so zusammenbauen, daß mit ihrer Hilfe ein schmales Parallelbündel in ein breites verwandelt wird?

10 Eine Satellitenempfangsanlage hat einen Parabolspiegel mit einem Durchmesser von 120 cm und einer Tiefe von 20 cm.

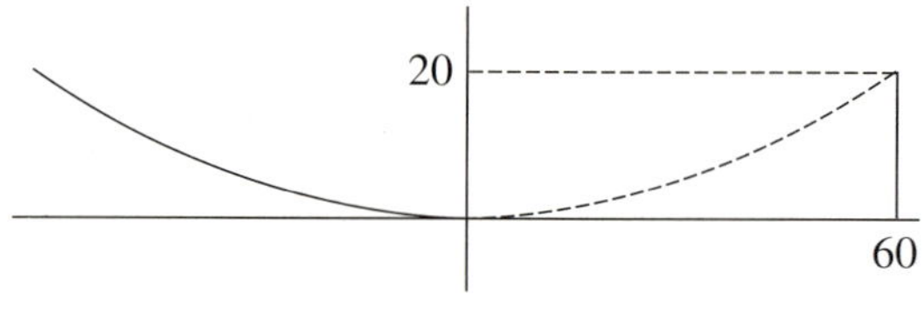

a) Bestimme den Parameter der Parabel.

b) Die eigentliche Empfangsantenne befindet sich im Brennpunkt der Parabel. Welchen Abstand vom Scheitelpunkt hat sie?

Mathe-Brücke

Aus Umwelt und Technik: **Der Parabolspiegel**

Hohlspiegel haben die für technische Anwendungen außerordentlich wichtige Eigenschaft, daß sie die auftreffende Strahlung sammeln. Dies gilt für Licht ebenso wie für Wärmestrahlung (Infrarotstrahlung) oder elektromagnetische Strahlung, wie sie bei Radio- und Fernsehübertragungen benötigt wird. Heute sieht man an vielen Häusern die sogenannten „Schüsseln", kleine metallische Hohlspiegel, die die von Fernsehsatelliten ausgestrahlten elektromagnetischen Wellen auffangen und auf eine kleine Empfangsantenne im Brennpunkt der Schüssel bündeln. Wie die vorangegangenen Aufgaben gezeigt haben, hat der Parabolspiegel die Idealform, da die von einer weit entfernten Quelle herrührende Strahlung nahezu parallel auf den Spiegel auftrifft und deshalb in einem einzigen Punkt gesammelt wird. Dort herrscht eine außerordentlich hohe Strahlungsintensität. Parabolspiegel werden deshalb immer dann angewendet, wenn die Quelle weit entfernt ist. Dies kann ein Fernsehsatellit sein, aber auch ein Stern. In der Astronomie werden seit Isaac Newton Spiegelteleskope mit parabolischen Spiegeln verwendet. Die folgende Abbildung zeigt den Strahlengang in einem solchen Newton-Teleskop.

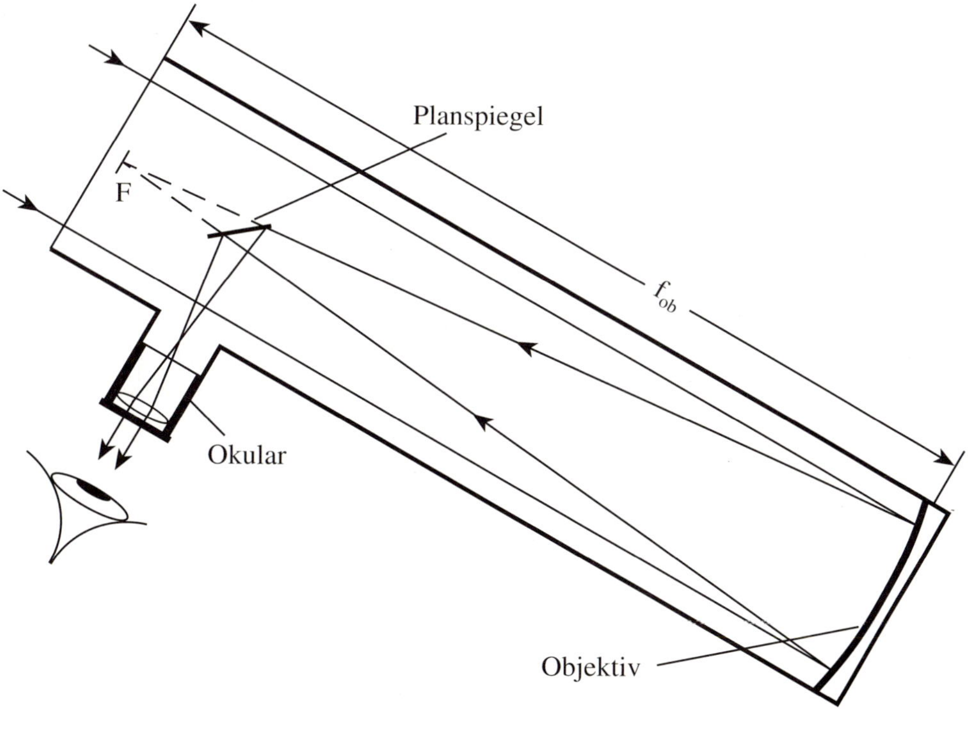

Strahlengang im Newton-Spiegelteleskop

In Ländern mit starker Sonneneinstrahlung verwendet man Parabolspiegel zur Energiegewinnung. Die Strahlung der Sonne wird durch den Spiegel gebündelt, so daß in einer schmalen Zone um den Brennpunkt herum eine sehr hohe Energiedichte entsteht. Leitet man durch diesen Bereich Wasser in einem Rohr, so verdampft dieses, und man kann mit dem Dampf die Turbine eines kleinen Elektrizitätswerkes betreiben. Derartige Anlagen werden in den unterschiedlichsten Größen gebaut und erprobt. Sie können vielleicht in Zukunft eine der wichtigsten, umweltfreundlichen Energiequellen werden.

Man könnte mit der in einem solchen *Sonnenofen* (s. Abb. rechts) gewonnenen Energie z. B. Wasser in seine Bestandteile Wasserstoff und Sauerstoff zerlegen und den Wasserstoff als Treibstoff für Verbrennungsmotoren verwenden.

Eine näherliegende Anwendung von Parabolspiegeln finden wir in Scheinwerfern. Bringt man den Glühfaden der Lampe möglichst genau in den Brennpunkt eines Parabolspiegels, so wird das abgestrahlte Licht gebündelt. Es tritt dann nach vorn nahezu parallel aus dem Scheinwerfer aus, so daß es sehr weit reicht. Dieses Prinzip wird beim Fernlicht des Autoscheinwerfers angewendet. Beim Abblendlicht sitzt der Glühfaden etwas vor dem Brennpunkt, so daß das Lichtbündel nicht parallel, sondern zusammenlaufend ist (siehe Abbildung).

a)

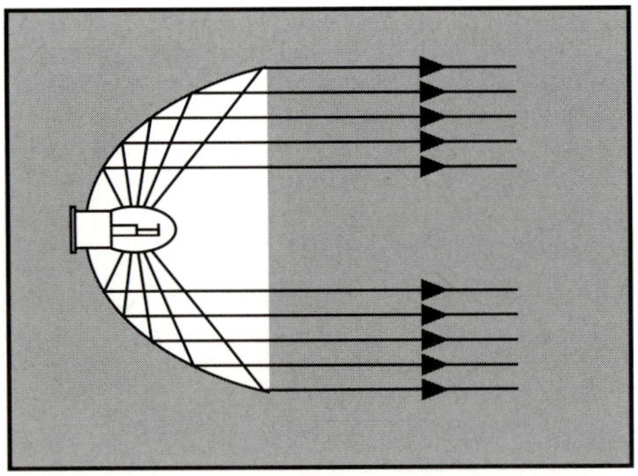

b)

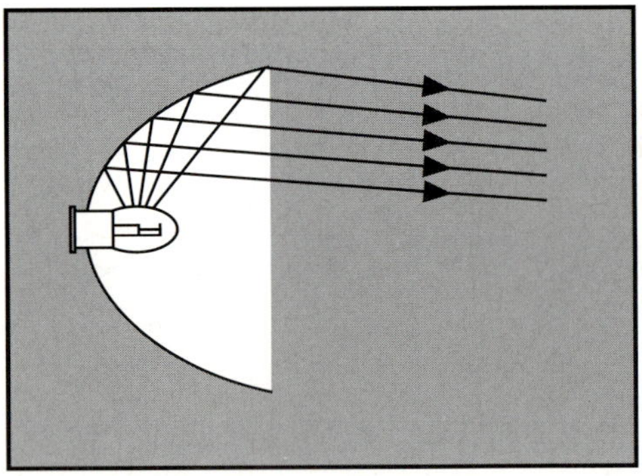

4.3 Parabel und Koordinaten

1 Früher hast du die Parabel als Graph einer quadratischen Funktion vom Typ $y = ax^2$ kennengelernt. Wir müssen nun noch untersuchen, wie dieser mit der geometrisch definierten Parabel zusammenhängt. Dazu gehen wir wieder von dem Standardbeispiel mit $p = 2$ aus und denken uns ein Koordinatensystem so über die Zeichnung gelegt, daß der Scheitelpunkt der Parabel mit dem Punkt O(0;0) des Koordinatensystems und die Symmetrieachse der Parabel mit der y-Achse zusammenfällt.

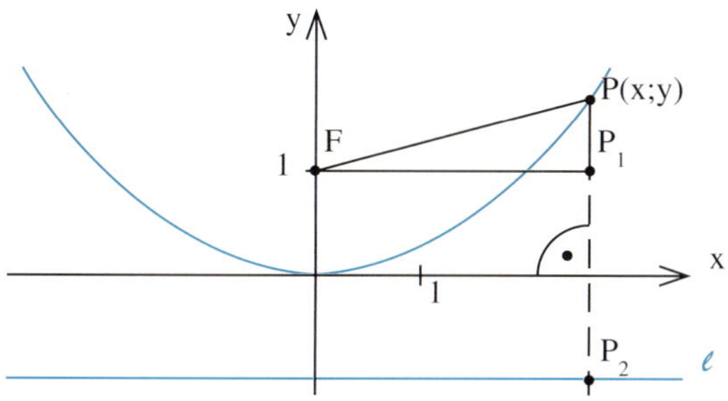

a) Zeichne die Parabel und das Koordinatensystem (ggfs. mit Hilfe der Schablone).
b) Welche Koordinaten hat der Brennpunkt F?
c) Wir gehen davon aus, daß P(x;y) ein Punkt der Parabel ist. Zeige mit Hilfe des Pythagorassatzes, daß für die Koordinaten von P die folgende Gleichung gilt:

$$x^2 + (y - 1)^2 = (y + 1)^2$$

d) Löse die Gleichung nach y auf, um die Parabelgleichung in die gewohnte Form $y = ax^2$ zu bringen. Welchen Wert bekommt a?

2 a) Bestimme auf dem gleichen Weg die Funktionsgleichung der Parabel für die Parameter $p = 1$ und $p = 3$.
b) Wie lautet die Parabelgleichung $y = ax^2$, wenn man a durch p ausdrückt?

3 Wie verändert sich die Gestalt der Kurve, wenn der Brennpunkt F immer näher an die Leitgerade heranrückt? Läßt sich über den Fall $p = 0$ eine Aussage machen?

Die Parabelgleichung

Stellt man eine Parabel mit Parameter p ($p > 0$) in einem Koordinatensystem dar, dessen Ursprung mit dem Scheitelpunkt der Parabel zusammenfällt, so lautet die Funktionsgleichung der Parabel $y = ax^2$. Darin ist $a = \frac{1}{2p}$.

4 Der Abstand des Brennpunktes vom Scheitelpunkt des Parabolspiegels wird als **Brennweite f** bezeichnet. Welche Funktionsgleichung besitzt die Parabel, die den Querschnitt des Parabolspiegels mit 2 cm (bzw. 2,5 cm, 3 cm, f cm) Brennweite beschreibt?

5 Das Fernrohr des Observatoriums auf dem Mount Palomar (Berg in Kalifornien) hat einen Parabolspiegel mit einem Durchmesser von 5 m bei einer Brennweite von 12 m. Stelle die Gleichung der Parabel auf, und zeichne sie in einem angemessenen Maßstab mit Hilfe einer Wertetabelle.

6 Das Amateur-Spiegelteleskop eines deutschen Versandhauses hat eine Brennweite von 1000 mm und einen Spiegeldurchmesser von 114 mm. Verfahre wie in Aufgabe 5.

Das 5-m-Hale-Spiegelteleskop des Hale-Observatoriums auf dem Mount Palomar

4.4 Die Parabel in Brückenkonstruktionen

Mathe-Brücke

Aus Umwelt und Technik: **Brückenkonstruktionen**

Zu den größten Leistungen der modernen Technik zählen Brücken mit großer Spannweite. Man unterscheidet im Brückenbau zwischen verschiedenen Konstruktionstypen, die sich u.a. in der für den jeweiligen Typ charakteristischen Stützweite, d.h. dem Abstand der Stützpfeiler, unterscheiden. Eine Übersicht über die Typen liefert die folgende Tabelle:

Konstruktion	Skizze	max. Stützweite L [m] Beton	Stahl
Balkenbrücke Talbrücke Flußbrücke	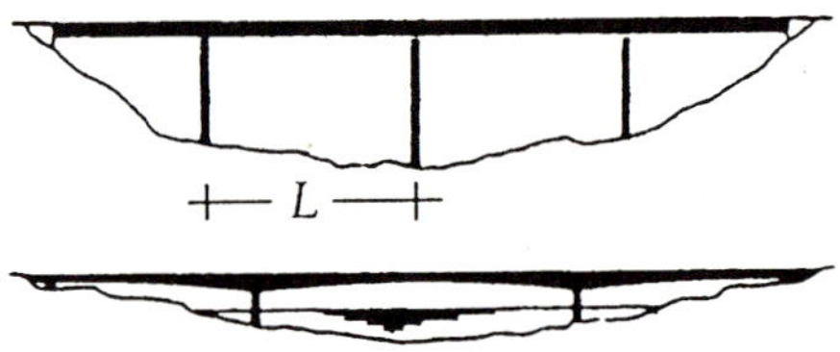	 120 250	 250 300
Bogenbrücke Talbrücke Flußbrücke	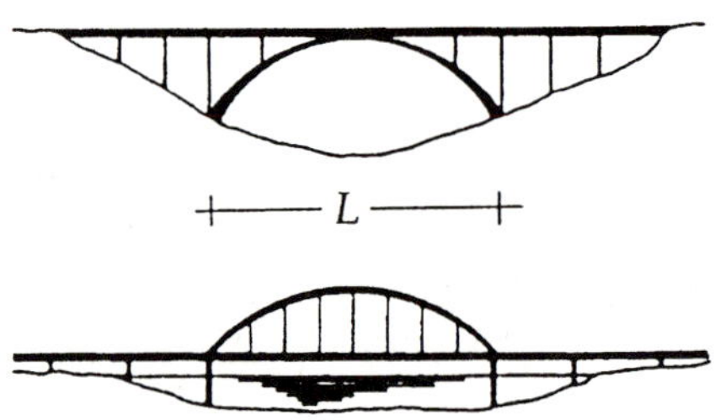	300	500
Hängebrücke		–	1500
Schrägseilbrücke	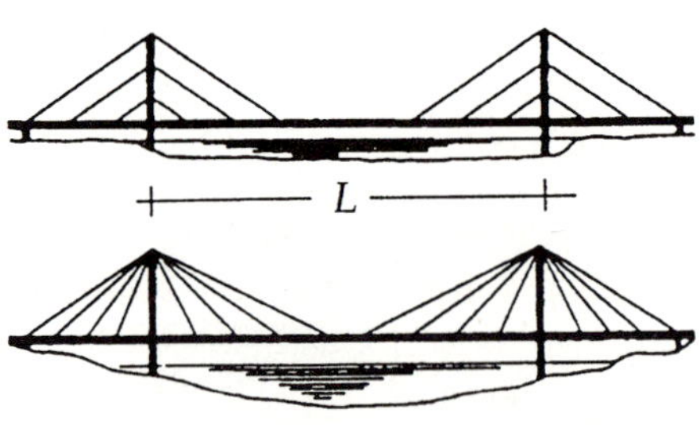	400 (Leichtbeton)	2000

Brückenkonstruktionen

Bogenbrücken sind für unser gegenwärtiges Thema von besonderem Interesse. Bereits die Römer waren Meister im Bau solcher Brücken, die besonders bei der Anlage von Wasserleitungen (Aquädukte) Verwendung fanden. Die nebenstehende Abbildung zeigt einen solchen Aquädukt, den Pont du Gard bei Nimes in Südfrankreich, der heute noch gut erhalten ist.

Bei genauem Hinsehen stellt man fest, daß diese Brückenbögen sich allerdings von denen der modernen Brücken in einem wesentlichen Punkt unterscheiden (siehe Aufgabe 4 und die Abbildung der Müngstener Brücke unten). Die Baumeister des Altertums verwendeten noch Halbkreisbögen. Erst in neuerer Zeit fand man heraus, daß andere Bogenformen eine wesentlich größere Stabilität aufweisen.

Die Müngstener Brücke bei Solingen

Bei der Anlage neuer Eisenbahnstrecken ist es oft notwendig, weite Täler zu überbrücken. Die obige Abbildung zeigt eine solche Eisenbahnbrücke, die das Tal der Wupper in der Nähe von Solingen überquert. Vor dem Bau der Brücke (1893 – 1897) hatte die Bahnverbindung von Solingen nach Remscheid eine Länge von 44 km, obwohl die Entfernung in Luftlinie nur 8 km betrug. Der Grund war der tiefe Taleinschnitt der Wupper, der lange Zeit ein kaum zu überwindendes Hindernis darstellte. Die zunehmende Industrialisierung und die damit einhergehende Zunahme des Warenverkehrs führten schließlich zum Bau der Brücke am Ende des 19. Jahrhunderts. Mit einer Höhe von 109 m über der Talsohle ist sie auch heute noch die höchste Eisenbahnbrücke Deutschlands. Zum Zeitpunkt ihrer Erbauung war die neuartige Konstruktion richtungweisend für zahlreiche andere Konstruktionsvorhaben. So diente sie z.B. auch als Vorbild für die berühmte Straßenbrücke über den Niagara (siehe Aufgabe 7). Die Müngstener Brücke hat eine Gesamtlänge von 500 m, und der Fachwerkbogen in der Mitte überspannt 170 m. Der Spannbogen bei dieser und ähnlichen Brücken hat eine Parabelform, da die Parabel am besten geeignet ist, parallel nach unten wirkende Gewichtskräfte aufzunehmen. Es treten im Bogen selbst nur Kräfte längs des Bogens auf und nicht quer dazu. Dadurch wird diese Konstruktion sehr stabil.

1 Der untere Bogen der Müngstener Brücke hat eine Höhe von 69,3 m und eine Spannweite von 160 m. Zeige, daß dieser Bogen ungefähr durch die Gleichung

$$y = -\frac{1}{92}x^2 + 69{,}3$$

beschrieben werden kann. Wo ist in diesem Fall der Ursprung des Koordinatensystems?

2 Fertige eine Zeichnung des Parabelbogens aus Aufgabe 1 in einem geeigneten Maßstab an.

3 Zeige, daß die Bögen des Pont du Gard (s. S. 93) keine Parabelbögen, sondern annähernd Halbkreisbögen sind. Zeichne dazu Halbkreisbögen mit einem geeigneten Radius auf Transparentpapier und lege sie auf die Abbildung.

4 Die untenstehende Abbildung zeigt einen Brückenbogen (Eisenbahnbrücke über die Fulda bei Guntershausen). Denke dir den Koordinatenursprung in den Scheitelpunkt der Brücke gelegt. Ermittle den Vorfaktor a aus $y = ax^2$ mit Hilfe der halben Spannweite und der zugehörigen Bogenhöhe. Prüfe für mindestens zwei weitere Punkte des Bogens, ob sie auf der berechneten Parabel liegen.

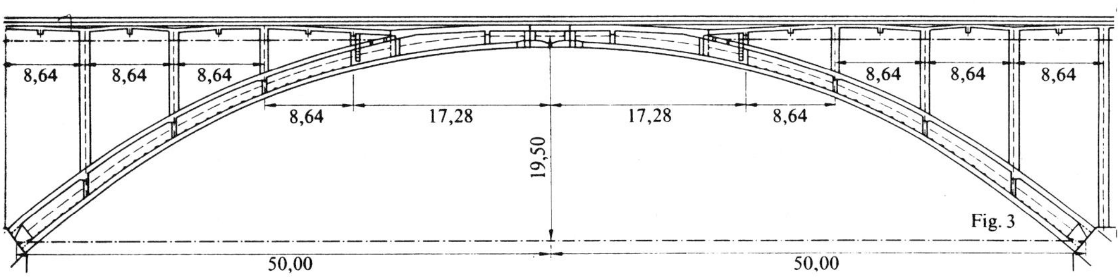

Fig. 3

Höhe der Stützen: 2,33 5,24 9,32 14,56

5 Eine andere Prüfungsmöglichkeit für die Parabeleigenschaft läßt sich folgendermaßen formulieren: Liegt ein Punkt P(x;y) auf der Parabel, so bekommt man einen weiteren Punkt, indem man x mit einer Zahl k und y mit k^2 multipliziert. Begründe dies. Prüfe damit die Parabelform des Brückenbogens für die eingezeichneten Stützen. Die erste Stütze ist 2,33 m lang. Berechne die Länge der übrigen Stützen und vergleiche sie mit den angegebenen Werten.

6 Prüfe nach, ob die Brücke in der untenstehenden Abbildung einen Parabelbogen hat.

7 Die Straßenbrücke über den Niagara ist nach dem Vorbild der *Müngstener Brücke* konstruiert worden. Stelle fest, ob auch sie einen Parabelbogen hat.

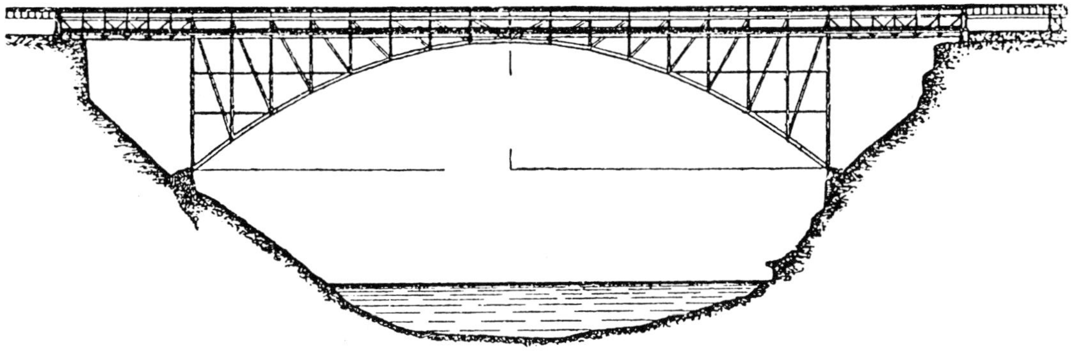

8 Die folgende Abbildung zeigt eine Seitenansicht der berühmten *Golden Gate Bridge* bei San Francisco. Welcher Konstruktionstyp ist es? Prüfe nach, ob der Bogen des Halteseils im Mittelabschnitt ein Parabelbogen ist.

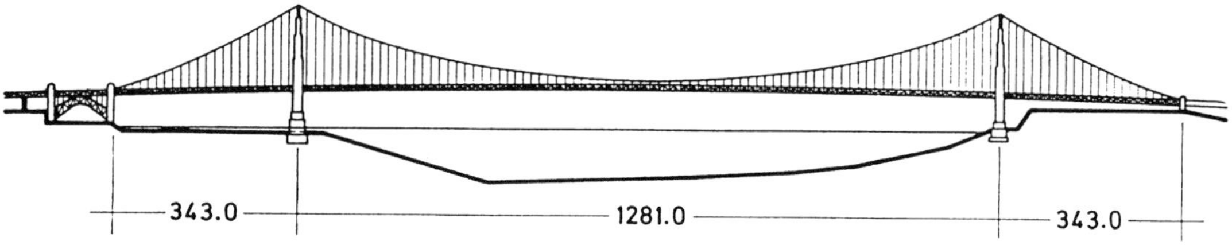

9 Stelle an Hand der folgenden Abbildungen fest, ob die Brücken Parabelbögen haben.

Autobahnüberführung bei Wuppertal-Sonnborn

Autobahnüberführung bei Naunheim

10 Suche in deiner näheren Umgebung Bogenbrücken und fotografiere sie von der Seite annähernd verzerrungsfrei. Stelle an Hand des Fotos fest, ob die Brücke einen Parabelbogen hat.

4.5 Die Ellipse

1 Die Abbildung unten zeigt, wie man mit einfachen Hilfsmitteln eine **Ellipse** zeichnen kann. Man benötigt dazu nur einen Faden, zwei Stecknadeln, eine geeignete Unterlage und Bleistift und Papier.

a) Fertige eine solche Zeichnung an.
b) Überlege dir, welche Größe für alle Punkte der Ellipse gleich ist. Dabei spielen die Einstichpunkte der Nadeln, die **Brennpunkte** der Ellipse, eine wichtige Rolle.
c) Zeichne in deiner Zeichnung die Symmetrieachsen der Ellipse ein.
d) Man bezeichnet dieses Verfahren zur Ellipsenkonstruktion als **Gärtnerverfahren**. Überlege, wie ein Gärtner davon Gebrauch machen kann.

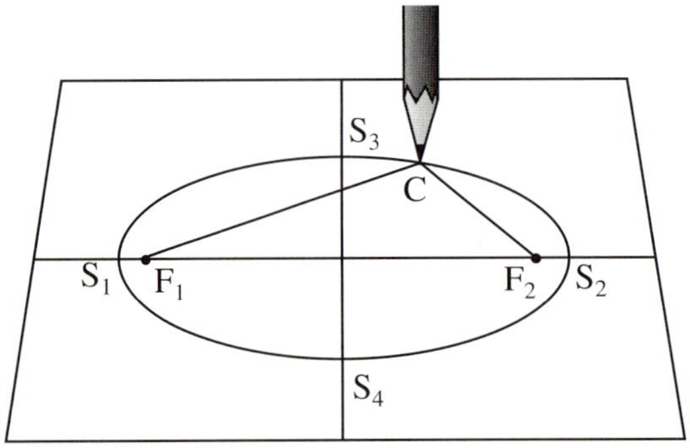

2 Zeichne ähnlich wie in der untenstehenden Zeichnung im Abstand von 4 cm zwei Punkte F_1 und F_2 und um die Punkte je eine Schar von konzentrischen Kreisen im Abstand von 5 mm (ca. 10 Kreise). Ermittle in diesem Muster alle Schnittpunkte, für die die Summe der Abstände von F_1 und F_2 gleich 6 cm (bzw. 8 cm, 10 cm) ist. Verbinde die Punkte jeweils durch eine Kurve miteinander.

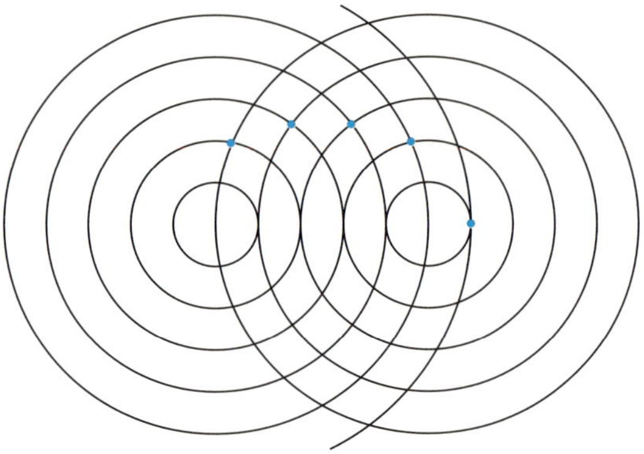

Die Ellipse als Ortslinie

Die Ellipse ist eine Kurve, für deren Punkte die Summe der Entfernungen von zwei vorgegebenen Punkten F_1 und F_2, den **Brennpunkten** der Ellipse, stets gleich ist. Die Strecken $\overline{PF_1}$ und $\overline{PF_2}$ bezeichnet man als **Brennstrecken** des Ellipsenpunktes P. Der Schnittpunkt der Symmetrieachsen wird als **Mittelpunkt** der Ellipse bezeichnet.

Der Abstand e zwischen Mittelpunkt und Brennpunkt wird **lineare Exzentrizität** der Ellipse genannt. Die Strecken a und b (siehe nebenstehende Zeichnung) heißen **große** und **kleine Halbachse** der Ellipse. Das Verhältnis $\varepsilon = \frac{e}{a}$ heißt **numerische Exzentrizität**. ε ist ein Maß für die Abweichung der Ellipsenform von der Kreisform.

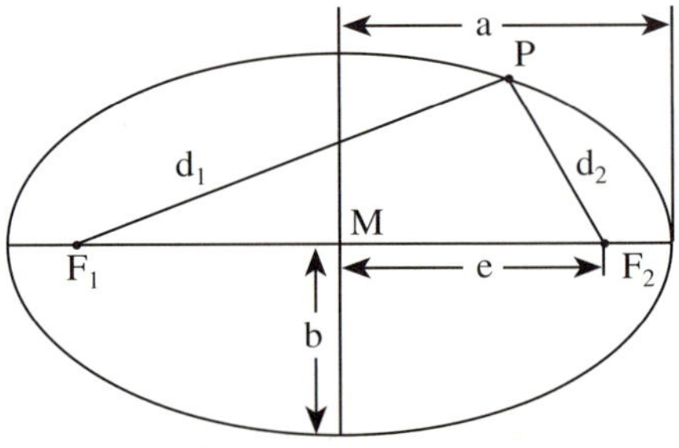

3 Denke dir eine Methode aus, wie man die Gärtnerkonstruktion an der Tafel ausführen kann!

4 Erkläre, warum die Fadenlänge bei der Gärtnerkonstruktion gleich 2a ist!

5 Eine Ellipse soll eine große Halbachse $a = 5$ cm und eine numerische Exzentrizität $\varepsilon = 0{,}8$ haben.

a) Bestimme zunächst den Abstand der Brennpunkte und die Fadenlänge für eine Gärtnerkonstruktion!

b) Führe die Gärtnerkonstruktion durch und miß die Länge der kleinen Halbachse!

6 Eine Ellipse ist durch $a = 6$ cm und $b = 4{,}2$ cm bestimmt. Zeichne die Symmetrieachsen der Ellipse und trage auf ihnen die große und kleine Halbachse ab. Ermittle dann konstruktiv die Brennpunkte. Nutze dafür das Ergebnis von Aufgabe 4. Beschreibe den Konstruktionsweg und miß die lineare Exzentrizität.

7 Zeige an Hand der Abbildung, daß

$$e^2 = a^2 - b^2$$

ist. Prüfe diese Tatsache mit Hilfe der Ergebnisse aus Aufgabe 5 und 6 nach.

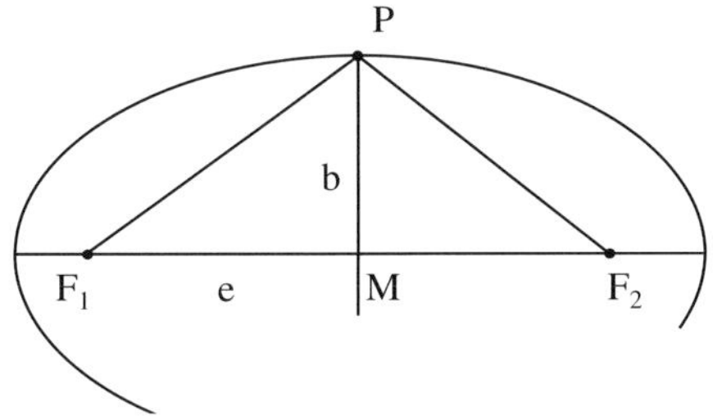

8 Zeige, daß stets $\varepsilon < 1$ ist.

9 Berechne die numerischen Exzentrizitäten für

a) $a = 5$ cm, $b = 3$ cm   b) $a = 13$ cm, $b = 5$ cm

c) $a = b = 4$ cm

10 Die große Halbachse einer Ellipse soll jeweils 10 cm lang sein. Berechne die Länge der kleinen Halbachse für die folgenden Exzentrizitäten:

a) $\varepsilon = 0{,}1$ b) $\varepsilon = 0{,}3$ c) $\varepsilon = 0{,}5$

d) $\varepsilon = 0{,}7$ e) $\varepsilon = 0{,}9$

4.6 Ellipsen in Astronomie und Raumfahrt

1 Planeten laufen auf ihrer Bahn um die Sonne auf Ellipsen und nicht auf Kreisen, wie manchmal angenommen wird. Die Sonne steht in einem der beiden Brennpunkte (siehe Abbildung). Die Punkte A und P sind die Punkte auf der Bahnkurve, die den größten bzw. kleinsten Abstand von der Sonne haben. Man bezeichnet sie als Aphel (Sonnenferne) bzw. als Perihel (Sonnennähe). Für die Bahn der Erde gilt: $|\overline{SA}| = 152$ Mio. km und $|\overline{SP}| = 147$ Mio. km. Berechne a, e, b und ε.

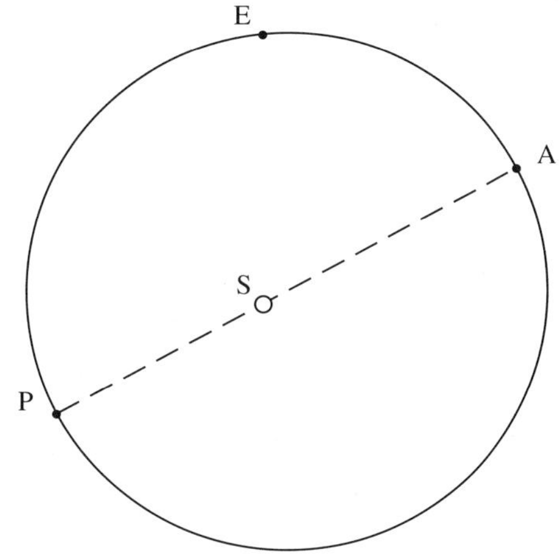

2 Ein Kreis ist eine Ellipse, bei der $a = b$ ist. Wie groß ist die numerische Exzentrizität eines Kreises? Um wieviel Prozent ist in Aufgabe 1 b kleiner als a? Fertige eine Zeichnung der Erdbahn im Maßstab 1:3 000 000 000 000 an. Warum kann man sie in diesem Maßstab bedenkenlos mit dem Zirkel zeichnen, obwohl sie eigentlich kein Kreis ist? Zeichne auch den Brennpunkt (Position der Sonne) ein.

3 Die Bahn des Planeten Merkur hat eine große Halbachse von 57,9 Mio. km und eine Exzentrizität von $\varepsilon = 0{,}205$. Berechne e und b. Wie weit ist der Merkur im Aphel bzw. im Perihel von der Sonne entfernt?

4 Führe die entsprechenden Rechnungen für den Planeten Pluto, den sonnenfernsten aller Planeten, durch ($a = 5947$ Mio. km und $\varepsilon = 0{,}253$).

5 Stelle mit Hilfe eines Lexikons oder eines geeigneten Fachbuches fest, an welchem Tag im Jahr die Erde den Aphel bzw. den Periheldurchgang hat.

6 Greta hat eine Theorie: Die Jahreszeiten könnten dadurch verursacht werden, daß die Erde wegen der größeren Entfernung im Aphel weniger von der Sonnenstrahlung abbekommt als im Perihel. Was hältst du von dieser Theorie?

7 Die beiden folgenden Abbildungen sind Fotografien des Mondes an verschiedenen Tagen. Erkläre, warum der Mond anscheinend unterschiedliche Durchmesser hat.

8 Wir gehen davon aus, daß die eine Abbildung den Mond im Perigäum (Erdnähe), die andere im Apogäum (Erdferne) darstellt. Wenn der scheinbare Monddurchmesser antiproportional zum Abstand des Mondes von der Erde ist, läßt sich daraus die Exzentrizität der Mondbahn berechnen, obwohl die Größe der Halbachsen gar nicht bekannt ist. Führe die Rechnung durch.

9 Anfang des 17. Jahrhunderts fand Johannes Kepler durch sehr genaue Beobachtungen der Planetenbahnen drei Gesetze, die diese Bahnen bestimmen. Das erste Gesetz sagt aus, daß die Planeten auf Ellipsenbahnen um die Sonne laufen. Das zweite betrifft die Geschwindigkeiten auf diesen Bahnen. Das dritte Gesetz schließlich stellt einen Zusammenhang zwischen der Größe dieser Bahnen und der Umlaufszeit her. Ist a die große Halbachse der Planetenbahn und T die Umlaufszeit, so gilt nach Kepler:

$$\frac{a^3}{T^2} = c$$

Darin ist c eine Größe, die für alle Planeten gleich ist. Sie hängt nur vom Zentralkörper ab, der umkreist wird, also in diesem Fall von der Sonne. Auch für die Jupitermonde gilt das Keplersche Gesetz, allerdings mit einem anderen auf den Jupiter bezogenen c. Zeige die Gültigkeit des 3. Keplerschen Gesetzes an Hand der folgenden Werte für die vier größten Jupitermonde und berechne die Keplerkonstante c für den Jupiter.

Name	Bahnradius	Umlaufszeit
Io	422 000 km	1 d 18 h 28 min
Europa	671 000 km	3 d 13 h 14 min
Ganymed	1 070 000 km	7 d 3 h 43 min
Callisto	1 880 000 km	16 d 16 h 32 min

10 a) Berechne die Keplerkonstante für die Erde als Zentralkörper mit Hilfe der folgenden Monddaten:
a = 384 403 km; T = 27 d 7 h 43 min.

b) Welche Umlaufszeit hätte ein künstlicher Erdsatellit, der die Erde in einer Höhe von 200 km umkreist (Erdradius: 6368 km)?

11 Berechne die Keplerkonstante für die Sonne als Zentralkörper mit Hilfe der folgenden Daten über die Erde: a = 149,6 Mio. km; T = 365,2564 d. Berechne daraus auch die große Halbachse der Merkurbahn, wenn Merkur eine Umlaufszeit von 87,99 d hat.

Mathe-Brücke

Aus der Astronomie: **Kometen**

Kometen sind kleinere Himmelskörper im Sonnensystem, die auf stark exzentrischen Bahnen laufen. Sie bestehen aus einem relativ kleinen, massiven Kern, der mitunter nur wenige Kilometer Durchmesser hat. Bei Annäherung an die Sonne verdampft ein Teil der Oberfläche dieses Kernes, so daß sich eine Gashülle um den Kern herum bildet, die von der Sonnenstrahlung und vom Sonnenwind zum Leuchten angeregt wird. Der Sonnenwind ist ein von der Sonne fort gerichteter Strom atomarer Teilchen, der den gesamten interplanetaren Raum durchzieht. Diese Hülle des Kometen bezeichnet man als Koma. Sie ist es, die man eigentlich sieht, wenn man einen Kometen beobachtet. In manchen Fällen bilden die Kometen einen deutlich sichtbaren Schweif aus leuchtenden Gasen, der von der Sonne fort gerichtet ist. Letzteres ist darauf zurückzuführen, daß an der Entstehung des Schweifes der Sonnenwind beteiligt ist.

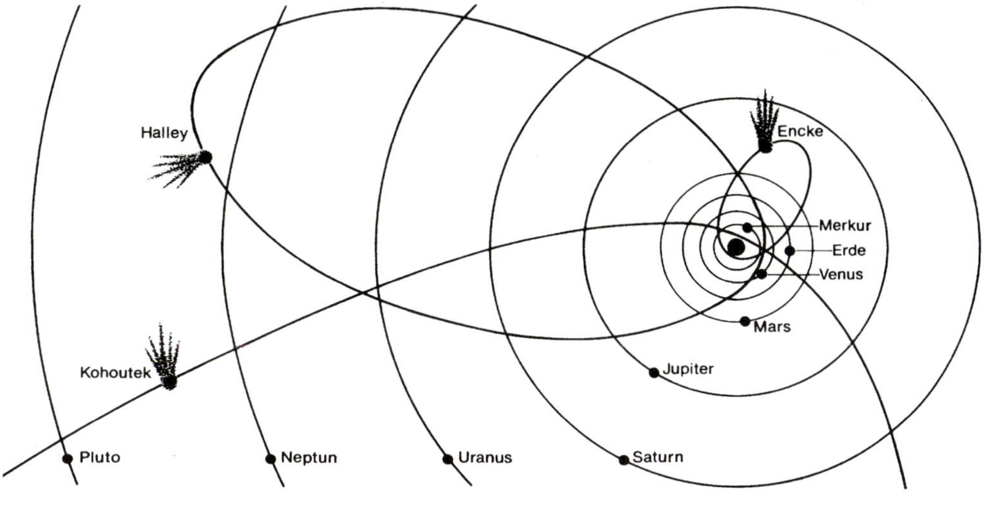

1 Einer der bekanntesten Kometen ist der Halleysche Komet, der eine ca. 76jährige Umlaufszeit um die Sonne hat. Zum letzten Mal war er 1985/86 in Erdnähe, und 2061 wird er wiederkehren. Die Bahn des Halleyschen Kometen besitzt eine Apheldistanz von 35,31 AE (astronomische Einheit) und eine numerische Exzentrizität $\varepsilon = 0{,}9673$. Eine astronomische Einheit ist der Abstand Erde – Sonne, also 149,6 Mio. Kilometer. Berechne seine Periheldistanz.

2 Der Komet Ikeya-Seki hat im Perihel einen Sonnenabstand von nur 1,16 Mio. km und eine Bahnexzentrizität $\varepsilon = 0{,}99994$. Berechne den Abstand zur Sonne im Aphel. Vergleiche diesen Abstand mit dem des Pluto.

Von besonderer Bedeutung für die Erde ist der Komet Swift-Tuttle, denn die Erde kreuzt seine Bahn jeweils einmal im Jahr um den 10. August herum. Allerdings ist der Komet gewöhnlich irgendwo im Weltenraum in weiter Ferne auf dieser Bahn unterwegs. Aus langfristigen Beobachtungen des Kometen weiß man, daß er eine Umlaufszeit von ca. 135 Jahren für einen Umlauf um die Sonne hat. Er kommt also nur selten in die Nähe der Erde. Dies ist meistens zu einer Jahreszeit, in der die Erde sich an einer entfernter gelegenen Stelle ihrer Bahn befindet, so daß keine Gefahr droht. Bei seinem nächsten Erscheinen im Jahre 2126 kommt es jedoch am 14. August zu einer gefährlichen Annäherung, die möglicherweise zu einem Zusammenstoß führen könnte. Die bisher bekannten Daten deuten jedoch darauf hin, daß die beiden Himmelskörper einander knapp verfehlen werden. Ein Zusammenstoß mit dem etwa 10 km dicken Kometenkern hätte katastrophale Folgen, die nur mit denen eines atomaren Weltkrieges vergleichbar wären. Einige Forscher vermuten, daß ein solcher Himmelskörper vor 65 Millionen Jahren die Erde traf und einen Großteil der Lebewesen, u.a. die Saurier, auslöschte. Diese Theorie ist allerdings noch umstritten. Eine weitere gefährliche Annäherung des Kometen Swift-Tuttle an die Erde wird im Jahre 3044 erwartet. Auch wenn diese Ereignisse für uns sehr fern liegen, so können wir doch in jedem Jahr zwischen dem 10. und 15. August ein wenig davon wahrnehmen, wenn die Erde die Bahn des Swift-Tuttle kreuzt. In dieser Bahn bewegen sich nämlich viele kleinere Körper, die beim Eintritt in die Erdatmosphäre verglühen und dabei als **Sternschnuppen** am Nachthimmel zu sehen sind. Man bezeichnet diese Körper als **Meteorite**. Die meisten sind sehr klein und verglühen beim Flug durch die Atmosphäre. Gelegentlich treten aber auch größere Brocken auf, die es bis zum Erdboden schaffen. Die größten von ihnen wiegen viele Tonnen. Sie können beim Auftreffen große Zerstörungen anrichten. Allerdings steht nur ein Teil von ihnen im Zusammenhang mit der Bahn eines Kometen, wie dies bei den alljährlich im August auftretenden *Perseiden* der Fall ist, die vom Kometen Swift-Tuttle abstammen. Sie tragen ihren Namen nach dem Sternbild *Perseus,* von dem sie ausgehen. Die übrigen Meteorite vagabundieren ziemlich unkontrolliert im Weltraum umher.

3 Berechne mit Hilfe des 3. Keplerschen Gesetzes die große Halbachse der Bahn des Kometen Swift-Tuttle aus der oben angegebenen Umlaufszeit. Wie groß ist seine Aphel-Entfernung ungefähr, wenn seine Perihelentfernung ca. 1 AE beträgt? Vergleiche diesen Wert mit der Apheldistanz des Planeten Pluto.

Mathe-Brücke

Aus Umwelt und Technik:
Die Ellipse in der Raumfahrt

Künstliche Himmelskörper (Satelliten, Raumschiffe usw.) bewegen sich im Anziehungsbereich der Erde oder anderer Himmelskörper auf Kreis- oder Ellipsenbahnen, wenn sie nicht durch ihren Raketenmotor angetrieben werden. Deshalb spielen diese Kurven eine fundamentale Rolle in der Raumfahrt. Auf einer Kreisbahn um die Erde muß ein Satellit stets eine ganz bestimmte Geschwindigkeit einhalten, die vom Radius des Kreises abhängt. Ist er zu schnell, so wird die nach außen wirkende Fliehkraft größer als die Gravitationskraft, was zur Folge hat, daß er weiter hinaus getragen wird. Ist er zu langsam, so wirkt sich die Erdanziehung stärker aus als die Fliehkraft, was zu einem Absinken oder sogar zu einem Absturz führen müßte. Satellitenbahnen müssen mindestens in einer Höhe von 160 km über dem Boden liegen, da weiter unten der Satellit durch den Luftwiderstand in der obersten Atmosphäre abgebremst wird. Die daraus resultierende geringere Geschwindigkeit erzwingt dann ein weiteres Absinken, wodurch er noch tiefer in die Atmosphäre hineingerät, also noch stärker abgebremst wird. Dieser Vorgang führt schließlich zum unkontrollierten Absturz des Raumfahrzeugs. Es hat bereits mehrere solcher Abstürze gegeben, die allerdings bisher keine größeren Schäden verursacht haben, da die Trümmer auf unbewohntes Gebiet gefallen sind.

Aus den Gesetzen der Himmelsmechanik läßt sich herleiten, daß man die Geschwindigkeit auf einer solchen Kreisbahn nach der folgenden Formel berechnen kann:

$$v = \sqrt{\frac{a}{r}},$$

worin r der Radius der Kreisbahn ist und a eine Konstante, die von dem jeweiligen Zentralkörper abhängt. Für die Erde ist $a = 399\,000\ \frac{km^3}{s^2}$. Darin ist r in km anzugeben.

Hier können wir nicht erklären, wie man diese Formel herleitet. Du erfährst es aber höchstwahrscheinlich, wenn du in der Oberstufe einen Physikkurs belegst. Eines kann aber schon gesagt werden: Die Formel ergibt sich daraus, daß sich Schwerkraft und Fliehkraft die Waage halten müssen. Da die Schwerkraft um so schwächer ist, je weiter man sich vom Erdmittelpunkt entfernt, ist auch die Bahngeschwindigkeit eines Satelliten in größeren Entfernungen geringer als in der Nähe der Erdoberfläche.

1 Der Erdradius beträgt ca. 6380 km. Berechne die Umlaufgeschwindigkeit eines Satelliten in 160 km Höhe. Wie lange braucht er, um die Erde einmal zu umrunden?

Hinweis: Den Kreisumfang berechnet man aus dem Radius in der folgenden Weise: $u \approx 6{,}28 \cdot r$.

2 Zeige, daß ein Satellit in 35 890 km Höhe ziemlich genau einen Tag zum Durchlaufen seiner Bahn benötigt. Satelliten auf solchen Bahnen werden z.B. zur Übertragung von Fernsehprogrammen benutzt. Man bezeichnet sie als geostationäre Satelliten. Sie werden genau über dem Äquator plaziert. Erkläre, warum es wichtig ist, daß sie eine Umlaufzeit von genau einem Tag haben. Bewegen sie sich nach Osten oder Westen?

Der direkte Transport eines Satelliten auf eine geostationäre Umlaufbahn würde wegen des großen Abstandes sehr viel Energie erfordern. Deshalb bringt man ihn mit einer Rakete zunächst auf eine erdnahe Umlaufbahn in 200 bis 300 km Höhe. Dort trennt man ihn von der Rakete ab und gibt ihm einen kleinen zusätzlichen Schub, so daß er wegen der höheren Geschwindigkeit durch die Fliehkraft nach außen getrieben wird. Dabei bewegt er sich auf einer Ellipsenbahn, deren Brennpunkt im Erdmittelpunkt liegt (siehe Zeichnung). Der Übergang von der Kreisbahn auf die Ellipsenbahn findet im Perigäum der Ellipse statt.

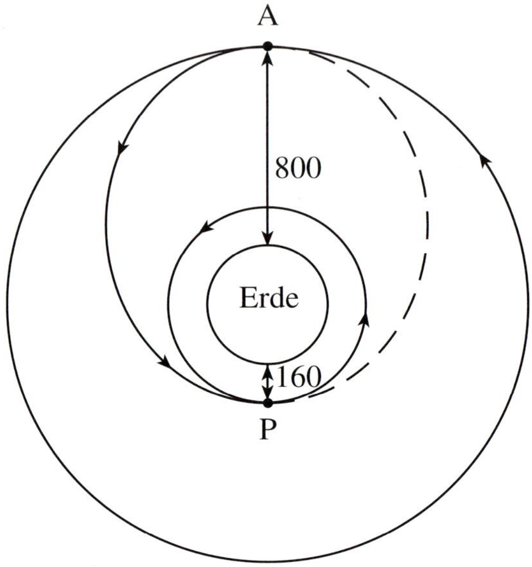

Auf der Ellipsenbahn entfernt er sich antriebslos von der Erde, wobei er allmählich langsamer wird, da er durch die Erdanziehung abgebremst wird. Durch die richtige Wahl der Geschwindigkeit im Perigäum erreicht man, daß das Apogäum auf der geostationären Bahn liegt. Ist der Satellit dort angekommen, wird ein kleines Triebwerk gezündet, der Apogäumsmotor, der den Satelliten wieder auf die notwendige Umlaufgeschwindigkeit für die geostationäre Bahn bringt. Bekäme der Satellit diesen kleinen zusätzlichen Schub nicht, so wäre die auf ihn wirkende Fliehkraft zu gering, und die stärkere Erdanziehung würde ihn wieder nach unten ziehen. Er würde dann auf der Ellipsenbahn bleiben und zum Perigäum zurückkehren. Deshalb erhöht man im Apogäum die Geschwindigkeit gerade so, daß die Fliehkraft ausreicht, um den Satelliten auf einer geostationären Bahn zu halten. Diese sehr energiesparende Methode für den Übergang von einer Umlaufbahn auf eine andere wurde bereits 1925 von dem Essener Ingenieur Walter Hohmann erfunden, konnte aber erst viele Jahre später praktisch ausprobiert werden. Man nennt sie nach ihm **Hohmann-Transfer**.

3 Wir gehen davon aus, daß die Rakete den Satelliten auf eine Höhe von 240 km bringt. Dort beginnt der **Hohmann-Transfer** auf die geostationäre Bahn in 35 890 km Höhe. Berechne zunächst den Abstand des Perigäums und des Apogäums vom Erdmittelpunkt. Bestimme die Größe der beiden Halbachsen a und b und die lineare Exzentrizität für die Ellipsenbahn des Hohmann-Transfers. Fertige eine maßstabsgerechte Zeichnung an, in der die Erde, die beiden Umlaufbahnen und die Transferbahn eingezeichnet sind.

4.7 Weitere Eigenschaften und Anwendungen der Ellipse

1 Zeichne einen Kreis mit Radius r = 6 cm und im Abstand d = 4,4 cm vom Mittelpunkt den Punkt F. Zeichne von F ausgehende Strahlen im 10°-Abstand bis zum Schnittpunkt mit dem Kreis. Errichte auf jedem der so entstandenen Strahlabschnitte die Mittelsenkrechte und zeichne sie jeweils bis zum Schnittpunkt mit dem Kreis. Die Strahlabschnitte sollten als Hilfslinien wesentlich schwächer gezeichnet werden als die Mittelsenkrechten. Beschreibe das entstandene Gebilde der Mittelsenkrechten. Welcher Zusammenhang mit der Ellipse läßt sich vermuten?

2 Die vorangegangene Aufgabe legt die Vermutung nahe, daß die gezeichneten Mittelsenkrechten Tangenten an eine geeignete Ellipse sind. Dieser Vermutung gehen wir nun nach.

a) In der folgenden Zeichnung ist der Punkt P der Schnittpunkt der Mittelsenkrechten m von $\overline{F_1Q}$ und $\overline{MQ}$. Zeige, daß

$$\overline{|F_1P|} + \overline{|PM|} = r$$

Darin ist r der Radius des Kreises um M.

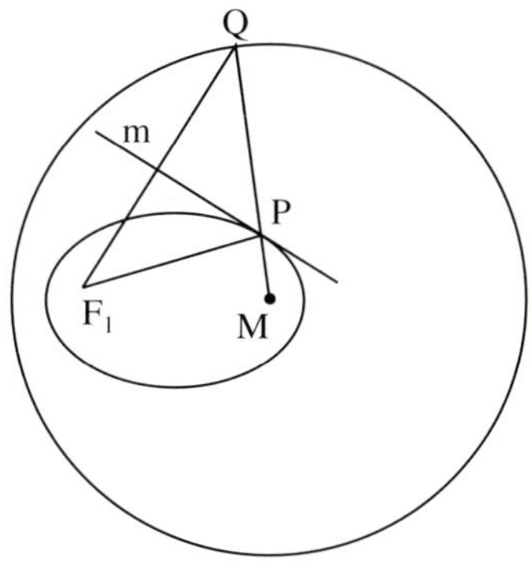

b) Wieso folgt daraus, daß alle auf diese Weise konstruierten Punkte P auf einer Ellipse mit den Brennpunkten F_1 und F_2 = M liegen?

c) Wir wissen jetzt, daß P ein Punkt der Ellipse ist. Zeige nun auf ähnliche Weise wie bei der Parabel (siehe Seite 86), daß m eine Tangente an die Ellipse ist.

3 Der in den beiden vorangegangenen Aufgaben zugrunde gelegte Kreis wird als **Leitkreis** bezeichnet. Inwiefern hat der Leitkreis bei der Ellipse eine ähnliche Funktion wie die Leitgerade bei der Parabel?

4 Zeige, daß der Radius r des Leitkreises doppelt so groß ist wie die große Halbachse der Ellipse.

Weitere Eigenschaften der Ellipse

Eine wie in Aufgabe 1 konstruierte Geradenschar hüllt eine Ellipse mit den Brennpunkten F_1 und F_2 = M ein, d.h. jede Gerade der Schar ist Tangente an die Ellipse. Die Ellipse kann als Ort aller Punkte aufgefaßt werden, deren Abstand von einem vorgegebenen Leitkreis um M mit Radius r ebenso groß ist wie der Abstand von einem vorgegebenen Punkt F im Innern des Leitkreises. F und M sind dann Brennpunkte der Ellipse, deren große Halbachse $a = \frac{1}{2}r$ ist.

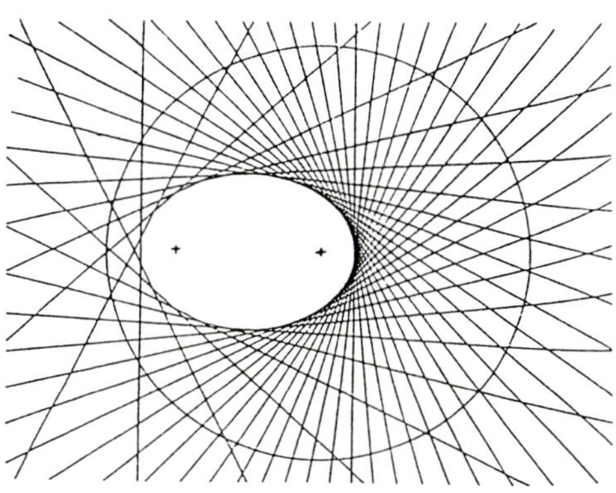

5 Konstruiere eine Ellipse als Hüllkurve mit a = 4,5 cm und e = 3,3 cm.

6 Konstruiere eine Ellipse als Hüllkurve mit a = 2,5 cm und b = 1,5 cm (bzw. a = 4 cm und b = 1,5 cm).

7 Verfahre zunächst wie in Aufgabe 1. Zeichne dann aber nicht die Mittelsenkrechten der Strahlabschnitte, sondern errichte die Senkrechten in den Schnittpunkten mit dem Kreis. Zeichne insbesondere die Teile der Senkrechten, die im Innern des Kreises liegen. Vergleiche die neue Ellipse mit der in Aufgabe 1 konstruierten.

Mathe-Brücke

Aus Umwelt und Technik:
Flüstergewölbe und andere Anwendungen

In der St. Pauls-Kathedrale in London kann man eine merkwürdige Beobachtung machen: In der Kuppel der Kathedrale befindet sich eine riesige Galerie. Steht man auf dieser Galerie, so kann man geflüsterte Worte, die irgendwo anders auf der Galerie gesprochen werden, sehr deutlich hören. Dies geht besonders dann gut, wenn die Worte zur Wand des Gewölbes hin gesprochen werden. Der Schall wird von dem Gewölbe in günstiger Weise weitergeleitet, so daß er auch in größerer Entfernung nicht wesentlich abgeschwächt ist.

Die nebenstehende Abbildung zeigt den möglichen Weg der Schallausbreitung in einem **Flüstergewölbe**. Der Schall, der von der linken Person ausgeht, wird so reflektiert, daß er vorzugsweise in einem bestimmten Bereich auf der anderen Seite des Gewölbes (rechte Person) zu hören ist. Besonders ausgeprägt ist dieser Effekt bei einer Ellipsenform, wenn die beiden beteiligten Personen in den beiden Brennpunkten stehen.

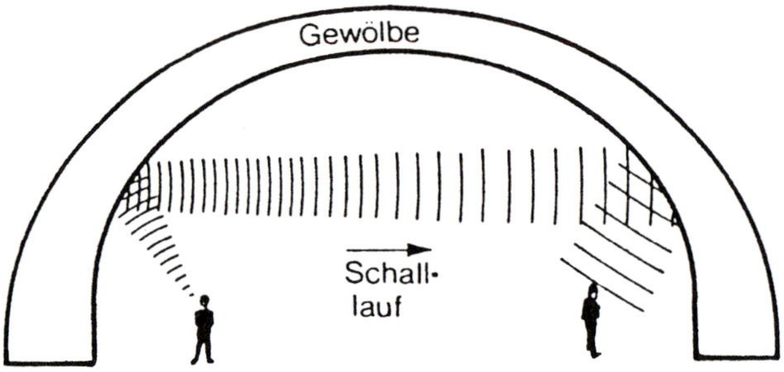

Man kann diesen Effekt sehr gut in römischen Amphitheatern ausprobieren, wie es sie in Xanten oder Trier gibt. Die folgende Abbildung zeigt den Grundriß des Xantener Amphitheaters.

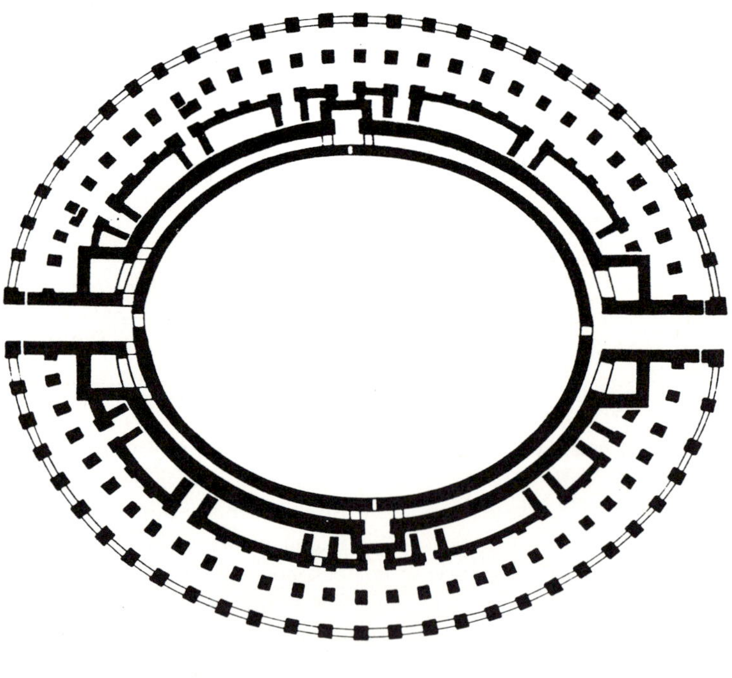

1 Bestimme die Brennpunkte der Arena des Amphitheaters und stelle fest, ob die Ellipsenform genau eingehalten worden ist. Welchen Abstand haben die Brennpunkte?

2 Erkläre qualitativ, warum die Ellipsengestalt für die Schallübertragung von Brennpunkt zu Brennpunkt besonders gut geeignet ist.

3 Baue aus Pappe eine Flüstergalerie mit ellipsenförmigem Grundriß (siehe Abbildung), und stelle eine brennende Kerze in einen Brennpunkt. Halte in den anderen Brennpunkt eine Flöte. Beobachte die Flamme, während du flötest. Flöte zum Vergleich auch außerhalb des Brennpunktes. Was stellst du fest?

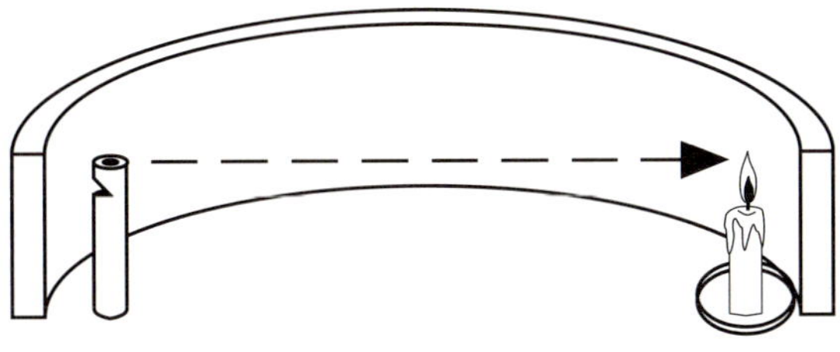

4 Für Schall gilt das auch aus der Optik bekannte Reflexionsgesetz: Einfallswinkel = Reflexionswinkel. Um einzusehen, daß der Schall sich wirklich von Brennpunkt zu Brennpunkt ausbreitet, zeige an Hand der Abbildung, daß der Winkel $\beta = \alpha$ ist. Der Schall wird an einer bestimmten Stelle einer gekrümmten Fläche so reflektiert wie an der Tangentialebene der Fläche an dieser Stelle.

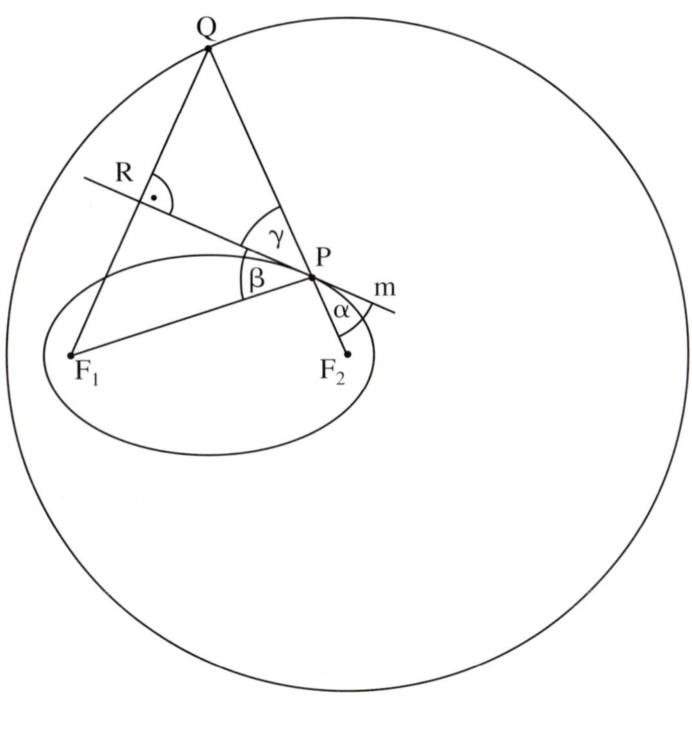

5 Ein Lithotripter (Steinzertrümmerer) ist ein Gerät, mit dem Nieren- oder Gallensteine durch Stoßwellen sehr kurzer Dauer zerstört werden. Unter einer Stoßwelle versteht man eine starke, plötzliche Druckschwankung im Übertragungsmedium, also z. B. im menschlichen Körper. Die Dauer dieser Schwankungen entspricht in ihrer Größenordnung der Schwingungsdauer bei Ultraschallwellen. Die Stoßwellen verhalten sich auch bei der Übertragung wie Schall- oder Ultraschallwellen. Das Gerät besteht aus einem verstellbaren Behandlungstisch, unter dem sich ein mit einem geeigneten Medium (z.B. Wasser) gefüllter Halbellipsoid befindet. Ein **Ellipsoid** ist ein Körper, bei dem jeder ebene Schnitt durch seine Längsachse eine Ellipse ergibt (siehe Abbildung). Das Übertragungsmedium muß für Stoßwellen ähnliche Übertragungseigenschaften haben wie menschliches Gewebe. Man verwendet Wasser oder ein spezielles Gel (wie bei Ultraschalluntersuchungen).

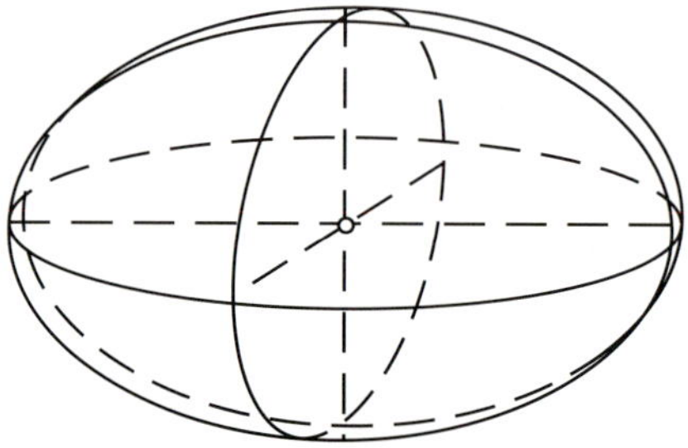

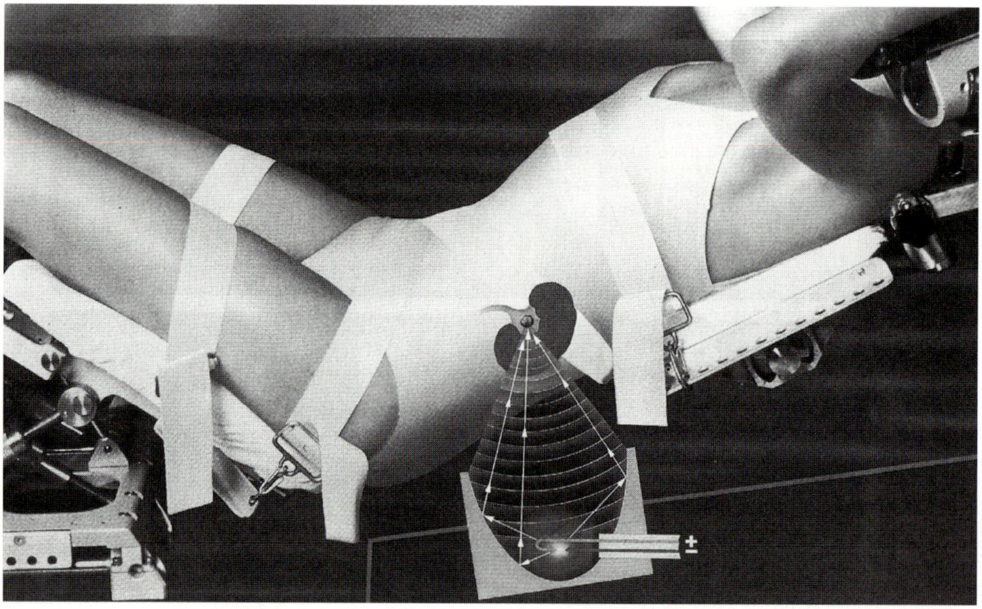

In dem unteren Brennpunkt steht ein Sender, der die Stoßwellen nach allen Seiten aussendet.

a) Wie muß der Patient positioniert werden, damit man eine optimale Wirkung erzielt?
b) Warum tritt bei richtiger Positionierung die zerstörende Wirkung der Stoßwellen nur am Nierenstein und nicht an anderen Organen auf?
c) In einer Werbebroschüre schreibt die Herstellerfirma, daß die Energie beim Übergang in den Körper über eine breite Fläche verteilt ist, so daß der Patient relativ wenig Schmerzen hat. Erkläre dies.

4.8 Ellipse und Koordinaten, Ellipsenzirkel

1 Greta Grübel und ihre Freunde aus der Mathematik-AG wollen herausfinden, ob es für die Ellipse ebenso wie für die Parabel eine Koordinatengleichung gibt, wenn man die Ellipse geeignet in einem Koordinatensystem plaziert. Sie legen versuchsweise den Koordinatenursprung auf den Schnittpunkt der beiden Halbachsen der Ellipse und zeichnen einige Hilfslinien ein, von denen sie glauben, daß sie vielleicht gebraucht werden (siehe Abbildung).

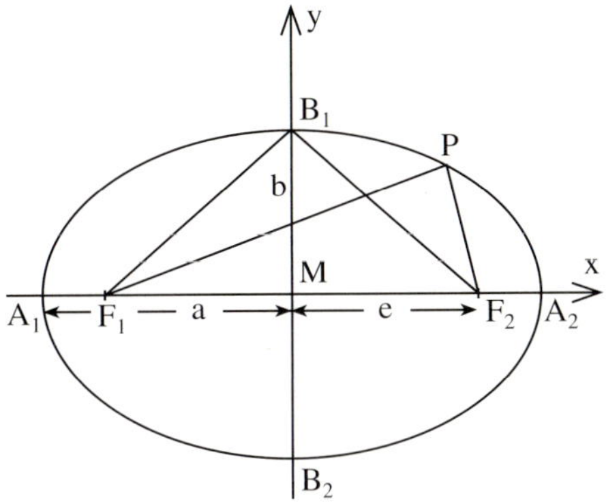

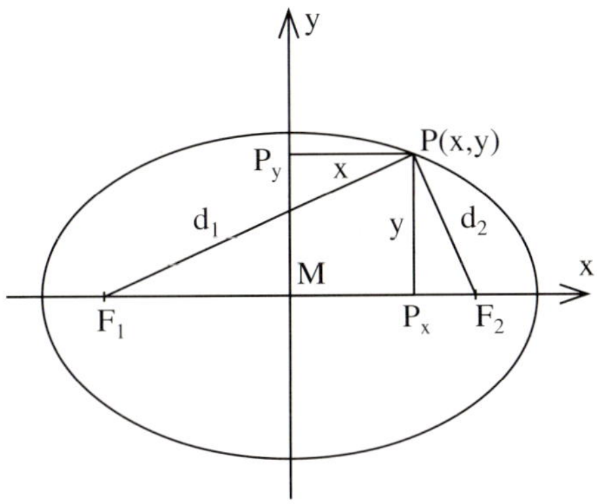

a) Begründe, warum $d_1 + d_2 = 2a$ ist.

b) Zeige, daß

$$d_1 = \sqrt{(e + x)^2 + y^2}$$
$$d_2 = \sqrt{(e + x)^2 - y^2}$$

c) Fasse die beiden Ergebnisse aus a) und b) zu einer Gleichung zusammen und eliminiere e, so daß du schließlich nach längerer Rechnung die Ellipsengleichung

$$\frac{x^2}{a^2} + \frac{y^2}{b^2} = 1$$

erhältst.

Die Ellipsengleichung

Für die Koordinaten der Punkte einer Ellipse mit den Halbachsen a und b, deren Mittelpunkt mit dem Ursprung des Koordinatensystems zusammenfällt, gilt die Gleichung:

$$\frac{x^2}{a^2} + \frac{y^2}{b^2} = 1$$

Man bezeichnet diese Gleichung als **Hauptachsengleichung**. Man kann mit ihr beliebige Ellipsenpunkte berechnen.

2 Löse die Hauptachsengleichung nach y auf (2 Lösungen), und berechne für a = 4 und b = 2,5 die Ellipsenpunkte im Bereich $-4 \leq x \leq +4$ in halbzahligen Schritten. Stelle die Ellipse graphisch dar. Zeichne auch die Brennpunkte ein.

3 Welche besondere Eigenschaften hat eine Ellipse, bei der a = b ist?

4 Wie sieht die Gleichung eines Kreises mit Radius 3 cm aus?

5 Verfahre wie in Aufgabe 2 mit a = 3 und b = 4.

6 Eine Ellipse hat die Gleichung $9x^2 + 16y^2 = 144$. Berechne a, b und e.

Mathe-Brücke

Aus Umwelt und Technik: **Ellipsenzirkel**

Die linke der beiden folgenden Abbildungen zeigt einen Ellipsenzirkel. An einem Stab sind zwei Gleitsteine X und Y sowie ein Schreibstift P befestigt. Während X und Y in zwei senkrecht zueinander angeordneten Schienen gleiten, beschreibt P eine Ellipse.

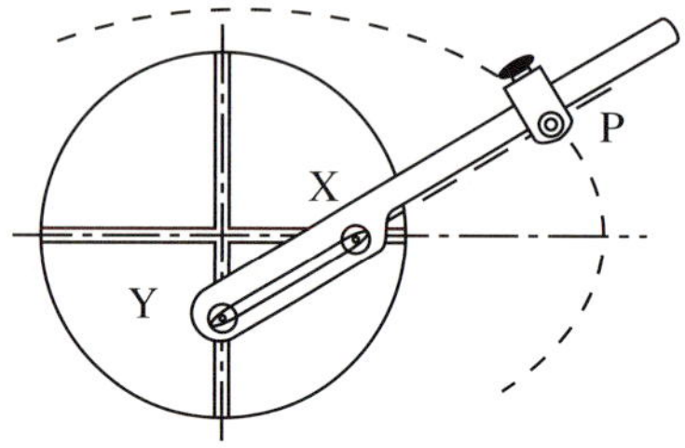

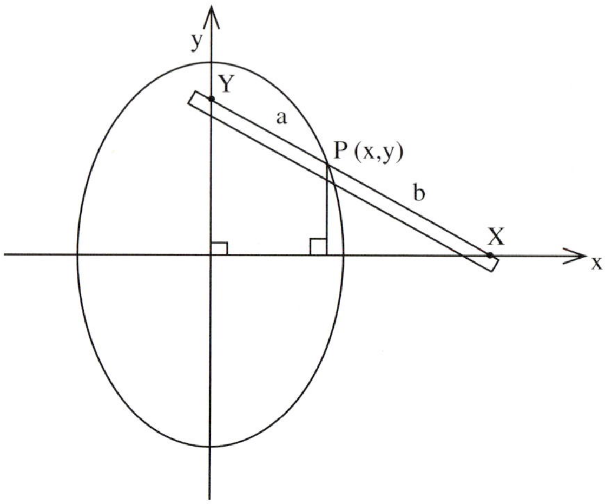

Ein ähnliches Verfahren zum Zeichnen von Ellipsen stellt die Papierstreifenkonstruktion dar. Gleiten die Punkte X und Y auf den Koordinatenachsen, so durchläuft P(x|y) eine Ellipse. Der Abstand von X und Y ist c = a + b.

Mit Hilfe der Hauptachsengleichung der Ellipse kann man zeigen, daß die mit der Papierstreifenkonstruktion bzw. dem Ellipsenzirkel gezeichnete Kurve tatsächlich eine Ellipse ist. In den nachfolgenden Aufgaben werden diese Überlegungen für die Papierstreifenkonstruktion durchgeführt.

1 Die Abstände der Punkte X und Y vom Koordinatenursprung werden mit x_0 und y_0 bezeichnet. Begründe, warum $x_0^2 + y_0^2 = c^2$ ist.

2 Zeige an Hand der obigen Abbildung, daß $x_0 : x = c : a$ und $y_0 : c = y : b$ ist.

3 Zeige, daß die Koordinaten x und y von P einer Ellipsengleichung genügen, indem du die Ergebnisse von Aufgabe 1 und 2 zusammenfaßt und die Variablen x_0 und y_0 eliminierst.

4 Zeichne Ellipsen mit der Papierstreifenmethode für
a) a = 4,8 cm; b = 3,2 cm; b) a = 5,5 cm; b = 2,5 cm.
Fertige jeweils einen entsprechenden Papierstreifen an.

4.9 Die Hyperbel

1 Zeichne im Abstand von 4 cm zwei Punkte F_1 und F_2 und um die Punkte je eine Schar von konzentrischen Kreisen im Abstand von 5 mm (ca. 10 Kreise). Ermittle in diesem Muster alle Schnittpunkte, für die die Differenz der Abstände von F_1 und F_2 gleich 1 cm (bzw. 1,5 cm, 2 cm, 2,5 cm, 3 cm) ist. Verbinde die Punkte, die zur gleichen Differenz gehören, jeweils durch eine Kurve miteinander. Man bezeichnet die so entstandenen Kurven als **Hyperbeln**.

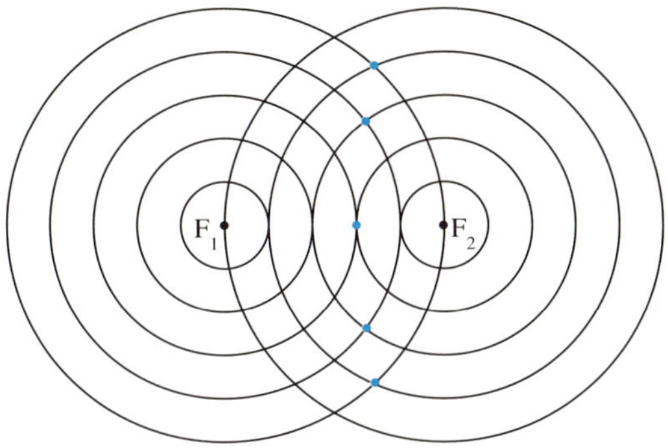

2 Inwiefern ist es berechtigt zu sagen, daß jede der in Aufgabe 1 gezeichneten Hyperbeln zwei voneinander unabhängige Äste hat? Welche Punkte müßte man in Analogie zur Ellipse als Brennpunkte bezeichnen? Wo liegen die Symmetrieachsen der Hyperbel?

3 Zeichne punktweise eine Hyperbel, bei der die Brennpunkte einen Abstand von 5 cm haben und die Differenz der Entfernungen der Hyperbelpunkte von den Brennpunkten 4 cm beträgt. Zeichne etwa 10 Punkte für jeden Ast. Was fällt auf, wenn man den Verlauf der Kurve in größerem Abstand vom Brennpunkt betrachtet?

4 Wenn man die Hyperbel aus der vorigen Aufgabe in Bereiche verfolgt, die weit entfernt vom Brennpunkt liegen, dann kann man zwei Geraden finden, die weder links noch rechts von den Hyperbelästen überquert werden, an die sich diese Kurvenäste aber beliebig annähern. Ergänze diese Geraden durch Probieren in der Zeichnung der vorigen Aufgabe. Man bezeichnet sie als **Asymptoten**.

Die Hyperbel als Ortslinie

Die Hyperbel ist eine Kurve (Ortslinie), für deren Punkte die Differenz der Entfernungen von zwei vorgegebenen Punkten F_1 und F_2, den **Brennpunkten** der Hyperbel, stets gleich ist.

Die beiden Geraden, an die sich die Hyperbeläste in großem Abstand von den Brennpunkten „anschmiegen“, heißen **Asymptoten**. Der Schnittpunkt der beiden Symmetrieachsen wird als **Mittelpunkt** der Hyperbel bezeichnet. Die Schnittpunkte der Kurve mit einer der beiden Symmetrieachsen sind die **Scheitelpunkte** der Hyperbel. Die Abbildung zeigt, wie bei der Hyperbel die große und die kleine Halbachse a und b und die lineare Exzentrizität definiert werden. Die Strecken von einem Hyperbelpunkt P zu den beiden Brennpunkten bezeichnet man als **Brennstrecken** des Punktes P. Alle Bezeichnungen sind sinngemäß von der Ellipse übernommen worden.

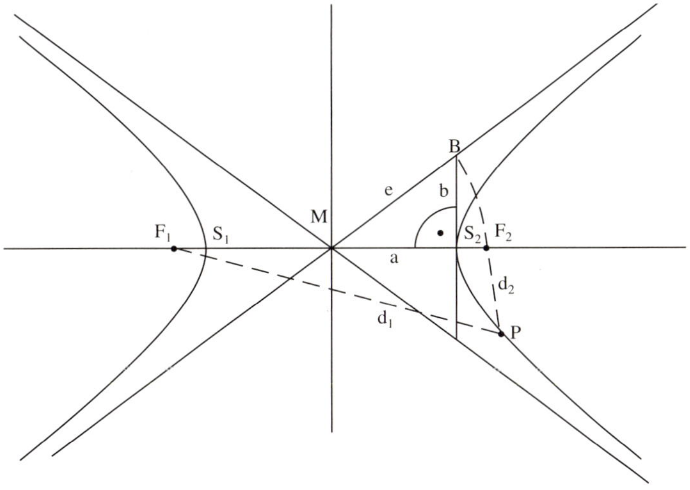

5 Zeige, daß $a^2 + b^2 = e^2$ gilt.

6 Konstruiere eine Hyperbel mit den Parametern a = 3 cm und b = 2 cm punktweise.

7 Zeige, daß die Differenz der beiden Brennstrecken gleich 2a ist.

8 Konstruiere punktweise eine Hyperbel, bei der die Differenz der beiden Brennstrecken 4 cm und die lineare Exzentrizität 3 cm beträgt.

9 Für die Hyperbel gibt es ebenso wie für die Parabel und die Ellipse eine Fadenkonstruktion. Ein Faden wird mit einem Ende am Brennpunkt F_2 befestigt, mit dem anderen am Ende eines Lineals, dessen Anfang sich stets im Brennpunkt F_1 befindet. Fährt man nun mit dem Bleistift so, wie es die Abbildung zeigt, am Lineal entlang, wobei der Faden stets straff gespannt sein muß, so erhält man einen Hyperbelast. Erkläre, warum dies so ist.

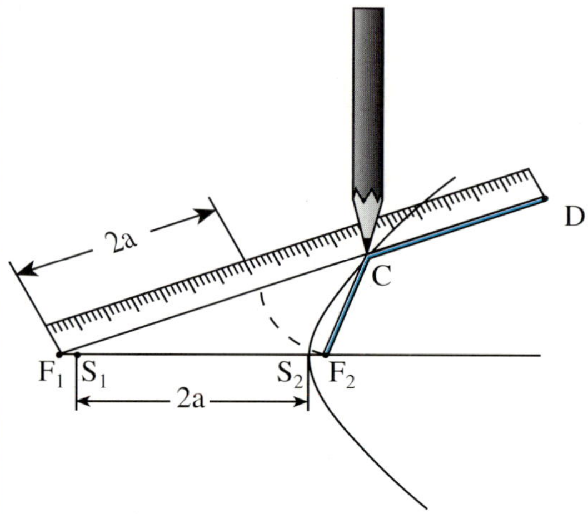

10 Zeichne mit der Fadenkonstruktion eine Hyperbel mit a = 2 cm und e = 3 cm.

11 Stelle dir vor, daß die Hyperbel so in ein Koordinatensystem gezeichnet wird, daß die Symmetrieachsen mit den Koordinatenachsen zusammenfallen (siehe Abbildung).

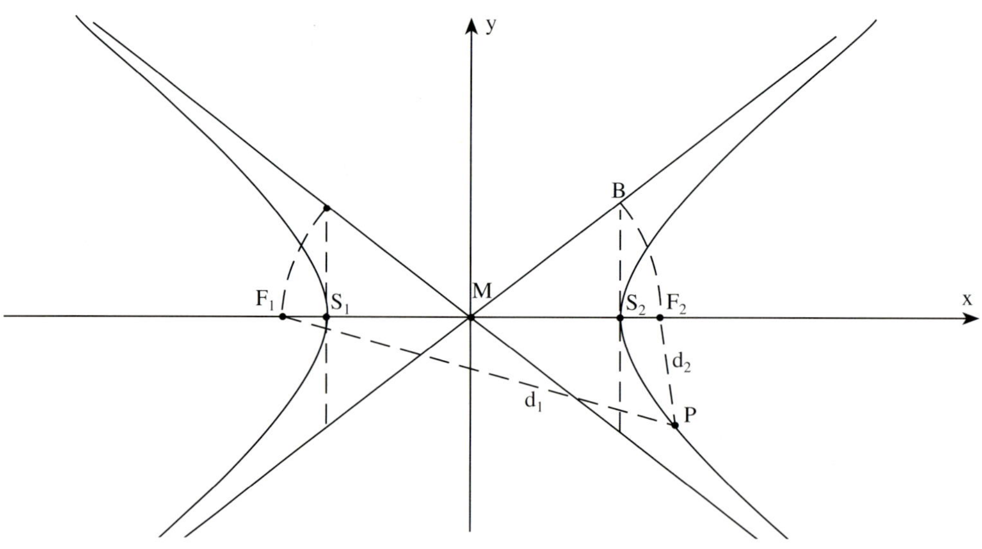

a) Zeige, daß dann für die beiden Brennstrecken folgendes gilt:

$$d_1 = \sqrt{(x + e)^2 + y^2} \qquad \text{und} \qquad d_2 = \sqrt{(x - + e)^2 + y^2}$$

b) Nach Aufgabe 7 gilt $d_1 - d_2 = 2a$. Setze hier das Ergebnis von a) ein und leite ähnlich wie bei der Ellipse die **Hauptachsengleichung** der Hyperbel her.

Die Hyperbelgleichung

Für die Koordinaten der Punkte einer Hyperbel mit den Halbachsen a und b, deren Mittelpunkt mit dem Ursprung des Koordinatensystems zusammenfällt, gilt die Gleichung:

$$\frac{x^2}{a^2} - \frac{y^2}{b^2} = 1$$

Man bezeichnet diese Gleichung als **Hauptachsengleichung**. Man kann mit ihr beliebige Hyperbelpunkte berechnen.

12 Löse die Hyperbelgleichung für $a = 5$ und $b = 3$ nach y auf und berechne die Hyperbelpunkte für $x \leq -5$ und $x \geq 5$. Zeichne die Hyperbel einschließlich der Asymptoten. Wie lauten die Geradengleichungen der Asymptoten?

13 Führe die Berechnungen wie in der vorigen Aufgabe durch, wobei der Abstand der Brennpunkte 3 cm (bzw. 3,3 cm) und der Abstand der Scheitelpunkte 2,4 cm (bzw. 2,8 cm) beträgt. Berechne zuerst a und b.

14 a) Zeige, daß die Hauptachsengleichung der Hyperbel in der folgenden Form nach y aufgelöst werden kann:

$$y = \frac{b}{a}\sqrt{x^2 - a^2} \quad \text{oder} \quad y = -\frac{b}{a}\sqrt{x^2 - a^2}$$

b) Gib die allgemeine Form der Asymptotengleichung mit Hilfe der Hyperbelparameter a und b an. Gehe dabei von der nach y aufgelösten Form der Hyperbelgleichung aus und bedenke, daß für den Fall, daß $|x|$ genügend groß ist, a^2 sehr viel kleiner als x^2 ist.

15 Zeichne einen Kreis mit Radius $r = 2{,}5$ cm und links vom Kreis einen Punkt F 4,0 cm vom Mittelpunkt M des Kreises entfernt. Trage dann an die Gerade FM im Punkte F Strahlen unter den Winkeln 5°, 10°, 15°, 20° usw. nach unten und nach oben an. Errichte jeweils im Schnittpunkt mit dem Kreis Senkrechten zu den Strahlen. Die Strahlen sollten als Hilfslinien nur dünn gezeichnet werden. Beachte, daß die Strahlen den Kreis zweimal schneiden.

16 Zeichne um einen Mittelpunkt F_1 einen Kreis mit Radius $r = 3{,}6$ cm und links vom Kreis einen Punkt F_2 mit $|\overline{F_1F_2}| = 5{,}8$ cm. Trage im Punkt F_1 die Hilfsstrahlen wie in der vorigen Aufgabe an. Auf ihnen ergeben sich Strahlabschnitte, die von F_1 bis zum Schnittpunkt mit dem Kreis reichen. Zeichne die Mittelsenkrechten dieser Strahlabschnitte.

17 Bestimme aus der Zeichnung von Aufgabe 16 die Parameter a und e der Hyperbel, die von der Geradenschar eingehüllt wird. Wie verhalten sich a und r zueinander?

Die Hyperbel als Hüllkurve

Eine wie in Aufgabe 16 gezeichnete Geradenschar hüllt eine Hyperbel mit den Brennpunkten F_1 und F_2 ein, d.h. jede Gerade der Schar ist Tangente an die Hyperbel. Der zur Konstruktion benutzte Hilfskreis ist der **Leitkreis** der Hyperbel. Sein Radius ist doppelt so groß wie die große Halbachse der Hyperbel.

18 Zeige, daß der Radius des Leitkreises der Hyperbel doppelt so groß ist wie die Halbachse a der Hyperbel.

19 Zeichne die Hüllkonstruktion für eine Hyperbel mit $a = 3{,}6$ cm und $b = 2{,}7$ cm.

20 Zeige mit Hilfe der folgenden Zeichnung, daß der Abstand x des Hyperbelpunktes P vom Leitkreis genauso groß ist wie der Abstand d_1 vom Brennpunkt F_1. Benutze dazu die Ergebnisse der Aufgabe 7.

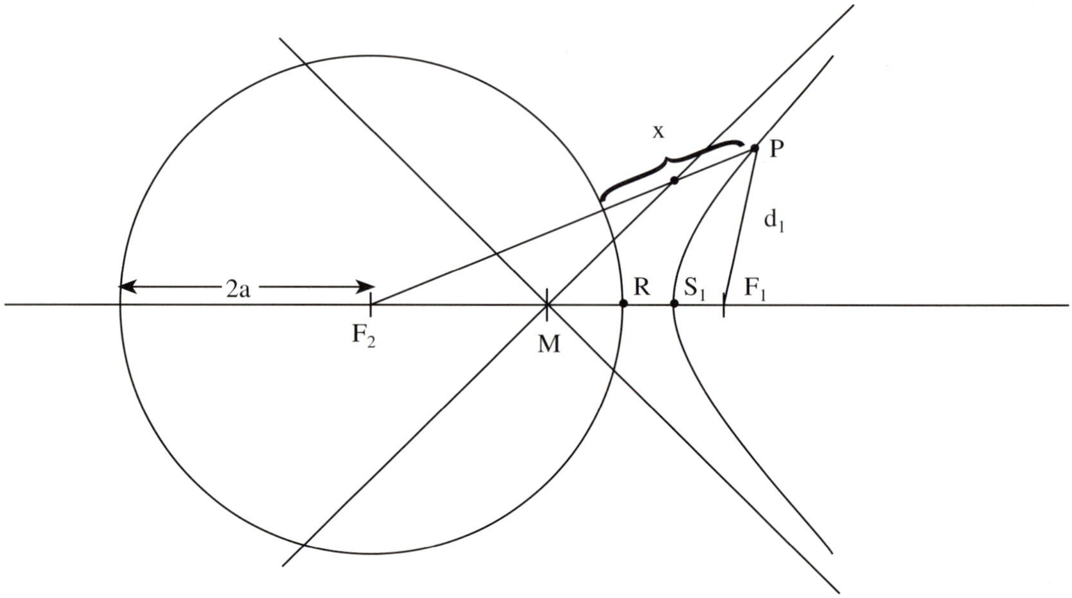

Für jeden Hyperbelpunkt ist der Abstand zum nächstgelegenen Brennpunkt ebenso groß wie der Abstand zum Leitkreis, dessen Mittelpunkt der andere Brennpunkt ist.

21 In der nebenstehenden Zeichnung ist P ein Punkt auf einer Hyperbel und g die Winkelhalbierende seiner beiden Brennstrecken.

a) Zeige, daß $|\overline{PF_1}| = |\overline{PT}|$ und $|\overline{QF_1}| = |\overline{QT}|$ ist

b) Zeige, daß $|\overline{TF_2}| = 2a$ und $|\overline{QF_2}| - |\overline{QF_1}| < 2a$ ist, wenn $Q \neq P$ ist.

c) Warum folgt aus b), daß g die Tangente an die Hyperbel im Punkt P ist?

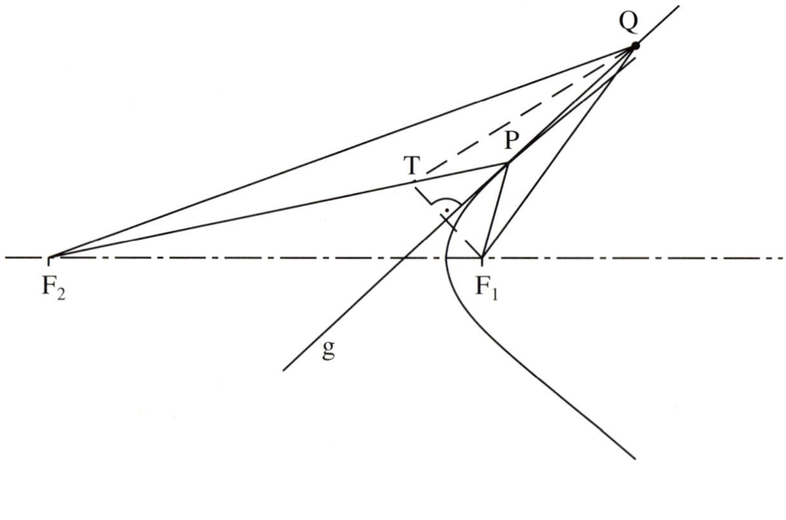

Mathe-Brücke

Aus Umwelt und Technik: **Hyperbelnavigation**

Im ersten Kapitel dieses Buches haben wir uns mit der sogenannten terrestrischen Navigation befaßt, wie sie in der Küstenschiffahrt üblich ist. Die Orientierung erfolgt an Hand bestimmter, sichtbarer Landmarken oder Bojen, die auf der Seekarte eingezeichnet sind. Auf hoher See ist dies jedoch nicht möglich, da dort keine sichtbaren Orientierungspunkte zur Verfügung stehen. In früheren Zeiten war in einer solchen Situation nur eine Orientierung mit Hilfe der Sonne bzw. der Gestirne möglich. Bei schlechtem Wetter scheidet diese Möglichkeit jedoch aus. Deshalb hat man verschiedene Systeme der Funknavigation geschaffen. Da eine **Richtungspeilung** über Funk, die der visuellen Peilung in der terrestrischen Navigation ähnlich ist, relativ ungenau ist, zieht man häufig andere Methoden vor, die unter dem Namen **Hyperbelnavigation** bekanntgeworden sind. Eines dieser Verfahren ist das sogenannte **LORAN-C-Ortungssystem**, das hier in vereinfachter Form beschrieben werden soll. LORAN steht für **Long Range Navigation**. Streng genommen müßten wir bei unseren Überlegungen die Krümmung der Erdoberfläche in die Überlegung mit einbeziehen, da in der Praxis die Entfernungen so groß sind, daß man sie nicht vernachlässigen kann. Da es uns aber nur ums Prinzip geht, tun wir so, als ob die Erde flach wäre, um die Überlegungen zu vereinfachen.

Das **LORAN-C-System** besteht aus einem **Leitsender (master)** und mehreren **Nebensendern** (**seconderies** oder **slaves**), die sich an verschiedenen Orten befinden. Der Leitsender sendet zunächst ein bestimmtes Radiosignal aus. In einem zeitlich genau festgelegten Abstand senden dann die Nebensender ihrerseits entsprechende Radiosignale auf der gleichen Wellenlänge aus. Auf dem Schiff treffen die Signale nacheinander ein und werden registriert. Das Empfangsgerät bestimmt genau den zeitlichen Abstand, mit dem die Signale eintreffen. Dieser Abstand ist in der Regel nicht gleich dem, mit dem sie ursprünglich ausgesendet wurden, weil das Schiff unterschiedliche Abstände von Leit- und Nebensender hat. Befindet sich z.B. das Schiff näher am Nebensender als am Leitsender (siehe Abbildung), so benötigt das Signal vom Nebensender weniger Zeit, um zum Schiff zu gelangen, als das vom Leitsender. Der Empfänger registriert also einen kürzeren Zeitunterschied zwischen den Signalen, als bei der Aussendung ursprünglich vorgegeben war. Die Laufzeit des Signals läßt sich nicht direkt bestimmen, wohl aber die Differenz der Laufzeiten. Diese Messung erlaubt Rückschlüsse auf den Standort des Schiffes.

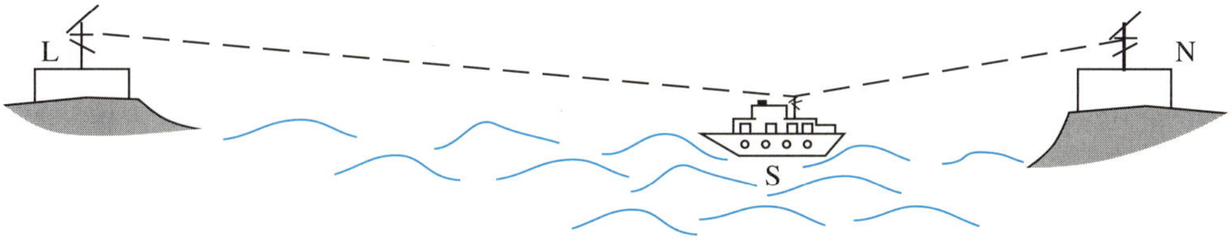

Beispiel:
Wir gehen davon aus, daß der zeitliche Abstand zwischen den Radiosignalen von Leit- und Nebenstation 2000 μs (1 Mikrosekunde = 0,000 001 s) beträgt. Auf dem Schiff wird ein zeitlicher Abstand von 1200 μs gemessen. Der Laufzeitunterschied beträgt also 800 μs, d.h., das Signal vom Leitsender L trifft mit 800 μs Verspätung ein, weil es einen längeren Weg zurücklegen mußte als das Signal vom Nebensender N. Funksignale bewegen sich mit einer Geschwindigkeit von 300 000 $\frac{km}{s}$. Man kann also ausrechnen, welchen Weg das Signal in 800 μs zurücklegt:

$$s = 300\,000\ \tfrac{km}{s} \cdot 0{,}000\,8\ s = 240\ km$$

Nun ist klar, daß das Schiff 240 km näher am Nebensender als am Leitsender ist, d.h.

$$|\overline{SL}| - |\overline{SN}| = 240 \text{ km}$$

Das Schiff befindet sich demnach auf einer Hyperbel mit a = 120 km, in deren Brennpunkten der Leit- und der Nebensender stehen (siehe folgende Abbildung).

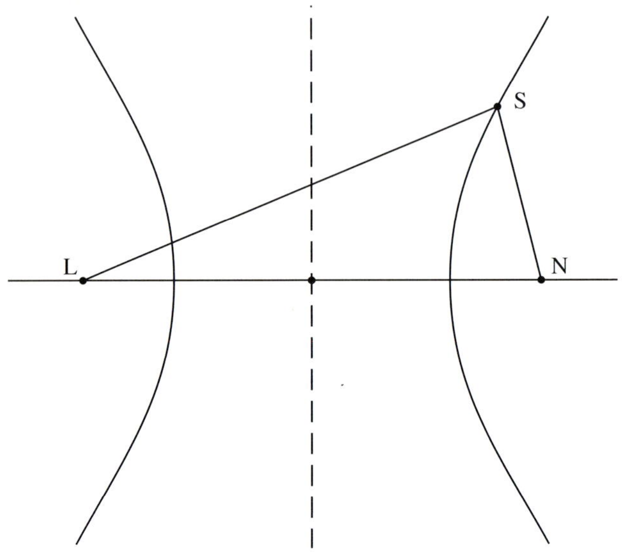

Leider weiß man noch nicht, wo sich das Schiff auf der Hyperbel befindet. Um dies herauszufinden, benötigt man einen zweiten Nebensender N', der an einem anderen Ort steht. Auch für N' kann man den Laufzeitunterschied der Funksignale und die entsprechenden Hyperbeln bestimmen. Das Schiff befindet sich dann an einem Schnittpunkt der Hyperbeln (siehe Aufgabe 2).

1 Warum kann man die Laufzeiten der Signale vom Sender zum Schiff nicht direkt bestimmen?

2 Ein Leit- und zwei Nebensender N und N' bilden ein gleichseitiges Dreieck mit 400 km Seitenlänge. N sendet 2000 μs und N' 4000 μs später als der Leitsender das charakteristische Signal aus. Bei S treffen die Signale im zeitlichen Abstand von 1200 μs bzw. 3400 μs gegenüber dem Signal von L ein. Ermittle die Differenzen der von den Signalen zurückgelegten Wege, die sich aus diesen Zeiten ergeben. Zeichne das gleichseitige Dreieck und die hyperbelförmigen Standlinien in einem geeigneten Maßstab. Wie weit ist S von den drei Sendern entfernt? Aus der Zeichnung ergeben sich zwei Schnittpunkte. Wie kann man den richtigen bestimmen?

3 Zur Ortung von Erdbebenherden (oder unterirdischen Kernexplosionen) verwendet man ein ähnliches Verfahren. Bei einem Erdbeben breiten sich von einem Zentrum aus Stoßwellen gleichmäßig in alle Richtungen aus. Diese werden von seismographischen Stationen registriert. Dabei wird der genaue Eintreffzeitpunkt gemessen. Hat man die Daten von drei Stationen, so reicht dies aus, um den Ort des Erdbebenherdes zu bestimmen. Erläutere, wie dies möglich ist, und vergleiche dieses Verfahren mit dem oben beschriebenen.

4 Mit dem Hyperbelverfahren können Gefechtsbeobachter im Krieg den ungefähren Standort einer Geschützstellung ermitteln. Dazu sind drei Beobachter nötig, die den genauen Eintreffzeitpunkt des Knalles ermitteln. Der Schall benötigt für eine Strecke von einem Kilometer ziemlich genau drei Sekunden. Befinden sich die Beobachter alle in gleicher Entfernung vom Abschußort, so hören sie den Knall gleichzeitig, befinden sie sich jedoch in unterschiedlicher Entfernung, so hört ihn der nächstgelegene Beobachter zuerst. Aus den Zeitunterschieden kann man wiederum Hyperbeläste bestimmen. In einem ihrer Schnittpunkte muß die Abschußstelle liegen. Welcher Schnittpunkt ausgewählt werden muß, kann aus der Gesamtsituation ermittelt werden.

In einem Koordinatensystem (Einheit: 1 km) befinden sich an den Orten A(0; 0), B(22; 4), C(10; 20) jeweils Gefechtsbeobachter. Zuerst hört der Beobachter in C den Knall, 1,4 s später der Beobachter in B und 2 s später der in A. Bestimme zwei Hyperbelbögen und deren Schnittpunkt. Welche Koordinaten hat der Abschußort also? (Schallgeschwindigkeit: 340 $\frac{km}{h}$).

In der Praxis erspart man sich allerdings mühevolles Rechnen und Zeichnen, indem man Karten verwendet, auf denen bereits Hyperbeln eingetragen sind. Das Anzeigegerät am Empfänger gibt Zahlen an, durch die bestimmte Hyperbeln charakterisiert sind. In der Abbildung unten sind dies 13 (für A–B) und 57 (für A–C). Der Schnittpunkt der zugehörigen Hyperbeläste ist markiert.

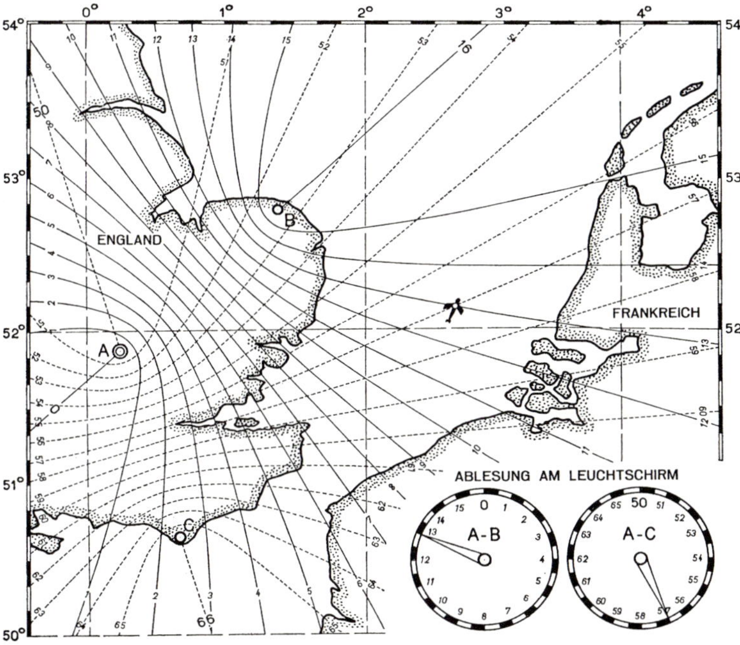

Das LORAN-Navigationsverfahren

5 Am Empfangsgerät wird 6 (für A–B) und 58 (für A–C) abgelesen. Wo befindet sich das Schiff?

6 Am Empfangsgerät wird 6 und 52 abgelesen. Ermittle den Standort (Längen- und Breitengrad).

7 Verfahre ebenso mit den Angaben 12 und 57 (14 und 55, 10 und 51, 10 und 60).

4.10 Weitere Kurven

1 Die Ellipse und die Hyperbel stehen in Beziehung zu den Grundrechenarten Addition und Subtraktion. Greta und ihre Freunde aus der Mathematik-AG stellen sich die Frage, ob es auch zu den anderen Grundrechenarten, der Multiplikation und der Division, entsprechende Kurven gibt. Sie stellen fest, daß man die Definition einer solchen Kurve formulieren kann, ohne daß man eine Vorstellung von ihrem Aussehen hat. Formuliere eine solche Definition für die zur Division gehörende Ortslinie nach dem Muster der Ellipsendefinition.

2 Im Bild ist eine Geradenschar gezeichnet, die ein Parallelenpaar schneidet. Die zwischen den Parallelen liegenden Abschnitte der Geraden werden durch den gemeinsamen Punkt jeweils in zwei Strecken zerlegt. Begründe, warum die beiden Streckenlängen jeweils den gleichen Quotienten haben. Welches Streckenverhältnis ist in der Zeichnung vorgegeben?

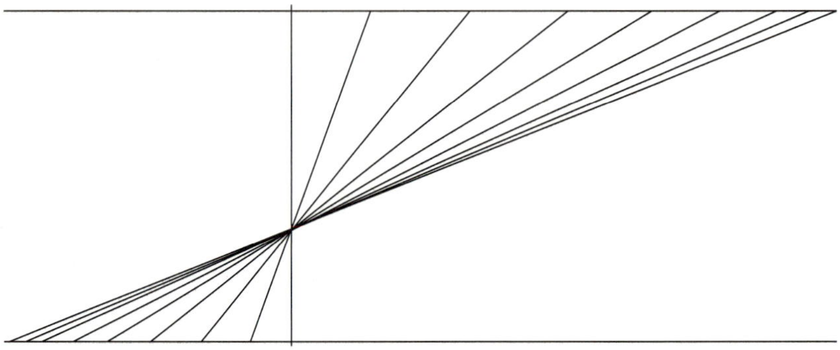

3 Lege zwei „Brennpunkte“ A und B im Abstand von 5 cm fest. Ermittle mit Hilfe der Strecken der vorigen Aufgabe Punkte, deren Abstände von A und von B stets im Verhältnis 2 : 1 stehen. Was für eine Kurve könnte es sein, auf der die Punkte liegen?

4 Zeichne in die zur vorigen Aufgabe gehörende Zeichnung noch Punkte ein, deren Abstände zu A und zu B im Verhältnis 1 : 2 stehen. Was stellst du fest?

Divisionskreise

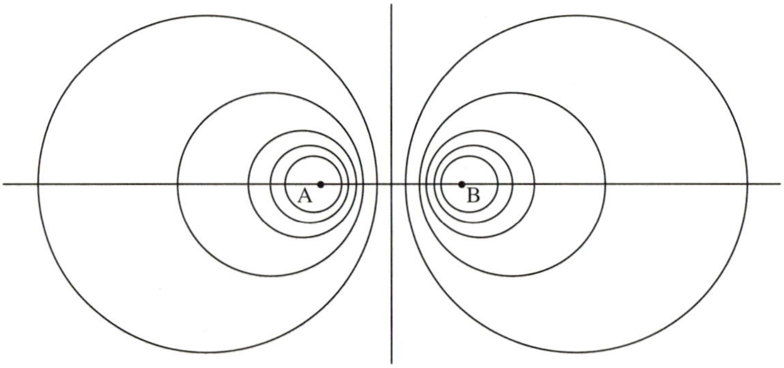

Alle Punkte P, deren Abstände von zwei gegebenen Punkten A und B einen konstanten Quotienten haben, liegen auf einem Kreis, dem sogenannten **Divisionskreis** oder **Apolloniuskreis**. Apollonius war ein bedeutender griechischer Mathematiker (245 – 170 v. Chr.).

Die Abbildung zeigt die Kreise mit den Quotienten $\frac{1}{5}$, $\frac{1}{4}$, $\frac{1}{3}$, $\frac{1}{2}$ und $\frac{2}{3}$ bzw. den Quotienten 5, 4, 3, 2 und $\frac{3}{2}$.

5 In der nebenstehenden Abbildung sind die Punkte A und B vorgegeben. P hat von A den Abstand b und von B den Abstand a. DE ist parallel zu AP, und D und E sind so gezeichnet, daß $|\overline{EB}| = |\overline{BD}| = a$ ist. T und T* sind die Schnittpunkte von EP und DP mit der Geraden AB.

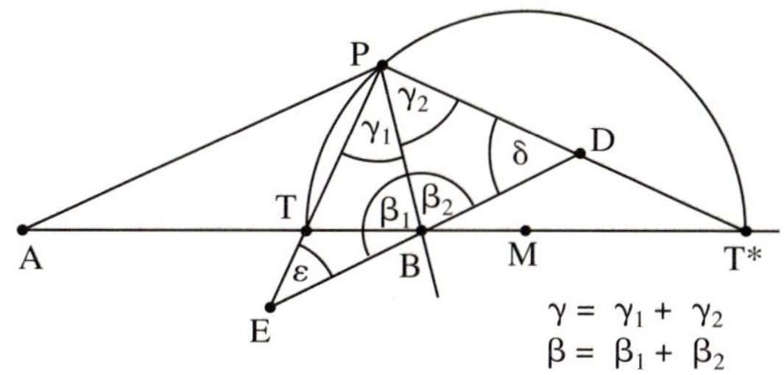

a) Zeige mit Hilfe der Strahlensätze, daß $|\overline{AT}| : |\overline{TB}| = b : a$ und $|\overline{AT^*}| : |\overline{T^*B}| = b : a$ ist.
b) Begründe, warum $\varepsilon = \gamma_1$ und $\delta = \gamma_2$ ist.
c) Zeige, daß $\gamma_1 + \gamma_2 = 90°$ ist, ohne vorauszusetzen, daß P auf dem Kreisbogen liegt.
d) Das Ergebnis von c) gilt unabhängig davon, wo P liegt, sofern die oben genannten Voraussetzungen erfüllt sind. Begründe, warum daraus folgt, daß P auf einem Halbkreisbogen über $\overline{TT^*}$ liegt.

Teilungen

Ein Punkt T teilt eine Strecke $\overline{AB}$ im Verhältnis a : b, wenn $|\overline{AT}| : |\overline{TB}| = a : b$ gilt. Wie wir in Aufgabe 5 gesehen haben, gibt es zwei solcher Punkte, von denen einer (T) zwischen A und B und einer außerhalb von $\overline{AB}$ (T*) liegt. Die Teilung durch T nennt man dementsprechend **innere Teilung**, die durch T* **äußere Teilung**.

Wenn zwei Punkte X und Y eine Strecke $\overline{AB}$ derartig teilen, daß

$$|\overline{AX}| : |\overline{XB}| = |\overline{AY}| : |\overline{YB}|$$

ist, spricht man von einer **harmonischen Teilung** (siehe Abakus, Band 9, S. 144 f.). Die Punkte A, B, X und Y heißen dann **harmonische Punkte**.

6 Behalte den Brennpunktsabstand von 5 cm bei, wähle jetzt aber das Streckenverhältnis 2 : 3. Zeichne beide Divisionskreise.

7 Zeichne die Divisionskreise mit dem Brennpunktsabstand 6 cm und dem Streckenverhältnis 2 : 1.

8 Gegeben ist eine Strecke $\overline{AB}$ und ein Punkt Y auf der Verlängerung von $\overline{AB}$, der $\overline{AB}$ außen teilt.
a) Bestimme den zugehörigen harmonischen Punkt X, der $\overline{AB}$ innen teilt.
b) Zeige, daß A und B die Strecke $\overline{XY}$ harmonisch teilen.

9 Begründe: Teilen die Punkte X und Y die Strecke $\overline{AB}$ harmonisch im Verhältnis t, so ist $\overline{XY}$ Durchmesser des Divisionskreises zu den „Brennpunkten" A und B und dem Streckenverhältnis t.

10 Gegeben sind zwei Punkte A und B mit $|\overline{AB}| = 5{,}4$ cm. Zeichne die zugehörigen Divisionskreise mit den Streckenverhältnissen 1 : 2, 2 : 3 und 1: 3 (alle in einer Zeichnung). Eine besondere Ortslinie ergibt sich für das Streckenverhältnis 1 : 1. Welche ist es? Zeichne auch sie ein.

11 a) Konstruiere ein Dreieck mit a = 3,4 cm, b = 6,8 cm und c = 5,1 cm. Zeichne die Winkelhalbierende w_γ des Winkels γ. Die Strecke c wird durch w_γ geteilt. In welchem Verhältnis stehen die Teile zueinander?
b) Zeige allgemein, daß w_γ die Seite c im Verhältnis a : b teilt. Hinweis: Ergänze die Zeichnung durch einen Punkt D, so daß das Dreieck BCD gleichschenklig ist und die Basis $\overline{CD}$ auf der Winkelhalbierenden liegt. Warum ist nun $\overline{AC}$ parallel zu $\overline{BD}$?
c) Zeige, daß die Winkelhalbierende von γ*, dem Nebenwinkel von γ, die Seite c außen im gleichen Verhältnis teilt.
d) Zeichne den zugehörigen Divisionskreis mit A und B als „Brennpunkten".

12 a) In der Abbildung sind OR und PT parallel. Begründe, daß die Dreiecke SPR und TQP ähnlich sind.

b) Zeige, daß $u \cdot v = d^2$ ist.

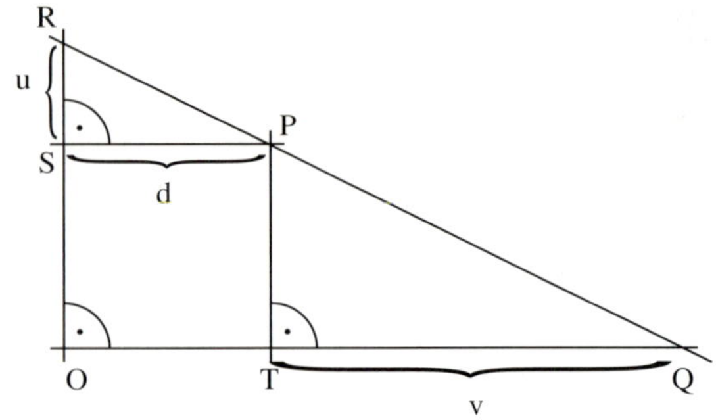

13 a) Zeichne eine ähnliche Figur wie oben mit d = 3 cm und einer Anzahl von Geraden RQ, die durch den Punkt P gehen.

b) Zeichne zwei Punkte A und B im Abstand von 6 cm und konstruiere Punkte, deren Abstand u von A und v von B stets das Produkt $u \cdot v = 9\ cm^2$ haben. Benutze dazu das Ergebnis von a). Verbinde die so konstruierten Punkte durch eine Kurve. Man bezeichnet diese Kurve als **Lemniskate**.

14 Hat die in der vorigen Aufgabe punktweise konstruierte Kurve Symmetrieachsen? Zeichne sie ein, wenn es welche gibt.

15 Behalte den Brennpunktsabstand von 6 cm bei, wähle nun aber d = 3,5 cm (bzw. d = 4 cm).

16 Verfahre wie in Aufgabe 15, aber mit d = 2,5 cm (bzw. d = 2 cm).

Cassinische Kurven

Der geometrische Ort aller Punkte, deren Abstände von zwei gegebenen Punkten A und B ein konstantes Produkt haben, ist eine **cassinische Kurve**. J. D. Cassini (1625 – 1712) war ein französischer Astronom.

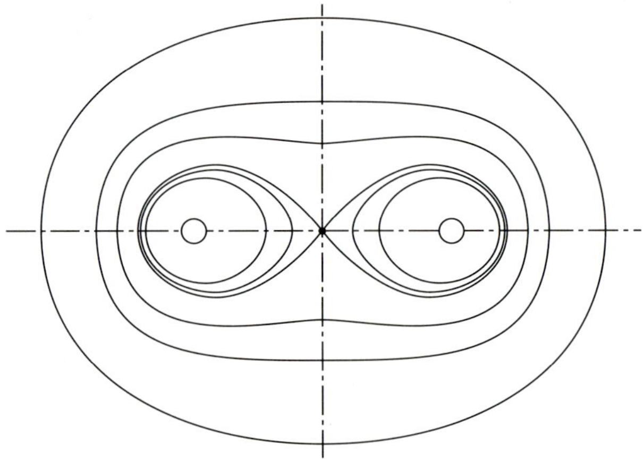

Ist das Produkt gleich dem Quadrat des halben Abstandes von A und B, so erhält man die **Lemniskate**.

17 Zeichne eine Lemniskate mit $|\overline{AB}| = 4{,}8$ cm.

18 Ermittle ähnlich wie bei der Ellipse oder Hyperbel die Hauptachsengleichung

$$(x^2 + y^2)^2 = 2d^2 (x^2 - y^2)$$

der Lemniskate.

5 Iterative Verfahren

5.1 Das Fixpunktverfahren

1 Manni hat folgende Hausaufgabe bekommen: Ein Rechteck hat einen Flächeninhalt von 14 m² und einen Umfang von 16 m. Wie lang sind seine Seiten? Zunächst stellt er für die beiden Seitenlängen x und y zwei Gleichungen auf:

$$(1)\ x \cdot y = 14 \quad \text{und} \quad (2)\ x + y = 8$$

Leider fällt ihm nicht mehr ein, wie man solche Aufgaben löst. Deshalb versucht er, durch systematisches Probieren eine Lösung zu finden.

a) Zunächst probiert er x = 3 aus, indem er mit Hilfe von Gleichung (2) das zu x = 3 passende y ausrechnet und anschließend mit Hilfe von Gleichung (1) zu dem eben berechneten y ein passendes x. Bestimme auf diese Weise y und ein neues x. Ist es mit dem ursprünglichen x identisch? Welcher Schluß muß hinsichtlich der Wahl x = 3 gezogen werden?

b) Da x_{neu}, das neu berechnete x, sich von x_{alt}, dem alten x, nicht sehr stark unterscheidet, vermutet Manni, daß seine Wahl zwar nicht richtig, aber dennoch nicht allzu schlecht gewesen ist. Er probiert es deshalb noch einmal mit $x_{alt} = 2{,}8$. Berechne das zugehörige y und x_{neu}. Was stellst du fest? Um wieviel unterscheiden sich x_{alt} und x_{neu}?

c) Manni kommt auf die Idee, dieses Verfahren fortzusetzen. Führe die entsprechenden Rechnungen mit dem Startwert $x_0 = 3$ durch und trage die auf drei Nachkommastellen gerundeten Ergebnisse in eine Tabelle ein, die folgendermaßen aussieht:

Nummer n des ersten Schrittes	1	2	3	4	5	6	7	8
Berechneter Wert x_n								

Der **Index n** bei x_n dient hier der Durchnumerierung der erzielten Näherungswerte. Was stellst du fest, wenn du die Differenzen zweier aufeinanderfolgender x_n-Werte vergleichst? Kann man den gesuchten Wert für x jetzt näherungsweise angeben?

2 Bei dem von Manni entdeckten Verfahren wird ein bestimmter Rechenvorgang stets wiederholt. Beschreibe diesen Rechenvorgang mit Worten, so daß auch jemand, der gar nicht weiß, worum es geht, ihn nach vollziehen kann.

Iterative Verfahren

Ein Rechenverfahren, bei dem ein bestimmter Ablauf von Rechenschritten ständig wiederholt wird, wird als **iteratives Verfahren** (lat. iterare = wiederholen) bezeichnet. Die Abbildung zeigt die Folge der Rechenschritte in Form eines Programmablaufplanes:

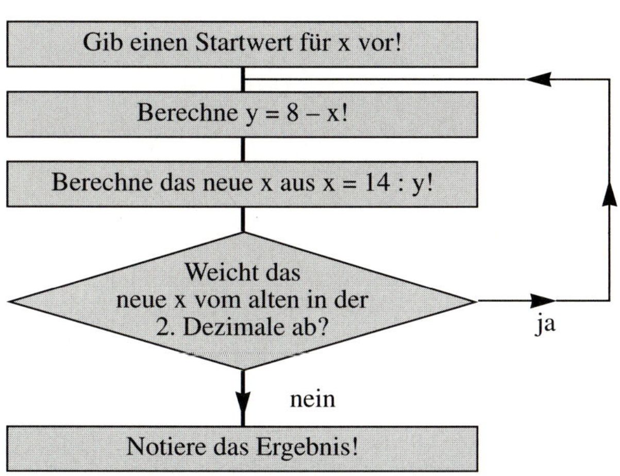

3 Manni zeigt seine Entdeckung seiner Schwester Maja, die noch skeptisch ist. Sie probiert das Verfahren mit dem Startwert $x_0 = 1$ aus. Führe das Verfahren achtmal durch und stelle die Ergebnisse wieder tabellarisch wie in Aufgabe 1c dar. Vergleiche die Ergebnisse aus beiden Tabellen.

4 Da Majas Ergebnisse vielversprechend waren, probieren die beiden weiter. Sie berechnen nun y nicht mit Hilfe von (2), sondern mit (1), und x_n anschließend mit Hilfe von (2). Welche Ergebnisse erhält man auf diese Weise bei achtmaliger Wiederholung des Verfahrens? Nähern sich auch hier die Werte einem „Zielwert" an? Ist es der gleiche wie bei dem anderen Verfahren?

5 Maja hat im Unterricht gut aufgepaßt und erinnert sich noch, wie man ein solches Gleichungssystem mit Hilfe des Einsetzungsverfahrens löst. Bestimme die Lösungen mit bekannten Methoden und vergleiche das Ergebnis mit den iterativ gewonnenen Näherungswerten.

Zahlenfolgen

In einer Zahlenfolge sind die Zahlen in einer feststehenden Reihenfolge angeordnet, so daß man sie abzählen kann. Die **Platzziffer** n eines **Gliedes** der Folge gibt an, am wievielten Platz in dieser Anordnung das zugehörige Folgenglied steht. In der Folge 2, 4, 6, 8, 10, ... steht die Zahl 8 am 4. Platz, sie hat deshalb die Platzziffer 4. Wählt man als Variablenbezeichnung für die Folgenglieder a_n, so ist $a_4 = 8$. Ist a_n das Folgenglied an der n-ten Stelle, so bezeichnet man seinen Nachfolger mit a_{n+1}.

Man unterscheidet zwischen **endlichen** und **unendlichen** Folgen, je nachdem, ob die Menge der Platzziffern endlich oder unendlich ist.

Die Zwischenergebnisse des Iterationsverfahrens bilden eine Folge von Zahlen, die sich einer der beiden Lösungen der quadratischen Gleichung annähern. Je nach Wahl des Rechenverfahrens nähert man sich der einen oder der anderen der beiden Lösungen an.

6 Ermittle mit dem Startwert 8 iterativ eine Näherungslösung für das Gleichungssystem

(1) $x + 2y = 16$ und (2) $x \cdot y = 30$

Führe 10 Iterationsschritte durch. Vergleiche die beste Näherung mit der exakten Lösung, die man mit Hilfe des Einsetzungsverfahrens gewinnt.

7 Stelle dieses Verfahren durch einen Programmablaufplan dar.

8 Ermittle eine Formel, mit deren Hilfe man für das Gleichungssystem aus Aufgabe 6 direkt den neuen Wert x_{n+1} aus x_n berechnen kann, ohne zwischendurch y_n zu berechnen.

9 a) Löse das Gleichungssystem

(1) $y = x^2 + 5$ und (2) $x \cdot y = 5$

iterativ.

b) Zeige, daß die Lösung der Gleichung $x^3 + 5x = 5$ mit dem x aus Aufgabe a) identisch ist. Warum läßt sich dieses System nicht mit bekannten Standardmethoden bearbeiten?

c) Ermittle einen Term, der die Berechnung von x_{n+1} aus x_n ermöglicht.

10 Untersuche das Gleichungssystem

(1) $x \cdot y = 1$ und (2) $y = x^2$

Obwohl die Lösung mit gewöhnlichen Methoden sehr leicht zu finden ist, versagt hier das iterative Verfahren. Stelle fest, was bei der Iteration geschieht, wenn man den Startwert 0,5 (bzw. 2 oder 1) wählt.

Eine Gleichung der Form $x = f(x)$ kann unter bestimmten, noch zu ermittelnden Voraussetzungen iterativ gelöst werden. Dabei wird eine Folge von Näherungswerten x_n ermittelt, indem man einen Startwert x_0 vorgibt und das nachfolgende Glied x_{n+1} der Folge jeweils mittels $x_{n+1} = f(x_n)$ berechnet. Man bezeichnet die Funktion f in diesem Zusammenhang als **Iterationsfunktion**. Falls die Zahlenfolge der x_n sich genau einem Wert x annähert, so sagt man, daß die Folge **konvergiert** und x der **Grenzwert** der Folge ist. x ist dann eine Lösung der Gleichung $x = f(x)$. Falls sich die Zahlenfolge nicht einem solchen Grenzwert nähert, so spricht man davon, daß sie **divergiert**.

Falls die ermittelte Zahlenfolge konvergiert, bezeichnen wir die Funktion f als **Kontraktionsfunktion** (lat. contrahere = zusammenziehen), da mit ihrer Hilfe die x_n-Werte immer näher an den Grenzwert „herangezogen" werden. Eine Zahl x, für die $x = f(x)$ gilt, bezeichnet man auch als **Fixpunkt** der Iterationsfunktion f.

11 Zur Berechnung des jeweils nächsten Folgegliedes mit dem Taschenrechner werden folgende Eingaben gemacht:

… [+/–] [+] 8 [=] [1/x] [×] 15 [=] …

a) Bestimme den Term f(x) der Iterationsfunktion.
b) Stelle durch wiederholte Anwendung des Iterationsverfahrens fest, ob f eine Kontraktionsfunktion ist, und bestimme gegebenenfalls den Fixpunkt (z.B. mit Startwert 1).
c) Stelle das Verfahren zur Berechnung des nächsten Folgengliedes in ähnlicher Weise wie oben dar, wenn das Iterationsverfahren durch
$$x_{n+1} = 8 - \frac{15}{x_n}$$
gegeben ist.

12 Bestimme für die Iterationsfunktionen, die durch folgende Terme gegeben sind, nach dem Muster von Aufgabe 11 eine Folge von Taschenrechneroperationen, mit deren Hilfe x_{n+1} aus x_n berechnet wird. Bestimme jeweils die Grenzwerte, sofern dies möglich ist.

a) $f(x) = \frac{20}{x-1}$ b) $f(x) = 1 + \frac{20}{x}$

c) $f(x) = \frac{2x}{x-5}$ d) $f(x) = \frac{5x}{x-2}$

e) $f(x) = \sqrt{x+20}$ f) $f(x) = -\sqrt{x+20}$

13 Bestimme die Iterationsfunktionen, die den folgenden Taschenrechnereingaben zur Berechnung des jeweils nächsten Folgengliedes entsprechen:

a) … [1/x] [×] 12 [+/–] [+] 9 …

b) … [x²] [+] 3 [1/x] [×] 5 …

14 a) Zeige, daß die Gleichung
$x^2 - 10x + 22 = 0$ in der Form
$$x = f(x) = \frac{15}{10-x}$$
geschrieben werden kann, und wende das oben beschriebene Verfahren mit $x_{n+1} = f(x_n)$ und dem Startwert $x_0 = 6$ an. Führe 10 Iterationsschritte durch und ermittle die Folge der Näherungslösungen.
b) Inwiefern ist die Abbildung auf der folgenden Seite eine graphische Darstellung des in a) berechneten Iterationsprozesses? Beschreibe, wie man eine solche Graphik ohne vorherige Rechnung erstellen kann.
c) Verfolge den Iterationsprozeß für den Startwert $x_0 = 1$ nur in der Graphik. Welchem Grenzwert nähert er sich?
d) Welche Bedeutung haben die Schnittpunkte der Graphen der Funktionen, die durch $z = x$ und $z = f(x)$ gegeben sind?

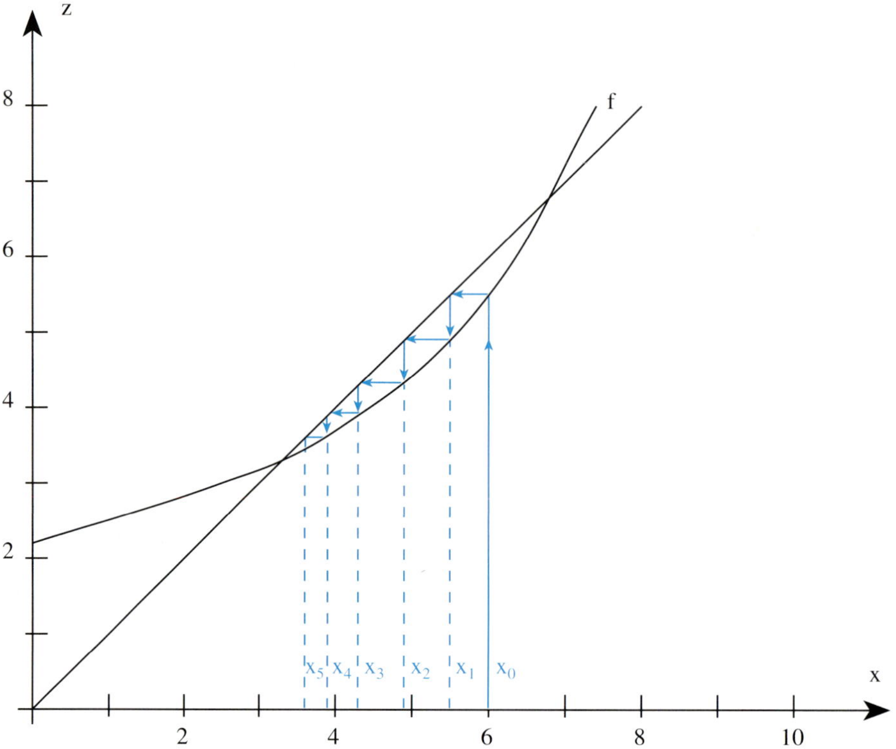

15 Fertige eine neue Zeichnung der Graphen der Funktionen mit $z = f(x) = \frac{22}{10-x}$ und $z = x$ im Bereich $-5 \leq x \leq 15$ an und verfolge den Iterationsprozeß für den Startwert $x_0 = 8{,}5$. Was stellst du fest?

16 a) Zeige, daß die Gleichung

$$x^2 - 10x + 22 = 0$$

auch in der folgenden Form

$$x = 10 - \frac{22}{x}$$

dargestellt werden kann. Führe das Iterationsverfahren mit dem Startwert $x_0 = 4$ mit 10 Iterationsschritten durch. Zeichne eine graphische Darstellung des Iterationsprozesses wie in Aufgabe 14.

b) Verfolge graphisch den Iterationsprozeß für einen Startwert $x_0 = 9$. Was stellst du fest? Vergleiche das Ergebnis mit dem von Aufgabe 14.

Nähert sich die Folge der Näherungslösungen bei einem Iterationsverfahren mit $x_{n+1} = f(x_n)$ einem bestimmten Grenzwert x, so ist x eine Lösung der Gleichung $x = f(x)$, also ein Fixpunkt von f. Es kann allerdings durchaus noch weitere Fixpunkte von f geben, die durch dieses Verfahren nicht ermittelt werden.

17 Gibt es bei dem Iterationsverfahren aus Aufgabe 16a Startwerte, für die das Verfahren nicht funktioniert?

18 Finde eine Näherungslösung für die quadratische Gleichung $x^2 - 6x + 6 = 0$ mittels Iteration. Bringe dazu die Gleichung in die Form $x = f(x)$. Gibt es verschiedene Möglichkeiten, dies zu tun? Führe die Iteration gegebenenfalls für alle gefundenen Darstellungen der Art $x = f(x)$ durch.

19 Verfahre ebenso mit der Gleichung $x^2 = 4x + 3$.

20 In einer graphischen Darstellung der Iterationsfunktion kann man den Iterationsprozeß sehr leicht verfolgen und erkennen, ob die sich ergebende Zahlenfolge konvergiert oder divergiert.

a) Übertrage die folgenden sechs graphischen Darstellungen in dein Heft und verfolge den Iterationsprozeß mit dem angegebenen Startwert x_0. In welchen Fällen konvergiert (bzw. divergiert) die Zahlenfolge?

b) Ob das Verfahren konvergiert oder divergiert, hängt vom Verlauf des Graphen in der Umgebung des Fixpunktes ab. Stelle fest, was den Graphen im Falle der Konvergenz (bzw. der Divergenz) gemeinsam ist.

1.
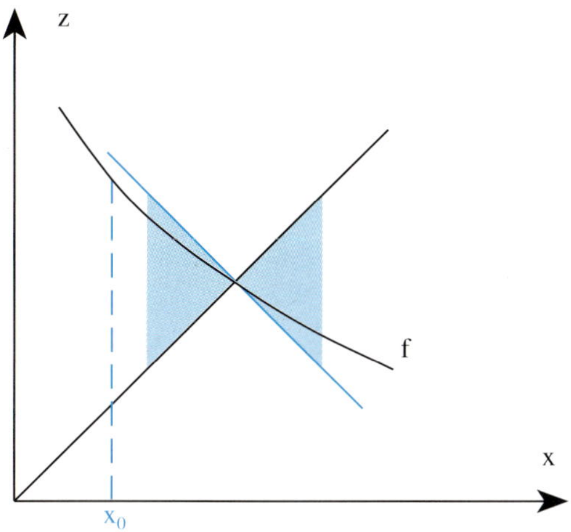

2.
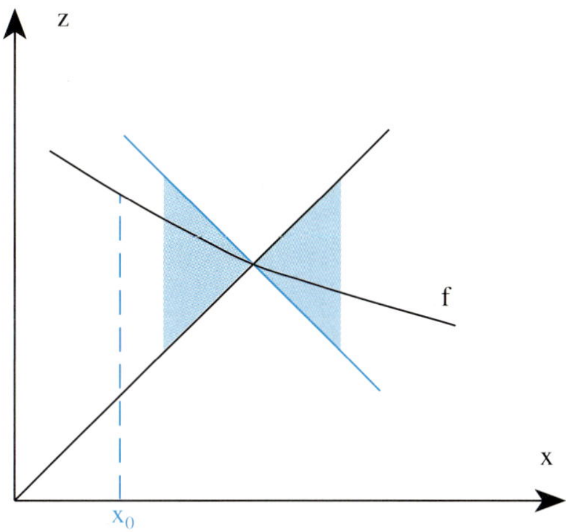

3.
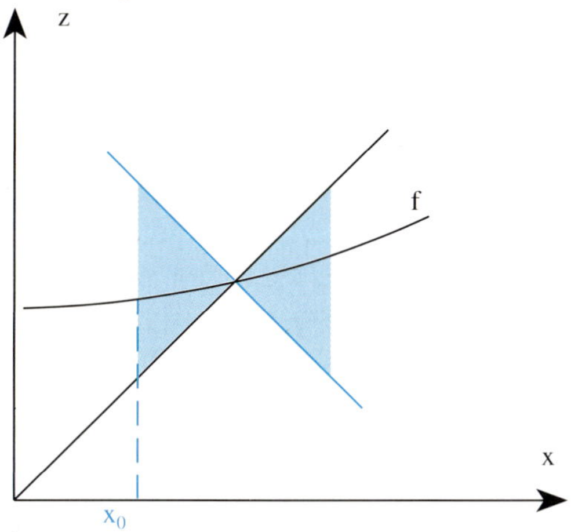

4.
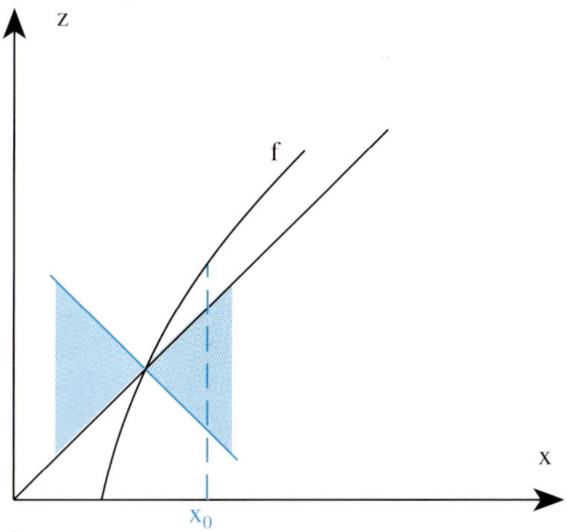

5.
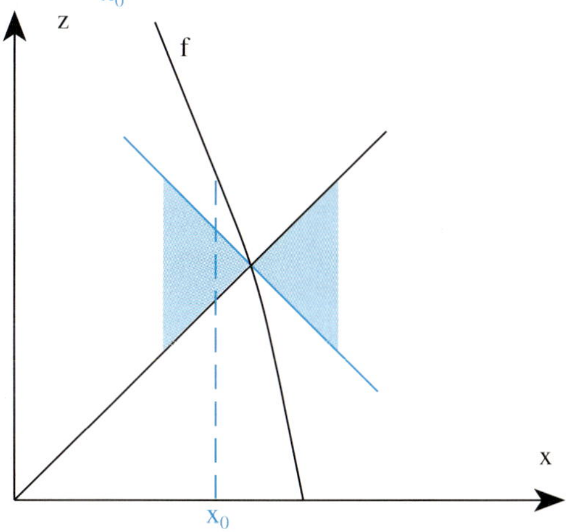

6.
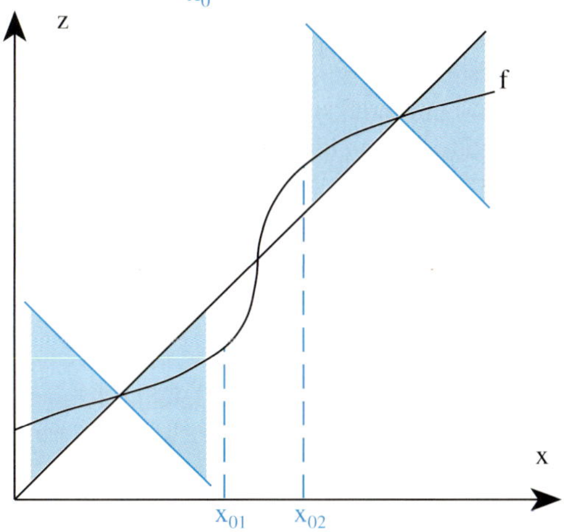

21 In der 6. Abbildung sind zwei verschiedene Startwerte vorgegeben. Führe die graphische Iteration mit beiden Startwerten durch. Was stellst du fest?

Konvergenz des Fixpunktverfahrens

Zur Beurteilung der Frage, ob f eine Kontraktionsfunktion ist, zeichnet man den Graphen von f, die erste Winkelhalbierende g (Gerade z = x) und eine Senkrechte zu g durch den Schnittpunkt des Graphen mit g. Dadurch wird die Umgebung des Schnittpunktes in vier Bereiche eingeteilt (siehe Abbildung). Liegt der Graph von f in der Umgebung des Schnittpunktes vollständig in den blau getönten Bereichen, so ist f eine Kontraktionsfunktion.

Ist f eine monoton fallende Funktion, so zeigt die Zahlenfolge eine **oszillierende Konvergenz**, d.h. die Folgenwerte pendeln um den Grenzwert herum.

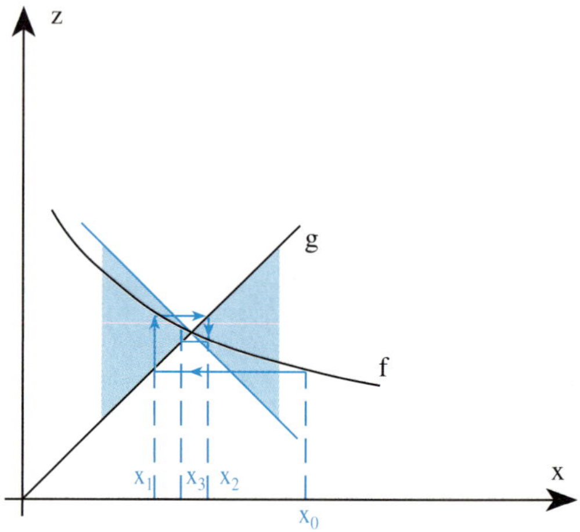

22 Stelle die Iterationsfunktion $f(x) = 6 - x$ im Intervall [0; 6] graphisch dar und ermittle den Fixpunkt (ohne Iteration). Verfolge den Iterationsprozeß für den Startwert $x_0 = 1$ innerhalb der Graphik. Beschreibe den Prozeß. Konvergiert die Zahlenfolge?

23 a) Zeige, daß die Funktion $f(x) = -\frac{1}{6}x^2 + 4{,}5$ an der Stelle x = 3 einen Fixpunkt hat.

b) Stelle fest, ob das Iterationsverfahren konvergiert.

c) Zeichne den Graphen von f, die erste Winkelhalbierende g und die Senkrechte zu g durch den Schnittpunkt des Graphen von f und g. Wie liegt der Graph hier in bezug auf die vier kritischen Bereiche der Umgebung des Schnittpunktes? Widerspricht das Ergebnis dem oben formulierten Kriterium?

24 Gesucht werden die Lösungen der Gleichung $x^3 = 3x^2 - 2$.

a) Zeige, daß die gegebene Gleichung äquivalent zur Fixpunktgleichung

$$x = 3 - \frac{2}{x^2} \quad \text{ist.}$$

b) Stelle die Iterationsfunktion $f(x) = 3 - \frac{2}{x^2}$ zusammen mit der ersten Winkelhalbierenden g in einer gemeinsamen Graphik dar (im Intervall [–4; 4]). Bestimme die Fixpunkte der Gleichung $x = 3 - \frac{2}{x^2}$ näherungsweise aus der Graphik. Für welchen der Fixpunkte ist f eine Kontraktionsfunktion?

c) Führe das Iterationsverfahren mit f und dem Startwert $x_0 = 2$ in 5 Schritten durch.

d) Was geschieht, wenn man den Startwert 1 (bzw. 1,1) wählt?

e) Schränkt man sich auf den Bereich $x > 0$ ein, so hat f eine Umkehrfunktion f^*. Stelle auch sie zusammen mit g graphisch dar. Was läßt sich über ihre Fixpunkte sagen?

f) Zeige, daß auch $x = f^*(x)$ äquivalent zur Gleichung $x^3 = 3x^2 - 2$ ist, sofern man sich auf die Definitionsmenge von f^* beschränkt.

g) Führe die Iteration mit f^* und dem Startwert $x_0 = 2$ in fünf Schritten durch.

h) Bestimme nun auch für $x < 0$ die Umkehrfunktion von f und führe mit ihr die Iteration durch. Welchen Grenzwert erhält man nun auf 3 Dezimalen gerundet?

Hat man für eine Gleichung 3. Grades (d. h. eine Gleichung mit Potenzen von x, in der der höchste Exponent gleich 3 ist), eine äquivalente Gleichung der Form $x = f(x)$ gefunden, worin f eine Kontraktionsfunktion ist, so liefert die Iteration $x_{n+1} = f(x_n)$ eine Lösung der Ausgangsgleichung. Weitere Lösungen kann man – sofern es überhaupt welche gibt – mit Hilfe der Umkehrfunktion(en) von f bestimmen. Dabei ist zu beachten, daß sich f im allgemeinen nur abschnittweise umkehren läßt (siehe Aufgabe 24), so daß man je nach Abschnitt verschiedene Umkehrfunktionen, also auch weitere Lösungen bekommt.

Beispiel: Für die Gleichung $x^3 - 2x^2 + 1 = 0$ finden wir eine Kontraktionsfunktion $f_1(x) = 2 - \frac{1}{x^2}$, die eine Lösung der Gleichung liefert. Die beiden Funktionen

$$f_2(x) = \sqrt{\frac{1}{2-x}} \quad \text{und} \quad f_3(x) = -\sqrt{\frac{1}{2-x}}$$

sind abschnittsweise Umkehrfunktionen von f_1 und liefern jeweils weitere Lösungen.

25 Ermittle Näherungswerte für alle drei Lösungen der Gleichung $x^3 + 6x^2 = 16$.

26 Löse die folgenden Gleichungen iterativ:

a) $x = \frac{1}{2x^2} + 4$ b) $(x-1)(x^2+2) = 1$
c) $x^3 + 2x = 1$ d) $x^3 - 2x + 1 = 0$
e) $x^3 - 4x + 2 = 0$ f) $x^3 + 5x - 2 = 0$

27 Zeige, daß die Iterationsvorschrift

$$x_{n+1} = \frac{1}{2}\left(x_n + \frac{2}{x_n}\right)$$

eine Zahlenfolge mit dem Grenzwert $x = \sqrt{2}$ liefert, ohne die Iteration durchzuführen.

28 Stelle fest, durch welche Gleichung der Grenzwert der Folge bestimmt ist, die bei einem Startwert $x_0 = 1$ durch folgende Iterationsvorschrift definiert ist, und löse die Gleichung. Ist der Grenzwert vom Startwert abhängig?

a) $x_{n+1} = \frac{1}{2}x_n + 2$ b) $x_{n+1} = 3 + \frac{4}{x_n}$

29 Untersuche die Zahlenfolge, die durch die Iterationsvorschrift $x_{n+1} = \sqrt{2 + x_n}$ mit Startwert $x_0 = 0$ geliefert wird. Welcher Grenzwert x liegt vor? Man kann diesen Grenzwert auch als „iterierte Wurzel" schreiben:

$$x = \sqrt{2 + \sqrt{2 + \sqrt{2 + \ldots}}}$$

30 Untersuche wie in der vorigen Aufgabe $x = \sqrt{5 + \sqrt{5 + \sqrt{5 + \ldots}}}$ und $x = \sqrt{6 + \sqrt{6 + \sqrt{6 + \ldots}}}$

31 Ermittle eine Iterationsvorschrift, die die Folge

2; 2,2; 2,22; 2,222; 2,2222; …

liefert. Wie lautet der Grenzwert als Bruch geschrieben?

32 Zur Berechnung der $\sqrt[3]{4}$ ist die Gleichung $x^3 = 4$ zu lösen. Um dies iterativ durchführen zu können, kann man folgendermaßen eine Kontraktionsfunktion gewinnen:

$$\begin{aligned} x^3 &= 4 \\ x^3 + 5x &= 5x + 4 \\ x(x^2 + 5) &= 5x + 4 \\ x &= \frac{5x + 4}{x^2 + 5} \end{aligned}$$

a) Führe das Iterationsverfahren mit der Kontraktionsfunktion $f(x) = \frac{5x+4}{x^2+5}$ durch und bestimme eine Näherungslösung für $\sqrt[3]{4}$ auf 3 Nachkommastellen genau.
b) Bestimme auf ähnliche Weise eine Näherungslösung für $\sqrt[3]{5}$.

33 Untersuche am Beispiel von $\sqrt{5}$, ob man auf ähnliche Weise auch ein Verfahren zur Berechnung von Quadratwurzeln entwickeln kann.

34 Ein Quader hat eine quadratische Grundfläche mit einer Kantenlänge, die um 3 cm (bzw. 2 cm) größer ist als die Höhe. Sein Volumen beträgt 6 cm³. Berechne die Höhe näherungsweise.

35 Bei einem Quader ist die Länge um 5 cm und die Breite um 2 cm größer als die Höhe. Sein Volumen beträgt 8 cm^3. Berechne die Höhe näherungsweise.

36 Ein Quader hat eine quadratische Grundfläche und eine Höhe, die um 3 cm größer ist als die Seitenlänge der Grundfläche. Sein Volumen beträgt 20 cm^3 (bzw. 15 cm^3). Berechne die Seitenlänge der Grundfläche näherungsweise.

Hinweis: Zeige, daß $f(x) = \sqrt{\frac{20}{x+3}}$ eine Iterationsfunktion für die Lösung der Gleichung ist.

37 Ein Prisma hat als Grundfläche ein gleichseitiges Dreieck. Seine Höhe ist um 2 m größer als die Seitenlänge der Grundfläche. Das Volumen beträgt 1 m^3. Berechne die Seitenlänge der Grundfläche näherungsweise.

38 Ein Quader mit einer quadratischen Grundfläche soll ein Volumen von 4 m^3 (bzw. 60 cm^3) und eine Oberfläche von 16 m^2 (bzw. 100 cm^2) haben. Berechne die Kantenlängen (jeweils 2 Lösungen).

39 Aus einem quadratischen Stück Pappe der Kantenlänge 1 m wird eine oben offene Schachtel hergestellt, indem man an den Ecken kleine Quadrate der Kantenlänge x herausschneidet und die verbleibenden Rechteckflächen hochklappt und zusammenklebt. Das Volumen soll 50 l betragen.

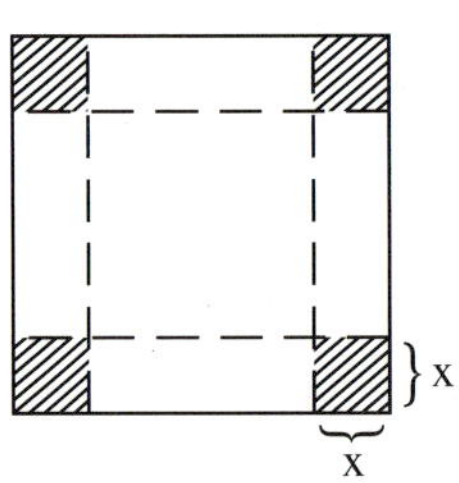

Die folgenden Aufgaben setzen fortgeschrittenere Kenntnisse aus dem Bereich der Stereometrie voraus.

40 Ein Zylinder soll eine Mantelfläche von 2500 cm^2 und ein Volumen von 9 l haben.

a) Zeige, daß für den Zylinderradius die Gleichung $r(1250 - \pi r^2) = 9000$ gilt, wenn man als Grundeinheit cm wählt. Bestimme iterativ eine Näherungslösung für r und die Höhe h des Zylinders.

b) Gibt es noch weitere Lösungen? Bestimme gegebenenfalls auch für sie Näherungslösungen.

41 Ein Kugelabschnitt einer Kugel mit Radius r = 10 cm soll ein Volumen von 1 l haben. Ermittle iterativ eine Näherungslösung für die Höhe h des Kugelabschnittes. Ist die Lösung eindeutig?

42 Der Inhalt eines kugelförmigen Tanks soll mit Hilfe eines Meßstabes ermittelt werden, der durch den Einfüllstutzen eingeführt wird (siehe Abbildung).

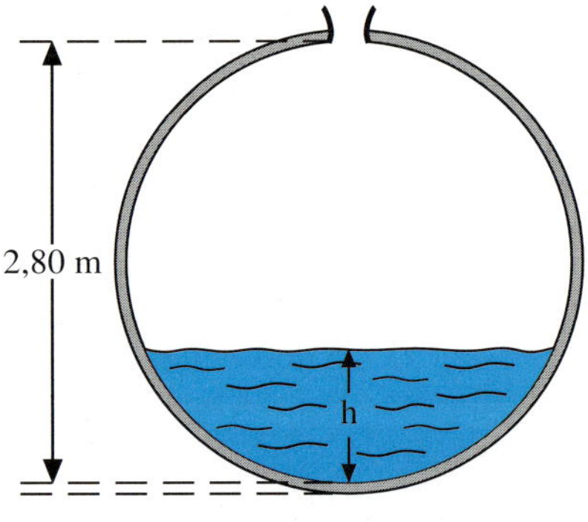

a) Welcher Inhalt liegt vor, wenn die Füllhöhe 0,5 m (bzw. 1 m, 1,7 m) beträgt?

b) Bei welcher Füllhöhe beträgt der Inhalt 5 000 l (bzw. 3 000 l, 8 000 l)?

5.2 Endliche Kettenbrüche

1 Der Bruch $\frac{386}{87}$ soll durch einen einfacheren Bruch ersetzt werden, der möglichst kleine Zähler und Nenner aufweist und annähernd den gleichen Wert hat. Zu diesem Zweck vollzieht man die folgenden Rechenschritte:

a) Zerlege den Bruch in eine Summe aus Ganzanteil und Bruchanteil.

b) Bilde vom Bruchanteil den Kehrbruch, und zerlege diesen ebenfalls in eine Summe aus Ganzanteil und Bruchanteil.

c) Setze dieses Verfahren fort. Man kann mit den jeweils übrig bleibenden Bruchanteilen stets in der gleichen Weise verfahren, also den Kehrbruch bilden und in eine Summe aus Ganzanteil und Bruchanteil zerlegen. Führe dies so oft durch, bis es nicht mehr möglich ist.

d) Erkläre, warum man auf Grund der vorausgegangenen Rechnungen den Ausgangsbruch in der folgenden Weise schreiben kann:

$$\frac{386}{87} = 4 + \cfrac{1}{2 + \cfrac{1}{3 + \cfrac{1}{2 + \cfrac{1}{5}}}}$$

Einen solchen Bruch bezeichnet man als **Kettenbruch.**

e) Häufig gibt man einen Kettenbruch in der Kurzschreibweise (4, 2, 3, 2, 5) an. Erläutere, wie man daraus die ausführliche Schreibweise zurückgewinnen kann.

Endliche Kettenbrüche

Ein Mehrfachbruch der Gestalt

$$4 + \cfrac{1}{2 + \cfrac{1}{3 + \cfrac{1}{2 + \cfrac{1}{5}}}}$$

wird als **endlicher Kettenbruch** bezeichnet. Die Zahlen 2, 3, 2 und 5 bezeichnet man als **Teilnenner** des Kettenbruches. Die Zahl der Teilnenner unterliegt keinen Einschränkungen; sie hängt davon ab, welche rationale Zahl durch den Kettenbruch dargestellt wird. Die **Teilzähler** sind in unserem Beispiel alle gleich 1. Kettenbrüche mit dieser Eigenschaft werden als **einfache Kettenbrüche** bezeichnet. Da wir uns hier fast nur mit einfachen Kettenbrüchen befassen, wird die Bezeichnung „einfach" meistens weggelassen.

Ein einfacher Kettenbruch ist vollständig bekannt, wenn die Folge der Teilnenner (einschließlich des Ganzanteils) gegeben ist. Deswegen benutzt man für den oben dargestellten Kettenbruch die Kurzschreibweise (4, 2, 3, 2, 5). Darin wird der ganzzahlige Anteil den Teilnennern vorangestellt. Hat die Bruchzahl keinen Ganzanteil, so schreibt man an die erste Stelle eine 0.

2 Verwandle die folgenden Kettenbrüche in normale Brüche, in dem du Schritt für Schritt die vorhandenen Doppelbrüche auflöst:

a) $1 + \cfrac{1}{3 + \cfrac{1}{7}}$

b) $1 + \cfrac{1}{3 + \cfrac{1}{2 + \cfrac{1}{5}}}$

c) $2 + \cfrac{1}{2 + \cfrac{1}{1 + \cfrac{1}{2 + \cfrac{1}{4}}}}$

3 Schreibe die folgenden Kettenbrüche in der ausführlichen Schreibweise:

a) (2, 1, 1, 5)
b) (0, 1, 2, 1, 2, 3)
c) (4, 3, 2, 5)
d) (0, 1, 2, 3, 4)

4 Verwandle die Kettenbrüche aus Aufgabe 3 auf die gleiche Weise wie in Aufgabe 2 in normale Brüche.

5 a) Entwickle in der gleichen Weise wie bei der Aufgabe 1 den Bruch $\frac{254}{174}$ in einen Kettenbruch.

b) Vergleiche deine Rechnung mit dem folgenden Rechenschema und erkläre, wie es aufgebaut ist.

3	8	1	2	3
542	174	20	14	6
522	160	14	12	6
20	14	6	2	0

c) Was läßt sich insbesondere über die Zahlen in der ersten Zeile sagen?

6 a) Berechne mit Hilfe eines solchen Schemas die Kettenbruchentwicklung von $\frac{225}{157}$.

b) Führe die Probe wie in Aufgabe 2 durch.

c) Woran kann man erkennen, daß dieses Schema in jedem Fall nach einer endlichen Zahl von Schritten abgeschlossen ist?

Ein Schema zur Berechnung der Kettenbruchentwicklung

Die Kettenbruchdarstellung der Bruchzahl $\frac{271}{87}$ läßt sich durch folgendes Rechenschema ermitteln:

3	8	1	2	3
271	87	10	7	3
261	80	7	6	3
10	7	3	1	0

Zunächst wird festgestellt, wie oft der Nenner 87 in den Zähler 271 „hineinpaßt". Das Ergebnis 3 wird in der ersten Zeile an erster Stelle eingetragen. Darunter finden wir den Zähler 271, das Dreifache des Nenners 87, und in der letzten Zeile die Differenz der beiden darüber stehenden Zahlen, also den Rest der Division 271 : 87. Im zweiten Schritt ist nun $\frac{87}{10}$, der Kehrbruch von $\frac{10}{87}$, zu untersuchen. Dies geschieht auf die gleiche Weise wie im ersten Schritt. In der ersten Zeile wird wieder eingetragen, wie oft 10 in 87 „hineinpaßt", darunter stehen die notwendigen Angaben für die schriftliche Division, ganz unten der Rest. So wird das Verfahren fortgesetzt, wobei jeweils der alte Divisor zum neuen Dividenden wird und der alte Rest zum neuen Divisor. Erreicht man schließlich den Rest 0, so ist die Kettenbruchentwicklung abgeschlossen.

7 Vergleiche die Kettenbruchentwicklung von $\frac{271}{87}$ (siehe obiges Beispiel) mit der aus Aufgabe 5. Was stellst du fest?

8 a) Zeige, daß (0,3,2,2,2) die Kettenbruchentwicklung von $\frac{12}{41}$ ist.

b) Verwandle die Kettenbrüche (0,3), (0,3,2), (0,3,2,2) jeweils in normale Brüche und anschließend in Dezimalbrüche, die auf drei Nachkommastellen gerundet werden.

c) Zeichne den Ausschnitt [0;1] des Zahlenstrahls (10 cm als Einheit) und trage die in b) berechneten Bruchzahlen und den Bruch $\frac{12}{41}$ auf dem Zahlenstrahl ein. Was stellst du fest?

d) Welche Bruchzahl mit einstelligem Zähler und Nenner ist die beste Annäherung an die Bruchzahl $\frac{12}{41}$?

9 a) Ermittle die Kettenbruchentwicklung von $\frac{24}{35}$. Berechne Näherungsbrüche, indem du die Kettenbruchentwicklung ähnlich wie in Aufgabe 8 nach der ersten (der zweiten, dritten) Stelle abbrichst und die zugehörigen Bruchzahlen ausrechnest. Stelle auch hier die Annäherung auf einem Zahlenstrahl dar.

b) Was ist hier die beste einstellige Annäherung?

Näherungsbrüche

Ist die Kettenbruchentwicklung einer rationalen Zahl bekannt, so lassen sich Näherungsbrüche dadurch erzeugen, daß man am Ende der Entwicklung einen Teil wegläßt und für den Rest die zugehörige Bruchzahl ermittelt.

Beispiel: $\frac{27}{37}$ hat die Kettenbruchentwicklung (0,1,2,1,2,3). Daraus ergibt sich als Folge der Näherungsbrüche: $\frac{1}{1}$, $\frac{2}{3}$, $\frac{3}{4}$, $\frac{8}{11}$.

10 a) Ermittle die zum Kettenbruch (1,1,2,1,2,3) gehörende Bruchzahl (den **Zielbruch**) und alle Näherungsbrüche. Trage die Ergebnisse in folgende Tabelle ein:

Platzziffer	1	2	3	4	5	6
Teilnenner des Kettenbruches	1	1	2	1	2	3
Zähler des Näherungsbruches	1					
Nenner des Näherungsbruches	1					

Mit Hilfe der Platzziffer werden die Näherungsbrüche durchnumeriert, wobei unter der Platzziffer 1 immer der Ganzanteil steht. An der letzten Stelle steht der Zielbruch (die gesuchte Bruchzahl) selbst.

b) Der Zähler des an der 5. Stelle stehenden Näherungsbruchs läßt sich aus den Zählern an der dritten und vierten Stelle mit Hilfe des an der 5. Stelle stehenden Teilnenners berechnen. Finde heraus, wie das geht.

c) Stelle fest, ob man die an den anderen Stellen stehenden Zähler auf ähnliche Weise berechnen kann.

d) Gibt es ein vergleichbares Rechenverfahren auch für die Nenner der Näherungsbrüche?

e) Formuliere das Verfahren mit Worten.

Ein Verfahren zur Berechnung aller Näherungsbrüche

Wir bezeichnen Zähler und Nenner des an der k-ten Stelle stehenden Näherungsbruches als Z_k und N_k. Die beiden vorhergehenden Stellen heißen dann (k – 1)-te bzw. (k – 2)-te Stelle. Der Zähler des Näherungsbruches an der k-ten Stelle ist die Summe aus dem (k – 2)-ten Zähler und einem Vielfachen des (k – 1)-ten Zählers. Der Vervielfachungsfaktor ist der an der k-ten Stelle stehende Teilnenner des Kettenbruches q_k:

$$Z_k = Z_{k-2} + Z_{k-1} \cdot q_k$$

Für die Nenner der Näherungsbrüche gilt eine entsprechende Regel:

$$N_k = N_{k-2} + N_{k-1} \cdot q_k$$

Die beiden ersten Näherungsbrüche lassen sich auf diese Weise natürlich nicht berechnen. Der erste ist aber stets der Ganzanteil der Bruchzahl. Für den zweiten gilt:

$$Z_2 = 1 + Z_1 \cdot q_2 \quad \text{und} \quad N_2 = N_1 \cdot q_2$$

Das nachfolgende Rechenschema für die Bruchzahl $\frac{271}{87}$ zeigt, wie man auf einfache Weise den Rechenvorgang abwickeln kann.

Teilnenner	–	–	3	8	1	2	3
Zähler	0	1	3	25	28	81	271
Nenner	1	0	1	8	9	26	87

Durch Hinzufügen der an sich bedeutungslosen Zahlen 0 und 1 in den beiden ersten Spalten wird das Rechenschema so vervollständigt, daß auch die beiden ersten Näherungsbrüche berechnet werden können.

11 Führe die Kettenbruchentwicklung für die folgenden Bruchzahlen durch:

a) $\frac{1317}{568}$ b) $\frac{937}{343}$ c) $\frac{851}{354}$ d) $\frac{1073}{258}$

12 Berechne für die Bruchzahlen aus Aufgabe 11 jeweils die Folge der Näherungsbrüche. Gib die beste Näherung mit zweistelligem Zähler und Nenner an.

13 Für die Bruchzahl $\frac{1317}{568}$ soll eine möglichst gute Näherung gesucht werden, deren Nenner kleiner als 50 ist. Welcher Bruch ist es?

14 Ermittle eine solche Näherung auch für die anderen in Aufgabe 11 untersuchten Bruchzahlen.

15 Verfahre ebenso für die folgenden Bruchzahlen:

a) $\frac{871}{729}$ b) $\frac{511}{212}$ c) $\frac{635}{713}$ d) $\frac{532}{661}$

16 Entwickle die Bruchzahl $\frac{105}{81}$ in einen Kettenbruch und bestimme alle Näherungsbrüche. Vergleiche die Näherungsbrüche und den Zielbruch durch Erweiterung auf den gemeinsamen Hauptnenner.

Mathe-Brücke

Aus der Geschichte: **Das Planetarium von Huygens**

Der holländische Mathematiker, Physiker und Astronom Christian Huygens (1629–1695) beauftragte im Jahre 1691 den Uhrmacher van Ceulen aus den Haag damit, ein Planetarium zu bauen. Huygens führte die notwendigen Berechnungen durch und erstellte die Baupläne.

Das Planetarium, das sich heute im Museum Boerhave in Leiden befindet, stellt ein bewegliches Modell des Sonnensystems mit der Sonne in der Mitte und den um sie herum kreisenden Planeten dar. Beim Umlauf um die Sonne legt jeder Planet im Laufe eines Jahres einen bestimmten Drehwinkel zurück (siehe Abbildung). Diese Winkel waren zu Huygens' Zeit bereits sehr genau bekannt. Man gab sie in $\frac{1}{60}$-Sekunden an. In der Winkelmessung ist bekanntlich eine Minute der 60. Teil eines Grades und eine Sekunde der 60. Teil einer Minute. Für die Erde bestimmte man 77 708 431 $\frac{1}{60}$-Sekunden, für den Planeten Saturn, den entferntesten der damals bekannten Planeten, 2 640 858 $\frac{1}{60}$-Sekunden.

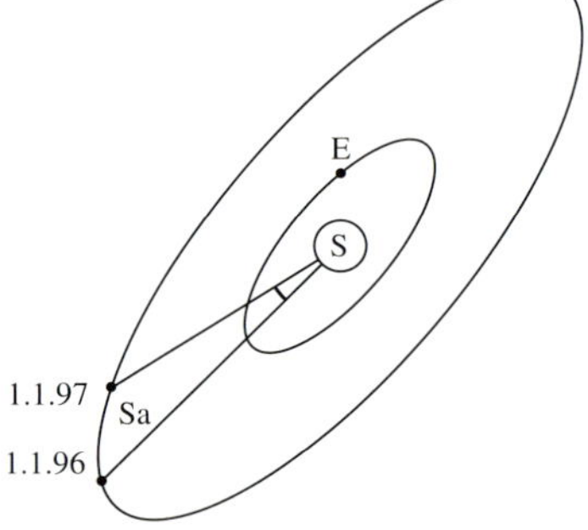

Jeder Planet im Planetarium ist auf einem Zahnkranz montiert. Diese Zahnkränze werden durch Antriebszahnräder, die auf einer gemeinsamen Welle sitzen, in Gang gebracht. Eine volle Umdrehung der Welle entspricht einem Jahr. Um diese jährliche Bewegung der Planeten möglichst genau zu simulieren, ist es notwendig, daß das Verhältnis der Zahl der Zähne auf den Zahnrädern sehr genau mit dem Verhältnis der beiden Winkel übereinstimmt. Es geht also darum, ein Verhältnis ganzer Zahlen zu finden, welches dem Verhältnis 77 708 431 : 2 640 858 möglichst nahe kommt, aber viel kleinere Zähler und Nenner hat, da man sonst keine entsprechenden Zahnräder bauen kann. Zur Ermittlung dieser Zahlen benutzte Huygens Kettenbrüche.

1 Bestimme die Kettenbruchentwicklung für das Verhältnis der beiden Drehwinkel.

2 Huygens gab dem kleineren Zahnrad 7 Zähne. Wie viele Zähne muß dann das große Zahnrad haben? Wie groß ist in diesem Fall die prozentuale Abweichung des Näherungsbruches vom tatsächlichen Wert?

17 a) Berechne für den Kettenbruch (2,1,2,11,1,3) alle Näherungsbrüche und den Zielbruch. Verwandle alle Brüche in Dezimalbrüche und runde auf vier Stellen hinter dem Komma.

b) Berechne den Abstand der Näherungsbrüche vom Zielbruch in Dezimalschreibweise auf vier Nachkommastellen genau. Wie wirkt sich das Auftreten eines großen Teilnenners (wie z.B. 11) auf die Annäherung an den Zielbruch aus?

18 Vergleiche die Annäherung an den Zielbruch für die beiden Kettenbrüche (0,2,2,2,9) und (0,2,2,2,2). Vergleiche insbesondere den Abstand des letzten Näherungsbruches vom Zielbruch. Wie wirkt sich der größere Teilnenner aus?

Ein größerer Teilnenner an der k-ten Stelle hat zur Folge, daß der Schritt vom (k–1)-ten zum k-ten Näherungbruch kleiner wird, d.h. bereits der (k–1)-te Näherungsbruch stellt eine relativ gute Näherung dar.

Mathe-Brücke

Aus der Geschichte: **Kalenderrechnung**

Seit uralten Zeiten orientieren sich die Menschen bei der Einteilung des Jahres an den Mondphasen. Der Monat ist eigentlich die Zeit, die zwischen zwei exakt gleichen Mondphasen liegt. Von einem Neumond bis zum nächsten vergehen genau 29,53059 Tage. Das Jahr hat hingegen 365,24220 Tage. Es stellt sich die Frage, wie sich der Mondrhythmus möglichst harmonisch in den Jahresrhythmus der Sonne einpassen läßt. 12 Monate zu 30 Tagen ergeben 360 Tage, also fehlen noch ungefähr 5 Tage zum vollen Jahr. Die alten Ägypter hatten deshalb in ihrem Kalender 12 Monate mit 30 Tagen und fügten zum Ausgleich noch 5 Feiertage hinzu, die keinem der Monate angehörten.

Meton von Athen wollte um 430 v. Chr. eine Kalenderreform durchführen. Er schlug einen 19-Jahre-Turnus mit 235 Monaten vor – 12 Jahre zu 12 Monaten und 7 Jahre zu 13 Monaten. Die Gründe für diese etwas kuriose Regelung werden sichtbar, wenn man das Verhältnis von Sonnen- und Mondperiode durch einen Kettenbruch darstellt.

1 Ermittle die Kettenbruchentwicklung von $\frac{36\,524\,220}{2\,953\,059}$.

2 Ermittle die Folge der Näherungsbrüche bis zur 7. Stelle. Die Darstellung durch Dezimalbrüche (Rundung auf vier Stellen hinter dem Komma) zeigt, daß bereits der 6. Näherungsbruch sehr nahe an den Zielbruch herankommt. Für eine bessere Annäherung bedarf es bereits eines fast 18mal größeren Nenners.

3 Erkläre, warum Meton einen Kalender mit 19 Jahren und 235 Monaten einführen wollte.

In unserem heutigen Kalender löst man das Problem durch Schaltjahre. Den zeitlichen Überhang von 5 h 48 min 45,8 s, den das Sonnenjahr gegenüber dem Kalenderjahr hat, muß man geschickt auf **Schalttage** verteilen.

4 Zeige, daß der Zeitüberhang $\frac{104\,629}{432\,000}$ eines Tages beträgt, und entwickle diese Bruchzahl in einen Kettenbruch.

5 Sieht man von der letzten Stelle ab, so tritt hier der größte Teilnenner an der dritten Stelle auf. Benutzt man nur die beiden ersten Stellen (0,4) zur Ermittlung eines Näherungsbruches, so kann man deswegen bereits eine recht ordentliche Näherung erwarten. Es folgt daraus, daß man alle vier Jahre einen Schalttag einführen muß. Begründe dies.

Diese Überlegungen führten am 1. Januar des Jahres 45 v. Chr. zu einer Kalenderreform durch Julius Caesar, nach der alle vier Jahre im Februar ein Schalttag eingeführt wurde. Diesen Kalender, den man heute immer noch im Bereich der orthodoxen Kirche benutzt, bezeichnet man nach Julius Caesar als **Julianischen Kalender**.

Die Näherung $\frac{104\,629}{432\,000} \approx \frac{1}{4}$ ist leider doch nicht so genau, daß sie einen über lange Zeit genau gehenden Kalender ermöglichte. Im Laufe der Jahrhunderte machte sich der Fehler deutlich bemerkbar, da zu viele Schalttage eingeschoben wurden. Eine Folge davon war, daß im 16. Jahrhundert der Frühlingsanfang (Tagundnachtgleiche) nicht mehr am 21. März war, sondern bereits am 11. März. Dies führte zu einer erneuten Kalenderreform durch Papst Gregor im Jahre 1582. Dieser Reform, die von der katholischen Kirche ausging, schloß sich die orthodoxe Kirche nicht an. Deshalb feiern die Orthodoxen ihre großen kirchlichen Festtage etwas später, als dies in Ländern der Fall ist, die vom katholischen oder evangelischen Glauben geprägt sind. Man bezeichnet den neuen, heute noch geltenden Kalender als **Gregorianischen Kalender**.

6 Benutze den Kettenbruch (0,4,7,1), um einen Näherungsbruch zu bestimmen. Erkläre, warum daraus folgt, daß man in 99 Jahren 24 Schalttage benötigt. Nach dem Julianischen Kalender hat man in 100 Jahren 25 Schalttage, also ungefähr einen zuviel. Was könnte man tun, um dies auszugleichen?

7 Nun verwenden wir die ersten 6 Stellen, um einen Näherungsbruch zu bestimmen, der wegen des extrem großen Teilnenners in der letzten Stelle schon sehr gut sein muß. Der Gregorianische Kalender sieht vor, daß in allen vollen Jahrhundertjahren, die nicht durch 400 teilbar sind, ein Schalttag entfällt, in den Jahren 2000 und 2400 wird es also einen Schalttag geben. Insgesamt entfallen in 800 Jahren 6 Schalttage (gegenüber dem Julianischen Kalender). Erkläre, in welchem Zusammenhang dies mit dem oben berechneten Näherungsbruch steht.

8 Auch die Regelung des Gregorianischen Kalenders ist noch nicht genau. Nach welcher Zeit würde die Abweichung einen Tag betragen? Vermutlich wird dann eine weitere Kalenderreform notwendig.

9 Aus dem in Aufgabe 6 berechneten Näherungsbruch folgt, daß in 33 Jahren 8 Schalttage (bzw. in 99 Jahren 24 Schalttage) einzufügen sind. Unsere Regelung weicht davon etwas ab, aber ein im Jahre 1079 n. Chr. in Persien eingeführter Kalender hat diese Schaltmethode exakt verwendet. Stelle fest, nach wie vielen Jahren bei einem solchen Kalender der kalendarische Frühlingsanfang um einen Tag von der tatsächlichen Tagundnachtgleiche abweicht. Vergleiche die Genauigkeit dieses Kalenders mit der des Gregorianischen.

Mathe-Brücke

Aus der Astronomie: **Sonnen- und Mondfinsternisse**

Aus dem Physikunterricht ist dir sicherlich bekannt, wie es zu Sonnen- bzw. Mondfinsternissen kommt. Bei einer Sonnenfinsternis tritt der Mond genau zwischen den Beobachter auf der Erde und die Sonne. Da Sonne und Mond nahezu unter gleichem Sehwinkel erscheinen, kann der Mond die Sonne völlig abdecken (totale Sonnenfinsternis), wenn sich der Beobachter an der richtigen Stelle auf der Erde befindet. Bei einer Mondfinsternis tritt der Mond in den Schatten ein, den die Erde auf der sonnenabgewandten Seite wirft. Während der Durchgangszeit durch den Schatten erreicht den Mond nicht mehr das unmittelbare Sonnenlicht, so daß er sich von der Erde aus gesehen verdunkelt.

Sonnen- und Mondfinsternisse												
	Monat											
Jahr	1.	2.	3.	4.	5.	6.	7.	8.	9.	10.	11.	12.
1980		○						○				
1981		○					● ○					
1982	● ○					○	● ○					●
1983						○ ●						○
1984					○						○	
1985					○					●	○	
1986				○ ●						○ ●		
1987			○						○	●		
1988			○					●	○			
1989		●	○									
1990	○	●					○	●				
1991	○						○					●
1992	○					● ○						● ○
1993					○	●					○ ●	
1994					○ ●						○	
1995				● ○						○		
1996				● ○					●	○		
1997			○ ●						○ ●			
1998		○						○				
1999		○					●	○				
2000	●	○					○ ● ○					○
2001	●					○	●					○
2002						○						○
2003					● ○					● ○		
2004				○	●					○ ●		
2005				○						○ ●		

○ = Sonnenfinsternis ● = Mondfinsternis

Eine Sonnenfinsternis kann deshalb nur bei Neumond, eine Mondfinsternis hingegen nur bei Vollmond eintreten, denn nur dann befindet sich der Mond jeweils in der richtigen Position, die eine Finsternis ermöglicht. Natürlich stellt sich in diesem Zusammenhang die Frage, warum nicht bei jedem Neumond eine Sonnenfinsternis und bei jedem Vollmond eine Mondfinsternis zu beobachten ist. Die Erfahrung lehrt, daß es innerhalb eines Jahres nur zwei relativ kurze Perioden gibt, die für eine Finsternis in Frage kommen (vgl. Tabelle auf der vorhergehenden Seite). Aus der Tabelle läßt sich entnehmen, in welchem Monat jeweils eine Finsternis eintritt und ob sie am Beginn, in der Mitte oder am Ende des Monats stattfindet. Je weiter rechts im Monatskästchen das Symbol zu finden ist, desto später kommt es zur Finsternis. Die Perioden verschieben sich jedes Jahr um ca. 20 Tage. Nach 18 Jahren liegen sie wieder fast im gleichen Zeitraum wie vorher. Dieser Zyklus von genau 18 Jahren und 11 Tagen ist den Astronomen als **Saroszyklus** bekannt.

Der Grund dafür, daß es nur zweimal im Jahr die Gelegenheit für Finsternisse gibt, ist relativ leicht zu verstehen. Die Erde läuft bekanntlich auf einer nahezu kreisförmigen Bahn um die Sonne. Diese Bahn liegt in einer Ebene, die von den Astronomen als **Ekliptikebene** bezeichnet wird. Der Mond läuft ebenfalls auf einer annähernd kreisförmigen Bahn um die Erde, aber diese Bahn liegt nicht in der Ekliptikebene (siehe Abbildung unten). Läge sie in der Ekliptikebene, so gäbe es in der Tat bei jedem Neumond eine Sonnenfinsternis und bei jedem Vollmond eine Mondfinsternis. Tatsächlich durchstößt der Mond bei jedem Umlauf die Ekliptikebene zweimal, einmal von unten und das andere Mal von oben kommend. Diese Durchstoßpunkte bezeichnet man als Mondknoten. Die Mondknoten liegen allerdings nicht fest, sondern wandern im Jahreslauf auf einem Kreis in der Ekliptikebene um die Erde herum. Nur wenn sich der Mondknoten auf der Verbindungslinie von Sonne und Erde oder deren Verlängerung befindet, kann eine Finsternis eintreten. Dies geschieht zweimal im Jahr. Allerdings dauert der Umlauf der Mondknoten nicht genau ein Jahr. Deshalb liegt der Termin jeweils im folgenden Jahr ca. 20 Tage früher.

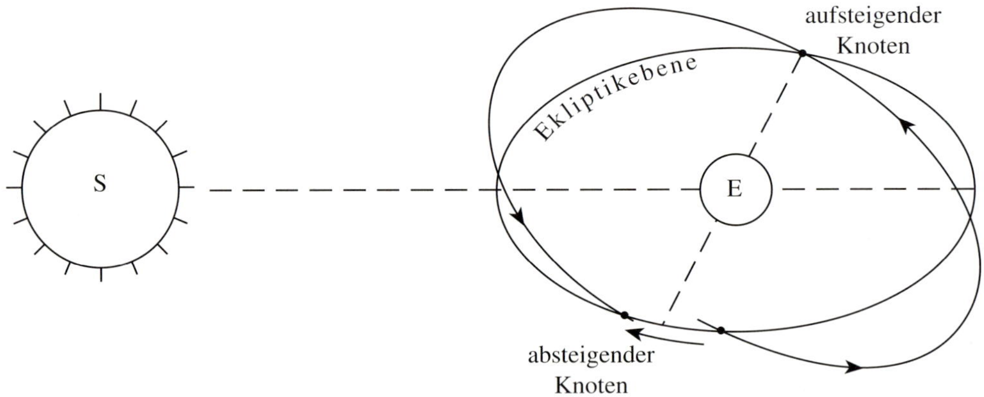

Es gibt gewichtige Argumente dafür, daß bereits die Menschen, die vor ca. 4000 Jahren in der Nähe von Stonehenge in Südengland die berühmten großen Steinkreise errichten ließen (siehe Abbildung auf der folgenden Seite), den Saroszyklus kannten. Man hat nämlich herausgefunden, daß man mit Hilfe dieser Anlage den Zeitpunkt für das Eintreffen von Finsternissen bestimmen konnte.

Zur genauen Berechnung des Saros-Zyklus benötigt man zwei Zeitangaben:

1. **Synodischer Monat:** Zeit zwischen zwei gleichartigen Mondphasen:
   $s = 29{,}530589$ Tage,
2. **Drakonitischer Monat**: Zeit zwischen zwei gleichartigen Mondknoten:
   $d = 27{,}212220$ Tage.

Der Saroszyklus ist durch das Verhältnis dieser beiden Zahlen bestimmt.

1 Bestimme für den Bruch $\frac{s}{d} = \frac{29\,530\,589}{27\,212\,220}$ die Teilnenner bis zur 10. Stelle.

2 Berechne den 6. Näherungsbruch und erläutere, warum der Saroszyklus eine Länge von 223 synodischen oder 242 drakonitischen Monaten hat. Welche Länge hat also der Saroszyklus (Rundung auf einen Tag)?

Nach Ablauf des Saroszyklus tritt also in gewisser Weise die gleiche Finsternis „im gleichen Mond“ (im gleichen Monat) wieder auf.

5.3 Unendliche Kettenbrüche

1 a) Im Abschnitt 5.1 haben wir ein Verfahren kennengelernt, wie man die Gleichung

$$x = \frac{14}{8 - x}$$

iterativ lösen kann. Auf der rechten Seite der Gleichung steht ein Bruchterm, der gleich x sein soll. Da der Bruchterm selbst auch x enthält, kommt Manni auf die etwas verrückte Idee, für das x in diesem Bruchterm selbst wieder den Bruchterm einzusetzen. Wie sieht dann der neue Term auf der rechten Seite aus? Hat man dadurch etwas gewonnen?

b) Manni glaubt, daß dies nicht viel weiter hilft, aber Maja schlägt vor, den gleichen Trick (für x den Bruch $\frac{14}{8-x}$ einzusetzen) insgesamt dreimal anzuwenden. Was erhält man auf diese Weise?

c) Der Term auf der rechten Seite der Gleichung nimmt inzwischen beängstigende Formen an. Offenbar könnte man ihn noch beliebig weiter aufblähen. Deshalb schlägt Manni vor, das x ganz am Ende jetzt einfach mal wegzulassen und den Rest in einen gewöhnlichen Bruch umzuwandeln. Was kommt dabei heraus?

d) Löse die ursprüngliche Gleichung iterativ mit dem Startwert $x_0 = \frac{7}{4}$. Führe drei Schritte aus und schreibe das Ergebnis stets als Bruch. Was stellst du fest?

2 Warum handelt es sich bei dem in der vorigen Aufgabe entwickelten Gebilde weder um einen endlichen noch um einen einfachen Kettenbruch? Mannis „gewaltsam" erzeugte Verkürzung ist natürlich ein endlicher Kettenbruch.

Unendliche Kettenbrüche

Es gibt auch nicht abbrechende Kettenbrüche. Dabei kann ein Bildungsgesetz erkennbar sein, aus dem hervorgeht, daß sie nicht abbrechen, wie in den beiden folgenden Beispielen:

$$2 + \cfrac{3}{4 + \cfrac{3}{4 + \cfrac{3}{4 + \cfrac{3}{4 + \cfrac{3}{4 + \dots}}}}} \quad \text{oder} \quad 1 + \cfrac{1}{1 + \cfrac{1}{2 + \cfrac{1}{3 + \cfrac{1}{4 + \cfrac{1}{5 + \dots}}}}}$$

Es ist jedoch auch möglich, daß ein solches Gesetz nicht erkennbar ist, daß also der Kettenbruch nur unvollständig bekannt ist. Man bezeichnet solche nicht abbrechenden Kettenbrüche als **unendliche Kettenbrüche**

Das rechte Beispiel hat als Teilzähler stets die 1, es ist also ein **einfacher Kettenbruch**. Für das linke Beispiel gilt dies nicht.

3 Als Manni und Maja ihre Entdeckung ihrer Freundin Greta zeigen, beginnt diese sofort darüber nachzugrübeln, ob es möglich ist, dieses Verfahren zur Berechnung von Wurzeln einzusetzen. Sie versucht dabei genauso vorzugehen wie bei der Berechnung von endlichen Kettenbrüchen.

a) Sie teilt $\sqrt{3}$ in einen Ganzanteil und einen Rest auf, den sie als Bruch schreibt, weil er kleiner als 1 ist:

$$\sqrt{3} = 1 + \frac{1}{x_1}$$

Löse die Gleichung nach x_1 auf und mache den Nenner rational.

b) Aus dem Ergebnis von a) ist zu erkennen, daß x_1 auch zwischen 1 und 2 liegt. Deshalb kann man wie in a) verfahren und

$$x_1 = 1 + \frac{1}{x_2}$$

schreiben. Löse diese Gleichung nach x_2 auf und setze den für x_1 bereits ermittelten Term ein. Mache den Nenner wieder rational. Zwischen welchen ganzen Zahlen liegt x_2?

c) Zerlege wie früher x_2 in einen Ganzanteil und einen Rest der Form $\frac{1}{x_3}$ und berechne x_3 ähnlich wie x_1 und x_2. Vergleiche x_3 mit x_1 und x_2. Was stellst du fest?

d) Greta behauptet nun, daß $\sqrt{3}$ die Kettenbruchentwicklung (1,1,2,1,2,1,2, …) besitzt. Was meinst du dazu?
e) Ermittle die Folge der Näherungsbrüche bis zur 7. Stelle. Vergleiche die Ergebnisse mit dem Taschenrechnerwert für $\sqrt{3}$.

4 Berechne Kettenbruchentwicklungen für $\sqrt{2}$, $\sqrt{5}$, $\sqrt{10}$ und $\sqrt{17}$. Läßt sich hier irgendeine Regel erkennen?

5 Berechne die Kettenbruchentwicklungen für $\sqrt{6}$, $\sqrt{11}$, $\sqrt{18}$ und $\sqrt{27}$. Gibt es auch hier eine Regel?

Quadratwurzeln und Kettenbrüche

Jede Quadratwurzel aus einer natürlichen Zahl, die nicht Quadratzahl ist, läßt sich durch einen periodischen Kettenbruch darstellen.

6 Zeige, daß auch $\sqrt{7}$, $\sqrt{12}$ und $\sqrt{19}$ periodische Kettenbrüche besitzen.

7 Ein allgemeiner Beweis dieses Satzes ist zu schwierig für uns. Es gibt aber Spezialfälle, die leichter zu durchschauen sind:
Wenn der Radikand um 1 größer ist als eine Quadratzahl, erhält man stets eine Periode der Länge 1. Erkläre an Hand der Beispiele aus Aufgabe 4, woran dies liegt.

8 Der berühmte Mathematiker Leonhard Euler entdeckte eine geheimnisvolle Zahl, die nach ihm mit e bezeichnet wird (siehe Abakus, Band 10). Auf dem Taschenrechner bekommst du einen Näherungswert für sie, wenn du bei der e^x-Funktionstaste für x den Wert 1 eingibst. Für e fand bereits Euler die folgende Kettenbruchdarstellung:

$$e = (2,1,2,1,1,4,1,1,6,1,1,8,1,1,10,1,1,12,1, \dots).$$

Handelt es sich auch hier um einen periodischen Kettenbruch? Beschreibe das Gesetz, nach dem dieser Kettenbruch gebildet ist.

9 Bestimme die ersten 9 Näherungsbrüche für e. Vergleiche den neunten Näherungsbruch mit dem Taschenrechnerwert.

10 Die Kreiszahl π ist das Verhältnis von Umfang zu Durchmesser bei einem Kreis. Die Kettenbruchentwicklung von π lautet:

$$\pi = (3,7,15,1,292,1,1,1,2,1,3,1,14,2,1,1,\\ 2,2,2,2,1,84,2,1,1,15,3,13,1,4, \dots)$$

Ist hier irgendeine Gesetzmäßigkeit zu erkennen?

11 Die folgenden periodischen Kettenbrüche stellen jeweils Quadratwurzeln dar:
(1) $(5, \overline{2, 10})$, (2) $(6, \overline{3, 12})$, (3) $(6, \overline{2, 12})$
a) Ermittle die Radikanden der Quadratwurzeln näherungsweise, indem du zunächst eine Näherungslösung für die Wurzel berechnest.
b) Ermittle eine exakte Lösung, indem du aus dem Kettenbruch eine Gleichung für die gesuchte Wurzel ableitest.

12 Bestimme die ersten 6 Näherungsbrüche für $\sqrt{7}$ und vergleiche sie mit dem Taschenrechnerwert für $\sqrt{7}$. Trage die Näherungsbrüche auf dem Ausschnitt des Zahlenstrahles zwischen 2 und 3 ein (Einheit: 10 cm). Beschreibe das Konvergenzverhalten. Gibt es einen Zielbruch?

13 Berechne jeweils die Differenzen δ_k zweier aufeinander folgender Näherungsbrüche aus Aufgabe 12.

$$\delta_k = \frac{Z_{k+1}}{N_{k+1}} - \frac{Z_k}{N_k}$$

Warum ist der Betrag dieser Differenzen stets größer als der Abstand eines der beiden Näherungsbrüche von $\sqrt{7}$?

14 Wenn man Vorzeichen, Zähler und Nenner der in Aufgabe 13 berechneten Differenzen δ_k genau betrachtet, kann man erkennen, daß für sie eine einfache Gesetzmäßigkeit gilt. Formuliere diese Gesetzmäßigkeit.

15 Erkläre, warum stets $|\delta_k| < \frac{1}{N_k^2}$ gilt.

Die Güte einer Näherung

Ist N_k der Nenner des k-ten Näherungsbruches, so ist der Betrag der Differenz dieser Näherung vom Grenzwert mit Sicherheit geringer als $\frac{1}{N_k^2}$.

16 Überprüfe die Aussage dieses Satzes am Beispiel der ersten 5 Näherungsbrüche für $\sqrt{12}$.

17 a) Berechne die ersten sechs Näherungsbrüche des periodischen Kettenbruches $(2, \overline{1,4})$. Wie weit entfernt kann der sechste Näherungsbruch höchstens vom Grenzwert sein?

b) Zeige, daß $\sqrt{8}$ die in a) genannte Kettenbruchentwicklung hat. Stelle fest, wie weit der sechste Näherungsbruch vom Näherungswert des Taschenrechners für $\sqrt{8}$ entfernt ist.

18 Maja hat im Unterricht die Potenzrechnung kennengelernt. Sie stößt in ihrem Mathematikbuch auf eine Gleichung, bei der die Variable x im Exponenten steht:

$$(1) \quad 10^x = 500$$

Eine solche Gleichung bezeichnet man als **Exponentialgleichung**. Maja fragt sich, ob man das Verfahren aus Aufgabe 3 auch benutzen kann, um solche Exponentialgleichungen zu lösen. Zunächst überlegt sie sich, daß die Zahl x zwischen 2 und 3 liegen muß. Man kann x in einen Ganzanteil und einen Rest zerlegen, der kleiner als 1 ist:

$$(2) \quad x = 2 + \frac{1}{x_1}$$

Nun versucht sie x_1 genauer zu bestimmen, indem sie (2) in (1) einsetzt:

$$\begin{aligned} 10^{2+\frac{1}{x_1}} &= 500 \\ 100 \cdot 10^{\frac{1}{x_1}} &= 500 \\ (3) \qquad 10 &= 5^{x_1} \end{aligned}$$

Maja hat also eine neue Exponentialgleichung für x_1 gewonnen.

a) Zerlege x_1 ebenfalls in einen Ganzanteil und einen Rest, den du als $\frac{1}{x_2}$ schreibst. Zeige, daß für x_2 die Exponentialgleichung

$$2^{x_2} = 5$$

gilt.

b) Zerlege x_2 auf die gleiche Weise und ermittle eine Exponentialgleichung für das dabei auftretende x_3. Verfahre mit x_3 dann ebenso.

c) Aus der Exponentialgleichung für x_4 ergibt sich, daß x_4 einen relativ großen Wert hat. Deshalb hört Maja jetzt auf und schreibt das Berechnete als unvollständigen Kettenbruch auf. Wie sieht dieser Kettenbruch aus?

d) Berechne die ersten 5 Näherungsbrüche. Wie weit kann x höchstens vom 5. Näherungsbruch entfernt liegen?

e) Mit Hilfe der Logarithmenrechnung findet man x = 2,6989700 … Wie stark weicht unsere Näherung von dieser ab?

19 Löse die Exponentialgleichung $2^x = 20$ auf die gleiche Weise. Hier bekommt man mit zwei Iterationsschritten bereits eine gute Näherung.

20 Löse die folgenden Exponentialgleichungen mit Hilfe einer unvollständigen Kettenbruchentwicklung näherungsweise, so daß der Fehler mit Sicherheit kleiner als 0,01 ist.

a) $3^x = 18$, b) $5^x = 75$, c) $10^x = 400$

21 Bestimme die folgenden Logarithmen auf drei Stellen hinter dem Komma genau:

a) $\log_{10} 20$, b) $\log_{10} 300$, c) $\log_2 36$

22 Tina erklärt ihrem Freund Blasius ein Verfahren, mit dem man Quadratwurzeln näherungsweise berechnen kann. Als Beispiel dient ihnen $\sqrt{10}$. Sie sagt: „Zuerst suche ich als Startzahl eine ganze Zahl, deren Quadratzahl kleiner als 10 ist, deren Nachfolger aber bereits eine Quadratzahl hat, die größer als 10 ist. Das ist die 3. Da die Zahl zwischen 3 und 4 liegt, schreibe ich sie als x = 3 + d, worin ich d noch nicht kenne. Es gilt dann

$$(3 + d)^2 = 10.$$

Dann löse ich mit der binomischen Formel die Klammer auf und lasse zur Vereinfachung auf der linken Seite den Summanden fort, von dem ich mit Sicherheit weiß, daß er der kleinste ist.“

a) Welcher Summand ist mit Sicherheit der kleinste? Begründe deine Antwort.
b) Die verbleibende Gleichung ist nur noch eine Näherungsgleichung für d. Berechne daraus einen Näherungswert für d und bezeichne ihn als d'.
c) Zeige, daß die Zahl $x_1 = 3 + d'$ eine bessere Näherung für die Lösung der Gleichung $x^2 = 10$ ist als der Startwert 3.
d) Führe das Verfahren noch einmal mit dem Startwert x_1 durch, um auf diese Weise eine bessere Näherung x_2 zu bekommen.

23 Zeige nach dem Muster der vorigen Aufgabe, daß man für $\sqrt{r}$ iterativ Näherungen finden kann, wenn man die Rekursionsformel

$$x_{n+1} = \frac{1}{2}\left(x_n + \frac{r}{x_n}\right)$$

benutzt.

Das Heron-Verfahren

Das Heron-Verfahren dient zur Berechnung von Näherungswerten für Quadratwurzeln. Es wurde von Heron von Alexandria erfunden, einem griechischen Mathematiker, der um ca. 100 v. Chr. gelebt hat (siehe auch Abakus 9, S. 28 und S. 38). Ausgehend von einem geschätzten Startwert x_0 kann man mit Hilfe der Rekursionsformel

$$x_{n+1} = \frac{1}{2}\left(x_n + \frac{r}{x_n}\right)$$

eine Folge von Näherungsbrüchen erzeugen, die mit steigender Platzziffer immer näher an die gesuchte Quadratwurzel $\sqrt{r}$ heranrücken.

24 Bestimme die ersten vier Näherungsbrüche des Heron-Verfahrens mit Startwert 1 und die ersten 8 Näherungen des Kettenbruchverfahrens für $\sqrt{2}$. Was stellst du beim Vergleich fest? Dem wievielten Näherungsbruch der Kettenbruchentwicklung würde vermutlich der 5. Näherungsbruch des Heronverfahrens entsprechen? Was läßt sich über die Schnelligkeit der Konvergenz der beiden Verfahren sagen?

25 Führe entsprechende Untersuchungen für
a) $\sqrt{3}$ b) $\sqrt{7}$ c) $\sqrt{22}$
durch.

26 Zeige, daß das Heron-Verfahren für die Berechnung von Näherungsbrüchen der dritten Wurzel $x = \sqrt[3]{r}$ die Rekursionsformel

$$x_{n+1} = \frac{1}{3}\left(2x_n + \frac{r}{x_n^2}\right)$$

hat.

27 Berechne jeweils den dritten Näherungsbruch für
a) $\sqrt[3]{2}$, b) $\sqrt[3]{3}$, c) $\sqrt[3]{9}$.

28 Kann man auch für Wurzeln mit höherem Exponenten ein Heron-Verfahren entwickeln?

5.4 Iterationen in Umwelt und Natur

1 Schreibpapier wird gewöhnlich in genau festgelegten Größen, den sogenannten Papierformaten, hergestellt. Diese Formate werden durch eine Norm bestimmt (s.u.). Die verbreitetsten Formate sind die sogenannten DIN-A-Formate. Die Maße werden durch folgende Forderungen bestimmt:
(1) Die Formate sollen untereinander ähnliche Rechtecke sein.
(2) Das kleinere Format soll aus dem größeren durch Zerschneiden längs der Mittelsenkrechten der längeren Seite hervorgehen.
(3) Die Fläche des Grundformates A0 soll 1 m^2 betragen.
Das größte Format (Grundformat) wird mit A0 bezeichnet, die weiteren durch fortgesetzte Halbierung daraus entstehenden mit A1, A2, A3 usw. (siehe Abbildung).

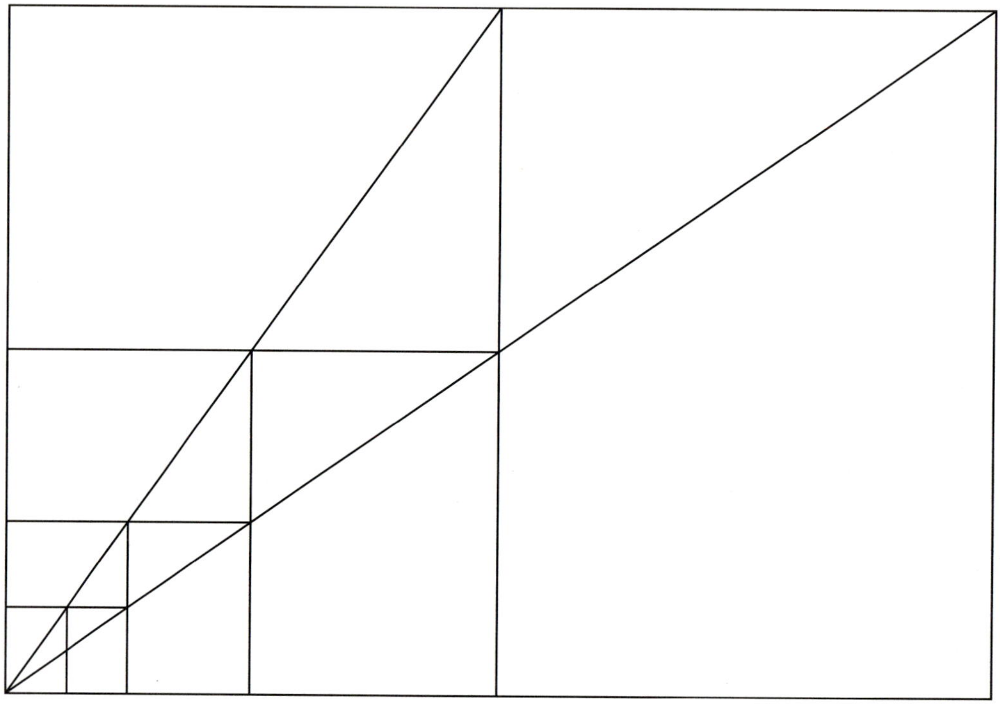

a) Ist a_n die längere und b_n die kürzere Seite des n-ten Formates, so läßt sich die Bedingung (1) in der folgenden Form schreiben:

$$(1) \quad a_{n+1} : a_n = k \quad \text{und} \quad b_{n+1} : b_n = k.$$

Darin ist k der Verkleinerungsmaßstab (Streckfaktor). Erläutere, warum die Bedingung (2) durch folgende Formeln beschrieben werden kann:

$$(2) \quad a_{n+1} = b_n \quad \text{und} \quad b_{n+1} = \frac{1}{2} a_n$$

b) Löse die Gleichungen in (1) zunächst nach a_{n+1} und b_{n+1} auf und setze dies in (2) ein. Dann berechne aus den beiden verbleibenden Gleichungen k.
c) Zeige, daß beim DIN-A-Format $a_n : b_n = \sqrt{2}$ ist.

2 Die Seitenlängen des DIN-A0-Formates ergeben sich aus der Forderung, daß die Fläche 1 m^2 betragen soll. Berechne unter Zuhilfenahme der Ergebnisse von Aufgabe 1c die Seitenlängen a_0 und b_0.

Mathe-Brücke

Aus Umwelt und Technik: **Papierformate**

In unserer hochtechnisierten Welt ist es außerordentlich wichtig, daß unterschiedliche Geräte und Bauteile zueinander passen bzw. leicht austauschbar sind: Die Schrauben des einen Herstellers müssen in die Gewindebohrungen eines anderen Herstellers passen. Alle Elektrogeräte müssen für die gleiche Betriebsspannung ausgelegt sein, und ihre Stecker müssen in jede Steckdose passen. Welche Probleme es verursacht, wenn dies nicht der Fall ist, kann man bei Auslandsreisen erleben, wenn z.B. der Stecker des Haartrockners nicht in die vorhandene Steckdose paßt oder die Betriebsspannung zu hoch ist. Um derartige Probleme möglichst zu vermeiden, führt man **Normen** ein, durch die genaue Abmessungen verbindlich festgelegt werden. Am Markt haben nur solche Bauteile und Geräte Verkaufschancen, die diese Normen einhalten. Das in Deutschland am weitesten verbreitete Normensystem ist die sogenannte DIN-Norm (= Deutsche Industrie-Norm).

Auch bei den Papierformaten besteht die Notwendigkeit einer solchen Normierung, einerseits um den Produktionsprozeß rationell gestalten zu können, andererseits um später beim Abheften geeignete Aufbewahrungssysteme vorzufinden. Es wäre unsinnig, kreisrundes Papier zu verwenden, da man bei der Herstellung viel Verschnitt hätte bzw. für jede Größe eine eigene Anlage brauchte. Zylindrische Aktenordner wären außerdem schlecht zu verwahren. Es ist deshalb klar, daß man ein rechteckiges Format bevorzugen wird. Die Kantenlängen des Papiers bleiben jedoch zunächst beliebig. Man muß sich daher die Frage stellen, ob es vernünftige Gesichtspunkte gibt, nach denen derartige Maße festgelegt werden sollten. Eine Möglichkeit ist bereits in Aufgabe 1 beschrieben worden. Die Formate der DIN-A-Reihe gelten als Fertigformate für Druckpapiere, Akten, Briefe, Zeichnungen usw., die Reihen B und C sind davon abgeleitet. Bei allen DIN-Formaten gilt, daß das Verhältnis von größerer und kleinerer Seite gleich $\sqrt{2}$ ist. Die Formate einer Reihe gehen durch fortgesetztes Halbieren der größeren Bogenseite auseinander hervor. Das A0-Format hat eine Grundfläche von $1 m^2$. Die nachfolgende Tabelle zeigt die Maße der Papierformate der Deutschen Industrie-Norm:

Format	Reihe A in mm	Reihe B in mm	Reihe C in mm
0	841 x 1189	1000 x 1414	917 x 1297
1	594 x 841	707 x 1000	648 x 917
2	420 x 594	500 x 707	458 x 648
3	297 x 420	353 x 500	324 x 458
4	210 x 297	250 x 353	229 x 324
5	148 x 210	176 x 250	162 x 229
6	105 x 148	125 x 176	114 x 168
7	74 x 105	88 x 125	81 x 114
8	52 x 74	62 x 88	57 x 81

Die Formate der Reihen B und C finden z.B. bei Briefumschlägen Verwendung. Ältere Formate sind das **Kanzleiformat** (33 x 42 cm) und **Folio** (21 x 33 cm).

3 Zeige, daß sich die Werte der A-Reihe tatsächlich aus der Bedingung $a_0 = \sqrt[4]{2}$ ergeben.

4 Wie groß ist die beschreibbare Fläche eines DIN-A5-Heftes mit 16 Blättern?

5 Durch welche Forderung beim B-Format ist die Bedingung (3) ersetzt worden?

6 Welche Maße hätte das Format DIN A 50 (bzw. DIN A 40)? Würde man es unter einem Mikroskop erkennen können, das gerade noch Objekte von 0,000 000 2 m Größe auflösen kann?

7 Durch Abänderung der Bedingung (2) (siehe Aufgabe 1) erhält man ein ganz anderes Papierformat. Wir verlangen jetzt, daß das neue Rechteck der Rest ist, der übrig bleibt, wenn man die kürzere der alten Rechteckseiten auf die längere umklappt, wie dies beim Papierfliegerfalten praktiziert wird.

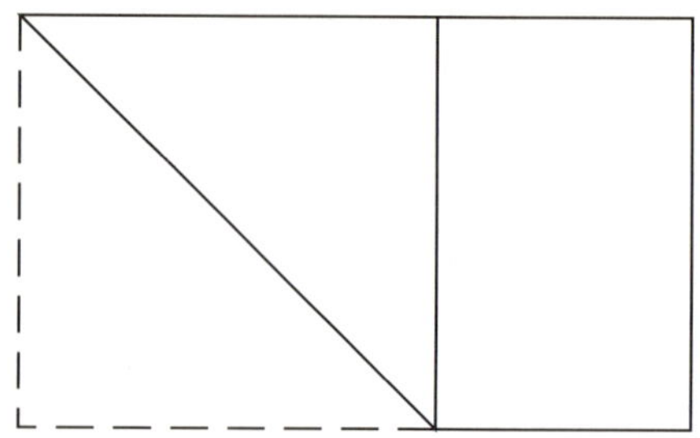

a) Schreibe die neue Bedingung als Rekursionsformel.
b) Die Bedingungen (1) und (3) aus Aufgabe 1 sollen bestehen bleiben. Zeige, daß mit der neuen Bedingung (2) für den Streckfaktor k die Gleichung $k^2 + k - 1 = 0$ gilt. Löse diese Gleichung.

8 Eine Strecke $\overline{AB}$ von 1 m Länge soll durch einen Punkt T so geteilt werden, daß sich die gesamte Strecke zum längeren Teilstück genauso verhält wie das längere Teilstück zum kürzeren. Berechne $x = |\overline{AT}|$.

Der goldene Schnitt

Wird eine Strecke $\overline{AB}$ durch einen Punkt T so geteilt, daß sich die gesamte Strecke zur größeren Teilstrecke ebenso verhält wie die kleinere Teilstrecke zur größeren, so sagt man, daß $\overline{AB}$ **stetig geteilt** worden ist bzw. daß $\overline{AB}$ im Verhältnis des **Goldenen Schnittes** geteilt wurde. Die Verhältniszahl g des Goldenen Schnittes ist die positive Lösung der Gleichung $k^2 + k - 1 = 0$, also $g = \frac{1}{2}(\sqrt{5} - 1)$. Wir bezeichnen g kurz als **goldene Zahl**. Manchmal wird auch $G = \frac{1}{g}$ als goldene Zahl bezeichnet.

Ein Papierformat, bei dem die Seitenlängen im Verhältnis g zueinander stehen, heißt **goldenes Format** oder kurz **G-Format**.

9 Heron von Alexandria, den wir bereits von einem Verfahren zur Wurzelberechnung her kennen, hat ein Verfahren zur konstruktiven Teilung im Goldenen Schnitt angegeben, das in der folgenden Abbildung dargestellt ist. Die Konstruktion wird folgendermaßen durchgeführt: Im Endpunkt B der stetig zu teilenden Strecke $\overline{AB}$ wird eine Senkrechte errichtet. Auf ihr trägt man die Hälfte von $\overline{AB}$ ab und erhält so den Punkt C.

Um C zeichnet man dann mit Radius $r_1 = |\overline{CB}|$ einen Kreisbogen, der die Gerade AC im Punkt D schneidet. Um A zeichnet man einen Kreisbogen mit Radius $r_2 = |\overline{AD}|$, der die Gerade AB in T schneidet. Zeige, daß $b : a = g$ ist.

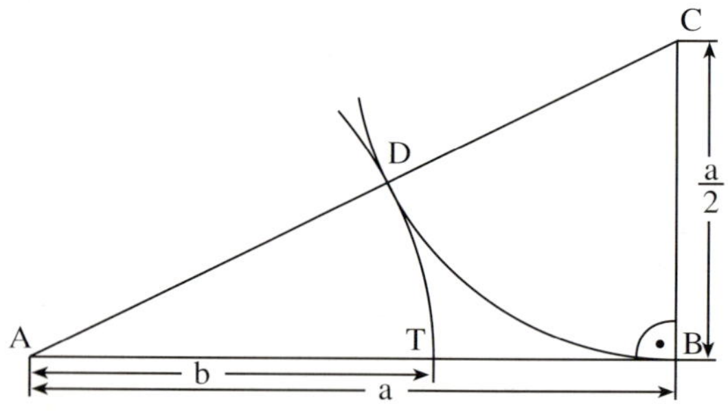

10 Nimm ein DIN-A4-Blatt und versuche, es nach der obigen Faltungsregel zu verkleinern. Schneide das verbleibende Rechteck aus. Hat es das Format des Goldenen Schnittes?

11 Welche Längen müssen Rechtecke im DIN-Format und im G-Format haben, wenn die Breite jeweils 1 m betragen soll?

12 Stelle aus einem DIN-A4-Blatt ein Rechteck im goldenen Format her, so daß es die größte mögliche Fläche hat. Welche Maße hat es?

13 Das G-A0-Format soll ein goldenes Format mit einer Fläche von 1 m^2 sein. Welche Seitenlängen hat es? Welche Seitenlängen und Flächen haben dann die Formate G-A1, G-A2 und G-A3?

14 Zeige, daß $G = \frac{1}{2}(1 + \sqrt{5})$ gilt.

15 Zeige, daß für die goldene Zahl die Gleichung

$$g = \frac{1}{1 + g}$$

gilt. Benutze diese Gleichung, um für g iterativ einen Näherungswert zu bestimmen (Startwert 1).

16 Bestimme mit Hilfe der Gleichung aus Aufgabe 15 eine Kettenbruchentwicklung für g, und bestimme die Folge der ersten 8 Näherungsbrüche für g.

17 Zeige, daß $G = (1,\overline{1})$ gilt.

18 Zeige, daß $g = g^2 + g^3$ gilt.

19 In der folgenden Abbildung ist ein regelmäßiges Fünfeck gezeichnet. Begründe die folgenden Behauptungen der Reihe nach.

a) Alle Diagonalen haben die gleiche Länge.
b) Jede Seite ist parallel zu der ihr gegenüberliegenden Diagonalen (z.B. $\overline{AB} \parallel \overline{CE}$).
c) Je zwei Diagonalen, die sich nicht in einer Ecke des Fünfecks schneiden, teilen einander im goldenen Schnitt.
d) Das Verhältnis der Länge einer Diagonalen zur Länge einer Seite ist gleich G.

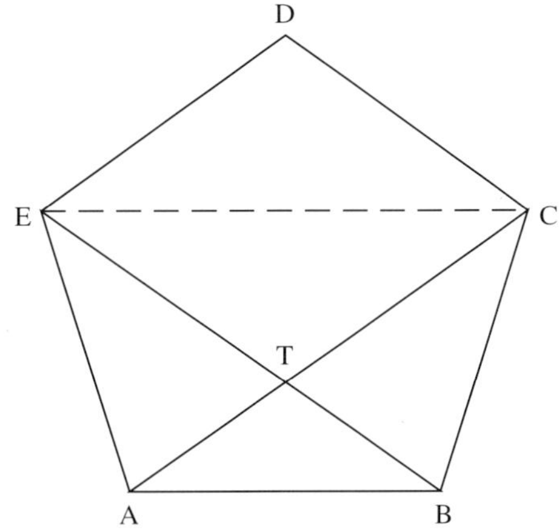

20 Im Jahre 1202 n. Chr. erschien das Buch **„Liber abaci"** (Buch des Abakus) des Leonardo von Pisa, auch Fibonacci (= Sohn des Bonacci) genannt. In diesem Buch findet man eine berühmte Aufgabe, in der es um die Nachkommenschaft eines imaginären Kaninchenpaares geht, das zu einer Rasse gehört, die die seltene Gabe der Unsterblichkeit besitzt. Die Aufgabe ist zwar etwas wirklichkeitsfremd, hat aber dennoch für die Entwicklung der Mathematik eine große Bedeutung gehabt:

„Ein Kaninchenpaar wirft vom zweiten Monat an ein junges Paar und in jedem weiteren Monat ein weiteres Paar. Die Nachkommen verhalten sich ebenso. Gib an, wie die Kaninchen sich vermehren, wenn am Anfang nur ein Paar vorhanden ist."

Die Aufgabe ist so zu verstehen, daß die Paare nie aufhören, Nachkommen zu zeugen.

a) Vervollständige in deinem Heft die folgende Tabelle:

Zahl n der Monate	1	2	3	4	5	6	7	8	9	10
Zahl f_n der Paare	1	1	2	3	5					

b) Begründe, warum für die Zahl der Kaninchen im (n+1)-ten Monat das Gesetz

$$f_{n+1} = f_n + f_{n-1}$$

gilt.

Fibonacci-Zahlen

Eine Zahlenfolge, für die die Rekursionsformel

$$f_{n+1} = f_n + f_{n-1}$$

und $f_1 = f_2 = 1$ gilt, bezeichnet man als **Fibonacci-Folge**, die Zahlen dieser Folge als **Fibonacci-Zahlen**. Für das n-te Glied einer solchen Folge schreiben wir gewöhnlich f_n.

21 Berechne die Zahlen der Fibonacci-Folge bis f_{15}.

22 Berechne die Zahlen einer Folge, die die gleiche Rekursionsformel hat wie die Fibonacci-Folge, mit den Startwerten $x_1 = 1$ und $x_2 = 2$ bis zum 10. Glied.

23 Verfahre ebenso mit den Startwerten $x_1 = 2$ und $x_2 = 2$.

24 In Aufgabe 17 hast du gezeigt, daß $G = (1,\overline{1})$ ist. Ermittle die Folge der ersten 8 Näherungsbrüche für G und vergleiche Zähler und Nenner mit den Fibonacci-Zahlen f_1 bis f_8. Was stellst du fest?

25 Der Mathematiker J. P. M. Binet veröffentlichte 1843 eine Formel für die direkte Berechnung beliebiger Fibonacci-Zahlen:

$$f_n = \frac{1}{\sqrt{5}}\,(G^n - (-g)^n)$$

Prüfe die Gültigkeit dieser Formel für 5 Beispiele mit Hilfe eines Taschenrechners nach. Beachte dabei, daß die x^y-Operation beim Taschenrechner keine negativen Basen zuläßt.

26 Zeige, daß sich jede vierte Fibonacci-Zahl ohne Rest durch 3 teilen läßt.

27 Eine Drohne (männliche Biene) schlüpft aus einem unbefruchteten Ei einer Bienenkönigin, während aus den befruchteten Eiern die (weiblichen) Arbeiterbienen und Königinnen schlüpfen. Eine Drohne hat also nur eine „Mutter", aber keinen Vater, während eine Königin Vater und Mutter hat. Zeichne den Stammbaum einer Drohne und gib an, ob der jeweilige Vorfahr eine Drohne oder eine Königin ist. Die Drohne bekommt die Generationsnummer 1, deren Mutter die Nummer 2 usw. Zeichne den Stammbaum bis zur Generationsnummer 7. Wie viele Vorfahren gibt es in jeder dieser Generationen?

28 Betrachte diese Skizze einer Nießwurz und vergleiche sie mit dem Fortpflanzungsproblem von Fibonacci. Was bedeuten die Zahlen am rechten Rand?

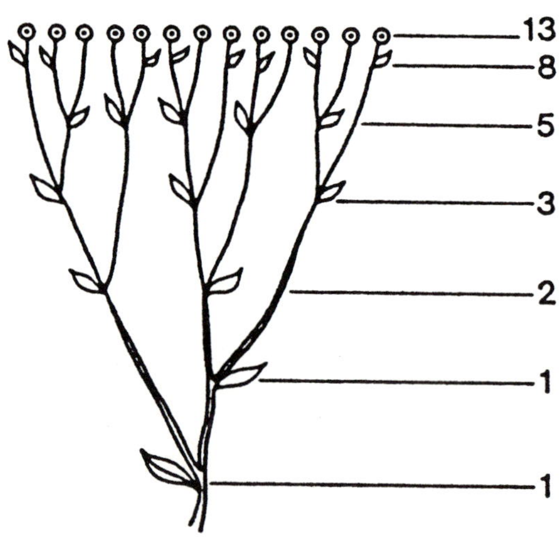

Mathe-Brücke

Aus der Biologie:
Fibonacci-Zahlen in der Botanik

Ein überraschendes Anwendungsfeld für die Fibonacci-Zahlen findet man in der Botanik. Die Abbildung zeigt den Fruchtstand einer Sonnenblume. Man erkennt, daß die Kerne in spiralförmigen Linien angeordnet sind. Jeder Kern gehört einer rechts- und einer linksdrehenden Spirale an. In der Abbildung ist jede zehnte Spirale künstlich hervorgehoben, damit das Zählen der Spiralen leichter fällt. Ermittelt man die Zahl der rechts- und der linksdrehenden Spiralen, so findet man in jedem Fall eine Fibonacci-Zahl. Allerdings sind die beiden ermittelten Zahlen nicht gleich, es sind vielmehr benachbarte Fibonacci-Zahlen. Je nach Größe des Fruchtstandes findet man unterschiedliche Ergebnisse.

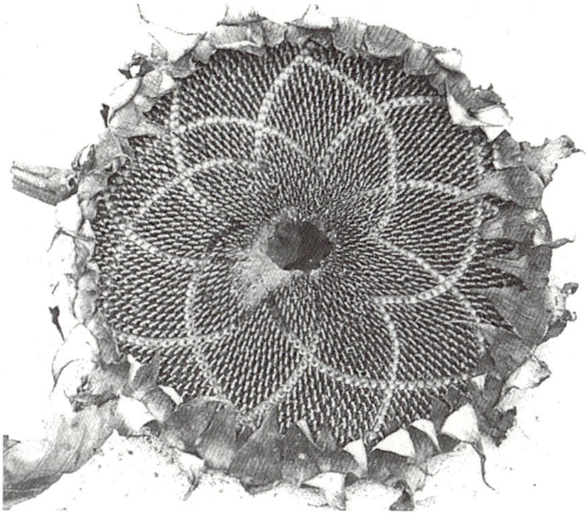

1 Ermittle in der obenstehenden Abbildung die Zahl der rechts- bzw. linksdrehenden Spiralen. Welche Stellennummer haben die Zahlen in der Folge der Fibonaccizahlen jeweils?

2 Falls du Sonnenblumen findest, zähle auch deren Spiralen ab. Welche Zahlenpaare findet man?

Ein ähnliches Phänomen können wir auch bei Tannen- und Kiefernzapfen beobachten. Dort fallen zwei Arten von Schrägzeilen in der Schuppenstruktur auf: eine flachere und eine steilere. Bei den meisten Nadelbäumen zählt man 8 steile und 5 flache Zeilen, bei einigen wenigen auch 13 und 8, also wieder benachbarte Fibonacci-Zahlen.

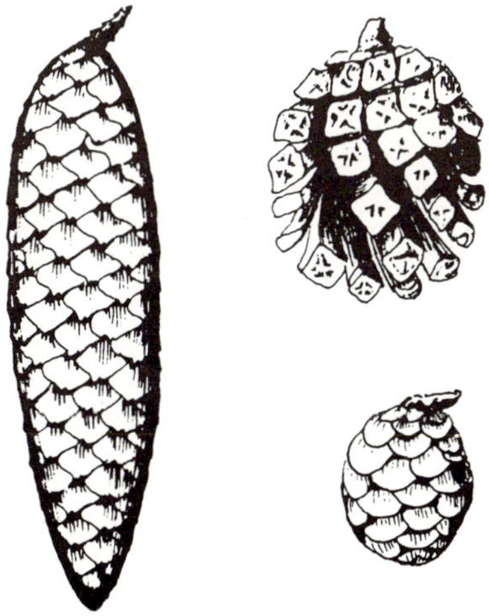

3 Der Geologe T. O'Connel fand 1951 auf seiner Farm in Vermont (USA) eine Riesensonnenblume mit 144 bzw. 233 Spiralen. Zeige, daß es Fibonacci-Zahlen sind. Welche Platzziffern haben sie?

4 Wie viele Sonnenblumentypen mit unterschiedlich großen Fruchtständen sind möglich, wenn der kleinste 21 und 34 Spiralen aufweist und der größte 144 und 233 Spiralen? Der häufigste Typ ist übrigens der mit 34 und 55 Spiralen.

5 Markiere mit Hilfe einer Nadel eine Schuppe auf einem Tannenzapfen und zähle die Zahl der flachen und steilen Schrägzeilen, bis du wieder an die Nadel gelangst. Was stellst du fest?

6 Die folgende Abbildung zeigt links eine Ananas-Frucht, deren Schuppenmantel rechts aufgeschnitten und ausgebreitet dargestellt ist. Der Schuppenmantel sieht ähnlich wie bei einem Tannenzapfen aus. Bestimme die Zahl der

a) langsam nach rechts aufsteigenden Schrägzeilen,
b) nach links ansteigenden Schrägzeilen,
c) steil nach rechts ansteigenden Schrägzeilen.

Beachte dabei, daß die am rechten Rand aufhörenden Schrägzeilen am linken Rand weitergehen.

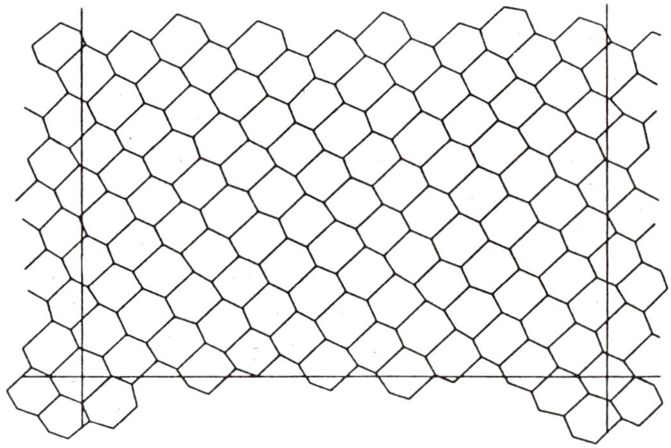

Der Blattansatz einer Pflanze am Zweig hat nicht eine zufällige Position. Er gehorcht vielmehr gewissen, für die jeweilige Art typischen Regeln. Bei Ulme und Linde stehen die Blätter eines Zweiges abwechselnd auf entgegengesetzten Seiten. Bei der Buche oder dem Haselstrauch gelangt man von einem zum nächsten, indem man ein Drittel einer Volldrehung um den Zweig herum ausführt. Die Blattansätze sind also bei benachbarten Blättern jeweils um 120° gegeneinander verdreht. Eine derartige schraubenförmige Anordnung kommt häufig vor. Die nebenstehende Abbildung zeigt z.B. einen Eichenzweig mit Knospenansätzen.

Der Drehwinkel, um den man weiterdrehen muß, um zum nächsten Blatt- oder Knospenansatz zu gelangen, wird als **Divergenzwinkel** bezeichnet. Er ist charakteristisch für die jeweilige Pflanzenart. In der nachfolgenden Tabelle sind für verschiedene Baumarten die Divergenzwinkel angegeben.

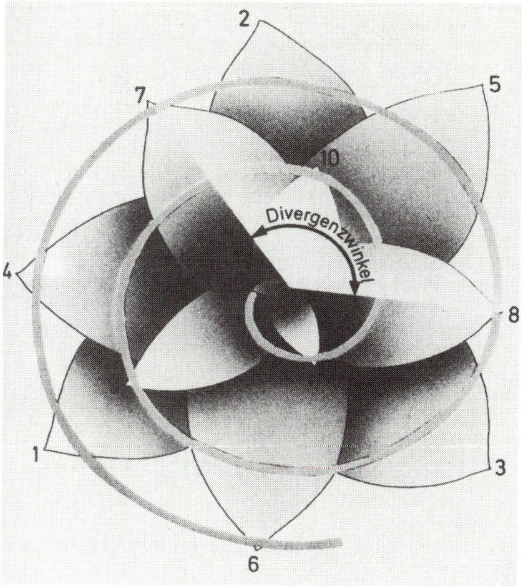

Divergenzwinkel für verschiedene Baumarten

Buche	120°	Haselstrauch	120°
Eiche	144°	Apfelbaum	144°
Pappel	135°	Birnbaum	135°
Weide	138,5°	Mandelbaum	138,5°

7 a) Bestimme jeweils für alle angegebenen Baumsorten, welchen Bruchteil des Vollwinkels die in der Tabelle angegebenen Divergenzwinkel darstellen. Bei Weide und Mandelbaum wird der Bruch in einen Kettenbruch entwickelt und schließlich durch den letzten Näherungsbruch (vor dem Zielbruch) der Kettenbruchentwicklung ersetzt. Warum ist es zulässig, diese Näherung an Stelle des aus der Tabelle berechneten Bruches zu verwenden?

b) Vergleiche die Folge der Zähler und der Nenner mit den Fibonacci-Zahlen. Was stellst du fest?

8 Welcher Divergenzwinkel läßt sich aus der nebenstehenden Abbildung des Hauswurzes (Sempervivum) ermitteln? Gib ihn auch als Bruchteil des Vollwinkels an.

Dieser kleine Ausflug in die Botanik mag genügen, um zu zeigen, welch vielfältige Anwendungsmöglichkeiten es für die Fibonacci-Zahlen gibt. Die Gründe für ihr Auftreten in der Morphologie der Pflanzen sind immer noch nicht ganz klar. Dies ist vielleicht noch ein Feld für künftige Forschungen und Forscher.

6 Geometrie auf der Kugeloberfläche

6.1 Besonderheiten der sphärischen Geometrie

1 Greta lernt in den Ferien Felix Schlaumeier kennen. Sie fragt ihn, wo er schon im Urlaub gewesen sei. Felix antwortet mit einem Rätsel:

„Am Morgen sind wir zu einer Wanderung aufgebrochen und zuerst 10 km nach Süden gegangen, dann 10 km nach Osten und schließlich wieder 10 km nach Norden. Auf diese Weise sind wir zu unserem Ausgangspunkt zurückgekommen. Unterwegs haben wir einen Bären gesehen. Wo befand sich unser Ausgangspunkt, und welche Farbe hatte der Bär?“

2 Greta will nicht zurückstehen und denkt sich ebenfalls ein Rätsel aus:

„Uns ist etwas ganz ähnliches passiert. Wir befanden uns an einem anderen Ausgangsort, sind ebenfalls 10 km nach Süden gegangen, dann 10 km nach Osten und schließlich 10 km nach Norden, um an unseren Ausgangspunkt zurückzugelangen. Wo war unser Ausgangspunkt?“

Hinweis: Die Frage nach dem Ausgangspunkt läßt sich in diesem Fall nicht eindeutig beantworten. Es gibt verschiedene Orte, die aber alle in der gleichen, ziemlich unwirtlichen Gegend liegen. Gib wenigstens einen möglichen Ausgangspunkt an und beschreibe den Weg.

3 Zwei Jäger brechen am Morgen aus ihrem Lager auf und gehen gemeinsam eine Stunde nach Süden. Dann trennen sie sich. Der eine geht etwa drei Stunden nach Osten, der andere etwa drei Stunden nach Westen. Plötzlich sehen beide in der Ferne eine Bewegung vor sich und schießen gleichzeitig. Danach hat man nie wieder etwas von ihnen gehört. Erkläre, warum diese Tragödie nicht passiert wäre, wenn die Jäger sich mit der Geometrie auf der Kugel besser ausgekannt hätten. Voraussetzung ist allerdings, daß sie ihren ganz speziellen Ausgangspunkt genau kennen.

4 a) Stelle dir vor, du gehst auf einer festen Erdkugel (ohne Wasser) immer genau geradeaus. Wenn du genügend lange durchhältst, wirst du schließlich einen Punkt erreichen, den du bei einem Marsch auf einer Ebene durch Geradeausgehen nie erreichen könntest. Welcher Punkt ist es?

b) Stelle dir eine Linie in Verlängerung deines Rückgrats bis zum Erdmittelpunkt vor. Welche Bewegung macht diese Linie bei dem oben geschilderten Marsch auf der Kugel? Diese Linie bewegt sich in einer Fläche. Beschreibe diese Fläche.

c) Beschreibe den Weg auf der Kugel, den du zurücklegst, genauer. Welche Gestalt hat er?

5 Stelle dir vor, du gehst auf der in der vorigen Aufgabe genannten fiktiven Erdkugel von deinem Ausgangspunkt immer genau nach Osten. Wie unterscheidet sich dieser Weg in seiner geometrischen Gestalt (Form und Größe) von dem der vorigen Aufgabe? Stelle dir auch hier die Bewegung der imaginären Verlängerung des Rückgrates vor. Warum ist es nicht mehr gerechtfertigt, davon zu sprechen, daß man immer geradeaus geht?

6 Welche Kreise auf der Erdkugel lassen sich am ehesten mit den Geraden der Ebene vergleichen?

Groß- und Kleinkreise

Auf der Kugelfläche gibt es keine Geraden, wohl aber Kreise. Man unterscheidet zwischen **Großkreisen** und **Kleinkreisen**. Bei den Großkreisen fällt der Mittelpunkt mit dem Kugelmittelpunkt zusammen. Ihr Radius ist gleich dem Kugelradius R. Bei den Kleinkreisen fällt der Mittelpunkt nicht mit dem Kugelmittelpunkt zusammen. Ihr Radius r ist kleiner als der Kugelradius R.

Man kann die Groß- und Kleinkreise als Schnittlinie einer Ebene und der Kugeloberfläche auffassen. Beim Großkreis geht diese Ebene durch den Mittelpunkt der Kugel, beim Kleinkreis nicht.

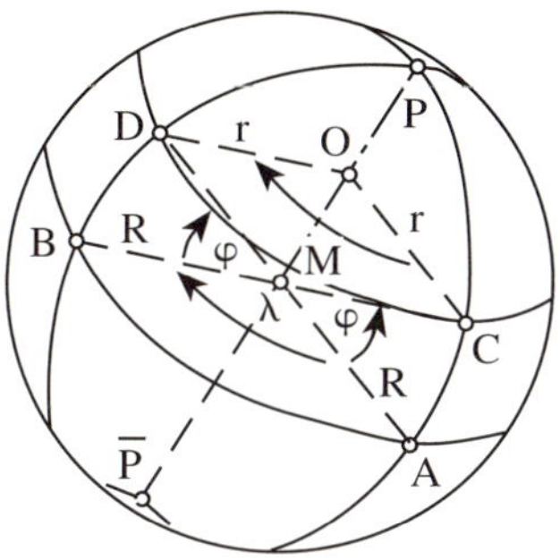

Kreise auf der Kugel

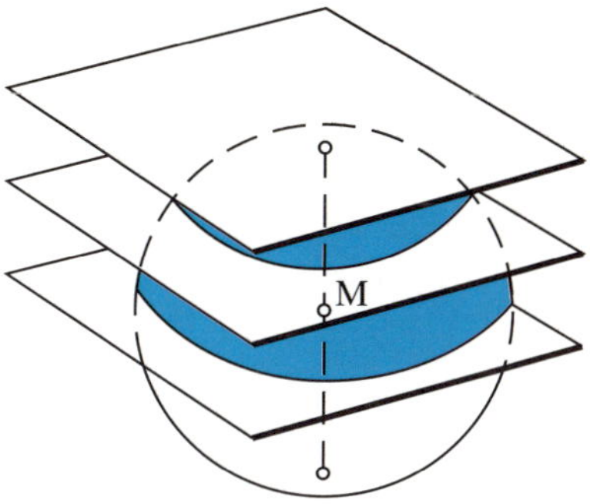

7 Aus dem Erdkundeunterricht kennst du vielleicht einige charakteristische Groß- und Kleinkreise, die teilweise mit dem Gradnetz der Erde zu tun haben. Nenne solche Kreise und charakterisiere sie.

8 Gegeben ist eine Kugel mit R = 5 cm. Die Ebene eines Kleinkreises schneidet die Kugel im Abstand 2 cm (3 cm, 4 cm) vom Kugelmittelpunkt. Bestimme Radius und Umfang des Kleinkreises.

9 Der Mittelpunkt O eines Kleinkreises auf der Erdkugel liegt 3185 km über dem Erdmittelpunkt. Berechne den Umfang des Kleinkreises (Erdradius R = 6370 km).

10 Die Ebene eines Kleinkreises liegt parallel zu einer Großkreisebene. Vom Mittelpunkt der Kugel aus gesehen erscheint ein beliebiger Punkt des Kleinkreises stets unter dem Winkel φ = 10° (30°, 50°, 70°) in bezug auf die Großkreisebene. Bestimme Radius und Umfang des Kleinkreises für einen Kugelradius R = 6370 km (Erdradius).

11 Der Umfang eines Breitenkreises auf der Erde beträgt 10 000 km (20 000 km).

a) Welchen Abstand hat sein Mittelpunkt O vom Erdmittelpunkt M?
b) Stelle dir vor, der genannte Breitenkreis sei der durch B und C gehende Kleinkreis in der Abbildung oben links. Berechne den Winkel φ.

12 Auf Grund der täglichen Drehung der Erde um ihre eigene Achse bewegt sich jeder Ort auf der Erde mit großer Geschwindigkeit. Berechne diese Geschwindigkeit

a) für einen Ort auf dem Äquator,
b) für Dresden (geogr. Breite: 51° n. Br.),
c) für deinen Heimatort.
d) Warum merkt man nichts von dieser Geschwindigkeit?

Hinweis: Die geographische Breite des jeweiligen Ortes entspricht dem Winkel φ in der Zeichnung oben links.

13 Wie muß der Winkel φ gewählt werden, damit der Umfang des Kleinkreises halb so groß ist wie der des parallelen Großkreises?

Mathe-Brücke

Aus der Geographie: **Das Gradnetz der Erde**

Um auf der Erde einen Ort genau angeben zu können, hat man sie mit einem Netz von Groß- und Kleinkreisen überzogen. Man unterscheidet zwischen den west-östlich verlaufenden **Breitenkreisen** und den über Nord- und Südpol laufenden **Längenkreisen**. Alle Längenkreise sind Großkreise.

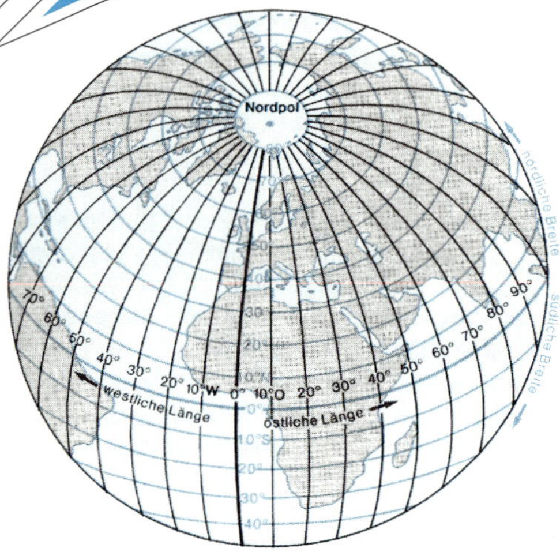

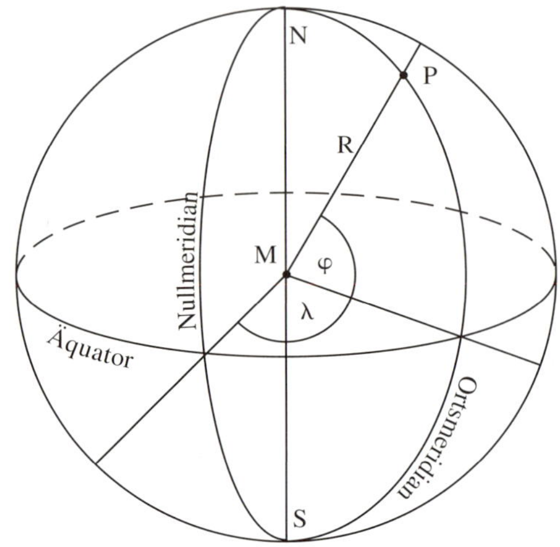

Der Abstand zwischen ihnen verringert sich zu den Polen hin. Die Breitenkreise haben alle gleichen Abstand voneinander. Nur der Äquator ist ein Großkreis. Alle anderen Breitenkreise sind Kleinkreise, deren Radien zu den Polen hin immer kleiner werden. Die zwischen den Polen liegenden Längenkreisabschnitte bezeichnet man auch als **Meridiane** (Meridian = Mittagslinie).

Die Meridiane und Breitenkreise bezeichnet man mit Zahlen. Der Null-Meridian ist willkürlich festgelegt worden. Er geht durch die Sternwarte von Greenwich bei London. Von ihm aus zählt man 180 Meridiane nach Osten und 180 Meridiane nach Westen. Der 180. Meridian liegt dem Null-Meridian genau gegenüber und bildet mit ihm einen Großkreis. Bei der Kennzeichnung eines Meridians muß man stets angeben, ob er östlich oder westlich vom Null-Meridian liegt. So liegt Köln z.B. auf dem 7. Meridian nach Osten. Man sagt auch kurz: auf 7° östlicher Länge (ö.L.). Bei den Breitenkreisen wird der längste, also der Äquator, als Null-Linie festgelegt. Nördlich und südlich von ihm verlaufen jeweils 90 Breitenkreise, wobei der 90. allerdings kein Kreis mehr ist, sondern ein Punkt. Es handelt sich um den Nord- bzw. Südpol. Auch hier muß dazu gesagt werden, ob der Breitenkreis nördlich oder südlich vom Äquator liegt. Köln liegt z.B. fast genau auf dem 51. Breitenkreis nördlich des Äquators, kurz gesagt auf 51° nördlicher Breite (n.Br.).

1 Auf welchem Breitenkreis liegt Karlsruhe (Mainz, Dresden, London, St. Petersburg, Philadelphia [USA])?

2 Auf welchem Meridian liegt Hamburg (Görlitz, Essen, Dortmund, Warschau, Pittsburgh [USA])?

Du hast wahrscheinlich gemerkt, daß für manche Städte eine feinere Einteilung notwendig ist als die Gradeinteilung (z.B. bei London und Dortmund). Deshalb unterteilt man ein Grad noch in 60 Minuten. Bei London gibt man also 51° 30′ n. Br. an und bei Dortmund 7° 30′ ö. L. Bei Ortsangaben verwenden wir hier im Buch eine Kurzschreibweise, bei der zuerst der Breitengrad und dann der Längengrad genannt wird. Für Köln wird die Lage folgendermaßen angegeben:(51° N; 7° O).

3 Bestimme mit Hilfe des Atlas folgende Orte: (51° 19′ N ; 9° 30′ O), (49° 30′ N; 8° 21′ O), (15° 47′ S; 47° 55′ W), (1° 22′ N; 103° 48′ O).

4 Bestimme die Koordinaten der folgenden Orte: Mailand, Moskau, Kapstadt, Sydney, Timbuktu.

5 Welchen Abstand haben Breitenkreise (gemessen auf einem Meridian), wenn wir von einem Erdumfang von 40 000 km ausgehen? Welcher Abstand entspricht also einer Minute (1′)? Man bezeichnet diese Länge als **nautische Meile** oder **Seemeile**.

6 Wie groß ist der Erdumfang in Seemeilen?

Der Mathematiker definiert die geographischen Koordinaten eines Punktes auf der Erdoberfläche, wie es im rechten Bild (S. 150) dargestellt ist. Die Bezeichnungen Grad und Minuten lassen bereits vermuten, daß man zur Bestimmung des Ortes Winkel benutzt. Die geographische Breite φ ist der Winkel zwischen der Äquatorebene und dem Radius, der vom Mittelpunkt zu dem jeweiligen Ort führt. Die geographische Länge λ ist der Winkel zwischen zwei Radien in der Äquatorebene, die zu dem Meridian des jeweiligen Ortes bzw. zum Nullmeridian führen.

14 Zwei Wanderer gehen vom gleichen Punkt auf einer Kugelfläche aus mit gleicher Geschwindigkeit in verschiedene Richtungen auf Großkreisen. Wann treffen sie sich zum ersten Mal wieder? Wie liegt dieser Punkt in bezug auf den Ausgangspunkt?

15 Der Äquator ist ein Großkreis. Stelle dir im Mittelpunkt dieses Großkreises eine Senkrechte errichtet vor. Wo durchstößt diese Senkrechte die Oberfläche der Erde?

16 Die Meridiane sind Großkreisbögen. Welche beiden Punkte haben alle Meridiane gemeinsam?

Gegenpunkte und Pole

Zwei Punkte P und $\overline{P}$, die auf einem gemeinsamen Kugeldurchmesser diametral gegenüberliegen, heißen **Gegenpunkte** oder **Antipoden**.

Die Senkrechte auf einer Großkreisebene, die im Mittelpunkt der Kugel errichtet wird, trifft die Kugelfläche in zwei Gegenpunkten, die man als **Pole des Großkreises** bezeichnet. Auf der Erde sind Nord- und Südpol die Pole des Äquators. Zu jedem anderen Großkreis gibt es aber auch zwei Pole, die nicht näher bezeichnet werden.

17 Stelle mit Hilfe einer Weltkarte fest, wo ungefähr der Gegenpunkt deines Heimatortes liegt.

18 Die Meridiane sind halbe Großkreise, die durch Nord- und Südpol der Erde gehen. Wo liegen die Pole der Meridiane?

19 Die Sternwarte von *Greenwich* in London liegt auf dem 0-Meridian. Wo liegt ihr Gegenpunkt? Wo genau liegen die Pole des Nullmeridians? Gib ihre Koordinaten an.

20 a) Wie viele Punkte sind notwendig, um die Lage einer Ebene im Raum eindeutig festzulegen? Warum dürfen diese Punkte nicht alle auf einer Geraden liegen?
b) Erkläre, warum zwei Punkte auf der Kugelfläche im allgemeinen bereits genau eine Großkreisebene bestimmen. In welchem Fall reichen allerdings zwei Punkte nicht?

Durch zwei Kugelpunkte A und B, die nicht Gegenpunkte sind, läßt sich stets genau ein Großkreis legen.

Die Punkte A und B teilen den Großkreis, auf dem sie liegen, in zwei **Großkreisbögen** oder **sphärische Strecken**. Wir bezeichnen Großkreisbögen durch ihre Endpunkte in der Form $\widehat{AB}$. Wenn nichts weiter angegeben ist, soll $\widehat{AB}$ den kürzeren der beiden Bögen bezeichnen (siehe Abakus Band 8).

Mathe-Brücke

Aus der Darstellenden Geometrie: **Kugelbilder**

In der nebenstehenden Abbildung ist eine Kugel in Grund- und Aufriß dargestellt. Man bezeichnet eine solche Darstellung als **Zweitafelprojektion** (siehe Kapitel 2). Du kennst solche Darstellungen vielleicht aus Bau- oder Konstruktionszeichnungen. Der Grundriß wird auch als Draufsicht bezeichnet, weil er die Ansicht von oben darstellt, der Aufriß auch als Vorderansicht, weil er zeigt, wie der Körper von vorn aussieht. Bei einer Kugel kann man eigentlich nicht von Vorder- und Oberseite sprechen, bei der Erdkugel gibt jedoch die Erdachse mit den Polen P und $\overline{P}$ eine Orientierung.

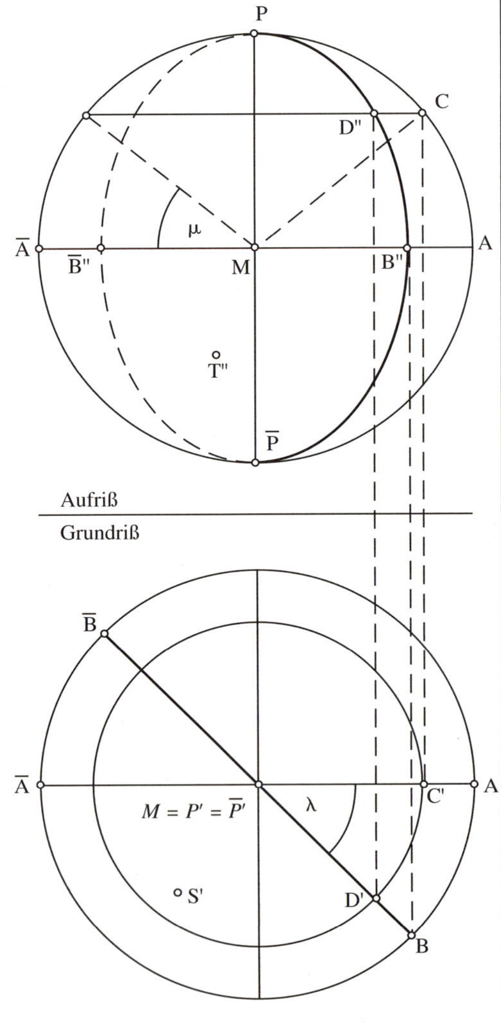

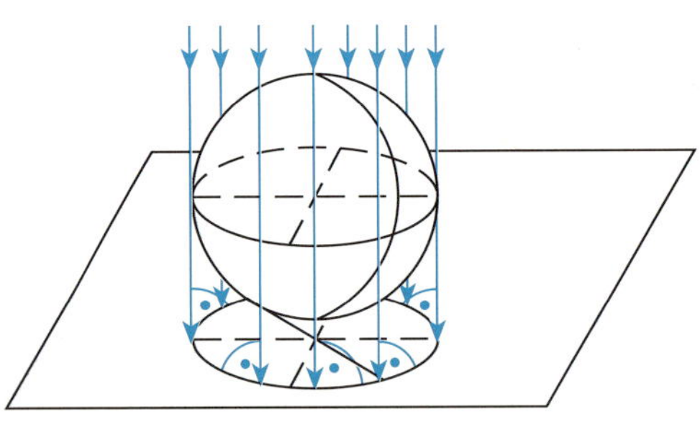

Wird die Kugel durch ein Drahtmodell aus Groß- und Kleinkreisen dargestellt, so kann man den Grundriß (unteres rechtes Bild) als Schattenbild im Sonnenlicht gewinnen, wenn die abbildenden Strahlen parallel zur Kugelachse senkrecht auf die Bildebene fallen (siehe linkes Bild). Den Aufriß (oberes rechtes Bild) kann man ähnlich erzeugen. Dabei müssen die abbildenden Strahlen aber senkrecht zur Achse gerichtet sein. Die Bildebene steht wieder senkrecht zu den Strahlen. Grund- und Aufriß werden exakt übereinander gezeichnet.

Im Grundriß ist eine Großkreisebene, die senkrecht auf der Bildebene steht, durch die etwas dickere Linie $B\overline{B}$ dargestellt. Dazu ist im Aufriß das Bild des entsprechenden Großkreises gezeichnet.

1 Wie erscheinen Großkreise, die durch die Pole gehen, in Grund- und Aufriß?

2 Wie erscheinen Kleinkreise, deren Ebene senkrecht zur Achse $P\overline{P}$ steht, in Grund- und Aufriß?

3 Das Bild eines Großkreises durch die Pole kann punktweise konstruiert werden. Dabei geht man von der Darstellung des Großkreises im Grundriß aus. Erläutere, wie die Bildpunkte B" und D" konstruiert worden sind.

4 Übertrage die Zeichnung auf Transparentpapier und zeichne zum Punkt S' im Grundriß den zugehörigen Bildpunkt S" im Aufriß. Zeichne ebenso zu dem Punkt T" im Aufriß den zugehörigen Bildpunkt T' im Grundriß.

5 Zeichne Grund- und Aufriß einer Kugel mit Radius R = 5 cm und konstruiere im Aufriß einige Punkte, die auf dem Bild eines Großkreises liegen, dessen Ebene ähnlich wie in unserem Beispiel angeordnet sein soll, aber mit $\lambda = 30°$. Zeichne mit Hilfe dieser Punkte das vollständige Bild des Großkreises.

Beliebige **Kugelkreise** erscheinen bei dieser Art der Abbildung als **Ellipsen**. Da wir häufiger Zeichnungen machen müssen, ist es zweckmäßig, sich Ellipsenschablonen aus Pappe herzustellen.

6 Fertige Ellipsenschablonen aus Pappe an, deren große Halbachsen jeweils 5 cm lang sind (also für einen Kugelradius 5 cm), mit kleinen Halbachsen von 4 cm, 3 cm, 2 cm und 1 cm. Anleitungen zum Zeichnen der Ellipsen findest du im Kapitel 4.

6.2 Entfernungen

1 Bestimme mit Hilfe einer Schnur auf einem Globus die kürzeste Entfernung zwischen

a) einem frei gewählten Punkt und dem Nord- bzw. Südpol,
b) zwei Punkten auf dem Äquator,
c) zwei Punkten eines Breitenkreises,
d) zwei beliebig gewählten Punkten.

Handelt es sich bei der Fadenkurve um einen Groß- oder Kleinkreisbogen?

2 Zwei Punkte A und B der Kugelfläche lassen sich auch durch Kleinkreisbögen miteinander verbinden (siehe Zeichnung). Die Kleinkreisebene liegt aber anders als die Großkreisebene.

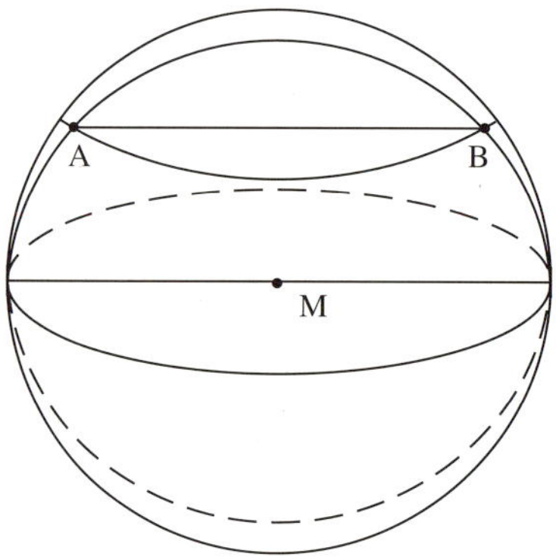

a) Welches ist die gemeinsame Schnittgerade beider Ebenen?
b) Die Kleinkreisebenen werden nun um die gemeinsame Gerade gedreht, bis sie mit der Großkreisebene zusammenfallen. Jetzt liegen alle Kreise in einer Ebene, so daß man die Bogenlängen zwischen A und B unmittelbar vergleichen kann (siehe Zeichnung). Auf welcher Linie liegen alle Kleinkreismittelpunkte in der Zeichenebene? Begründe deine Antwort. Warum kann kein Kleinkreismittelpunkt unterhalb von M (in der Zeichnung) liegen?

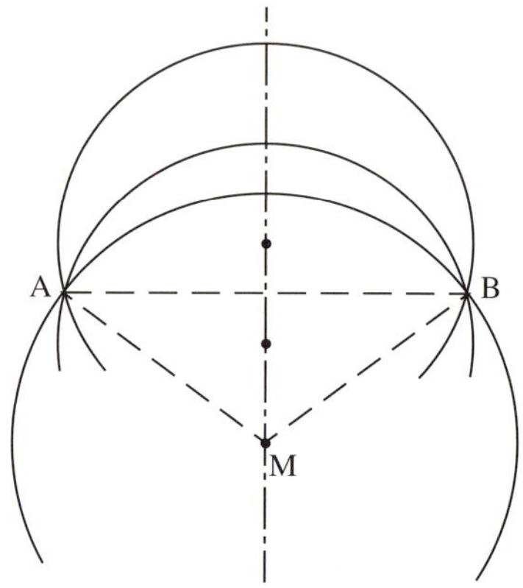

c) Was läßt sich über die Länge der Kreisbögen sagen?

3 Auf einer Kugel mit Radius R = 10 cm hat ein Großkreisbogen $\overset{\frown}{AB}$ die Länge 25 cm (bzw. 8 π cm). Wie groß ist der zugehörige Mittelpunktswinkel ∢ AMB? Wie groß ist der Großkreisbogen zum Winkel 60° (bzw. 112°)?

Der kürzeste Weg zwischen zwei Kugelpunkten A und B liegt auf dem Großkreis durch A und B. Es ist der kürzere der beiden durch A und B bestimmten Großkreisbögen, also die sphärische Strecke $\overset{\frown}{AB}$

Sphärische Abstände

Die Länge des kleineren der beiden Großkreisbögen durch A und B bezeichnet man als **sphärischen Abstand** von A und B. Häufig gibt man an Stelle der Bogenlänge auch den zugehörigen Mittelpunktswinkel μ als sphärischen Abstand an.

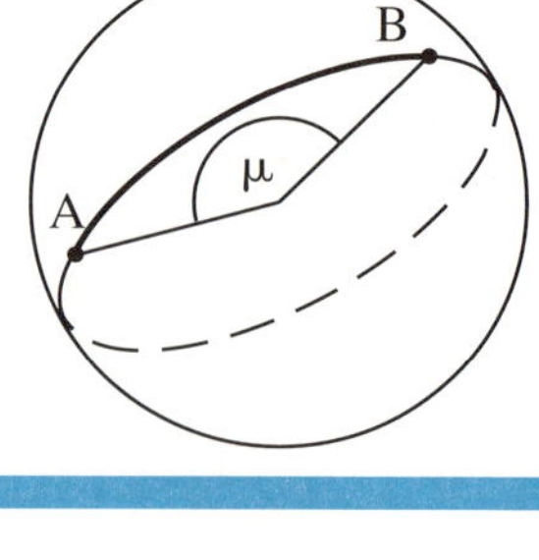

4 a) Wo liegen alle Punkte, die vom Nordpol den sphärischen Abstand a = 60° (bzw. 90°, 120°) haben?

b) Wie groß sind die Radien r der in Aufgabe a) ermittelten Kleinkreise (mittlerer Erdradius: R = 6370 km)?

5 Berechne für die Erdkugel (R = 6370 km) den sphärischen Abstand im Winkel- und im Längenmaß von

a) Nord- und Südpol,

b) Nordpol und einem Äquatorpunkt.

6 In der Abbildung auf S. 149 sei $\sphericalangle$ AMP = $\sphericalangle$ BMP = 90°; $\sphericalangle$ AMB = 120°; $\sphericalangle$ AMC = $\sphericalangle$ BMD = 30° und R = 6370 km (Erdradius). Bestimme die Länge der folgenden Großkreisbögen im Gradmaß und im Längenmaß (in km).

a) $\overset{\frown}{CP}$, b) $\overset{\frown}{DP}$, c) $\overset{\frown}{PP'}$, d) $\overset{\frown}{AB}$

7 Berechne mit den Angaben aus Aufgabe 6

a) die Länge der Sehne $\overset{\frown}{CD}$,

b) den sphärischen Abstand von C und D.

c) Die Länge des Kleinkreisbogens $\overset{\frown}{CD}$, dessen Ebene parallel zur Äquatorebene liegt.

8 Berechne die Länge (in km) eines Großkreisbogens mit einem Mittelpunktswinkel von 1°.

9 Alle Orte, die von deinem Heimatort 1000 km entfernt sind, liegen auf einem Kleinkreis.

a) Welchen Radius und Umfang hat dieser Kleinkreis?

b) Bestimme den Breitengrad derjenigen Orte auf dem Kleinkreis, die denselben Längengrad wie dein Heimatort haben.

c) Bestimme die Längengrade derjenigen Orte auf dem Kleinkreis, die denselben Breitengrad wie dein Heimatort haben.

10 Ein Punkt auf der Erdoberfläche hat folgende Eigenschaften: Geht man von ihm aus (auf dem Meridian) 500 km nach Süden, dann 500 km (auf dem Breitenkreis) nach Osten und schließlich wieder 500 km nach Norden (auf einem Meridian), dann kommt man zum Ausgangspunkt zurück. Berechne die geographische Breite eines solchen Punktes auf der Südhalbkugel. Gibt es noch Orte mit anderer geographischer Breite auf der Erde mit dieser Eigenschaft? Ist die geographische Länge eindeutig bestimmt?

11 Von Berlin (52,5° N; 13,3° O) aus geht man zuerst 500 km nach Westen, dann 500 km nach Süden und schließlich 500 km nach Osten. Welchen Längen- und Breitengrad hat der Zielort? Wohin gelangt man, wenn man zum Schluß noch einmal 500 km nach Norden marschiert?

Ein Verfahren zur Bestimmung von sphärischen Abständen

Bisher hast du nur die Abstände von Orten bestimmt, die auf dem gleichen Meridian oder dem gleichen Breitenkreis liegen. Vielleicht hast du dich bereits gefragt, wie man dieses Problem im allgemeineren Fall löst. Eine rechnerische Lösung ist mit den uns zur Verfügung stehenden Mitteln nicht möglich, da man dafür die sogenannte sphärische Trigonometrie benötigt. Das ist eine Verallgemeinerung der gewöhnlichen Trigonometrie für Kugeldreiecke, die uns leider nicht zur Verfügung steht. Eine zeichnerische Lösung ist aber sehr wohl möglich.

(1) Wir wollen die Entfernung von Köln (51° N; 7° O) nach Buenos Aires (34° S; 58° W) bestimmen. Zunächst ermitteln wir den **Längenunterschied**, wobei die westliche Länge stets negativ gerechnet wird: 7° – (–58°) = 65°, d.h. Köln liegt 65° weiter östlich.

(2) Wir stellen nun den Globus durch einen Kreis mit Radius 5 cm dar. Der Radius ist eigentlich ganz belanglos und kann ggf. auch anders gewählt werden. Diesen Kreis können wir als Aufriß der Kugel auffassen (siehe Kapitel 2), wobei die Aufrißebene parallel zur Großkreisebene von Buenos Aires liegen soll. Auf diese Weise stellt der Kreis gleichzeitig auch den Meridian von Buenos Aires (B) dar, d.h. B liegt direkt auf diesem Kreis (siehe Abbildung 1). Köln (K) liegt nun bei räumlicher Betrachtungsweise nicht in dieser Großkreisebene, sondern irgendwo in der Luft über dem Papier auf einem Kleinkreis (dem 51. Breitenkreis), der im Aufriß als Kreissehne s in Erscheinung tritt.

(3) Nun überlegen wir uns, wie man K in die Aufrißebene projizieren kann. Dazu benötigen wir den 51. Breitenkreis, dessen Ebene eigentlich senkrecht zur Papierebene steht. Um ihn zeichnen zu können, drehen wir ihn einfach um 90° in die Papierebene hinein (siehe Abbildung 2). Dann tragen wir im Mittelpunkt M_1 an die Sehne s den in (1) berechneten Winkel von 65° an, der den Längenunterschied darstellt (Winkel $\sphericalangle$ $K'M_1K$). Nun können wir K senkrecht auf die Sehne s projizieren und erhalten dort K'. Wir wissen jetzt, daß räumlich gesehen K genau senkrecht über K' liegt. K' ist also das Bild von K, das wir bei einer senkrechten Projektion erhalten. Die blau eingezeichnete Ellipse ist das Bild des Großkreises, der durch B und K geht. Leider können wir an diesem Bild noch keine Messung vornehmen, da der Kreis bei einer solche Projektion verzerrt (als Ellipse) erscheint.

(4) Nun wenden wir noch einmal den Trick von vorhin an: Wir drehen die Ebene des Großkreises BK um seine Schnittlinie BM mit der Aufrißebene. Dabei geht die Ellipse schließlich in einen Kreis über. Ebenso wandert natürlich auch das Bild von K in der Aufrißebene weiter nach außen, und zwar auf einer Senkrechten zur Drehachse. Daß dies so ist, kannst du leicht ausprobieren, indem du in den Lichtkegel eines Projektors einen Gegenstand hältst, den du um eine Achse drehst, wobei du das Schattenbild auf der Wand beobachtest (bei senkrechter Projektion). Verfolge einen markanten Punkt des Gegenstandes bei der Drehung, dann wirst du sehen, daß dieser sich im Schatten senkrecht zur Drehachse bewegt. Nach Abschluß der Drehung erhalten wir den Punkt K" in der Zeichenebene, der jetzt die Lage von Köln darstellt (siehe Abb. 3). Wir können nun den Mittelpunktswinkel γ des Großkreisbogens von B nach K messen. In unserem Fall ist γ = 102°. Da einem Mittelpunktswinkel von 1° stets eine Entfernung von 111,1 km entspricht (siehe Aufgabe 8), ist die Entfernung von Köln nach Buenos Aires ungefähr 11 330 km.

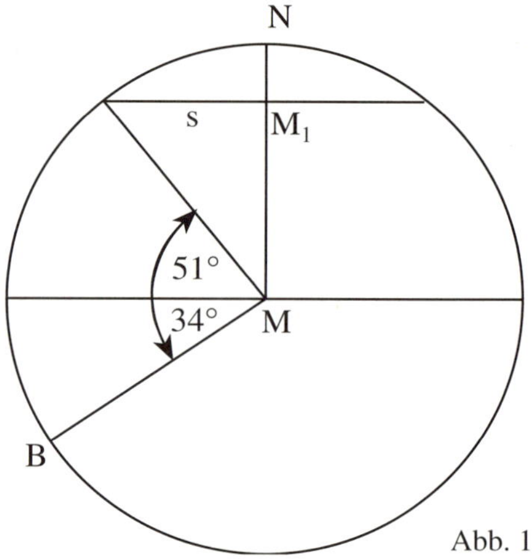

Abb. 1

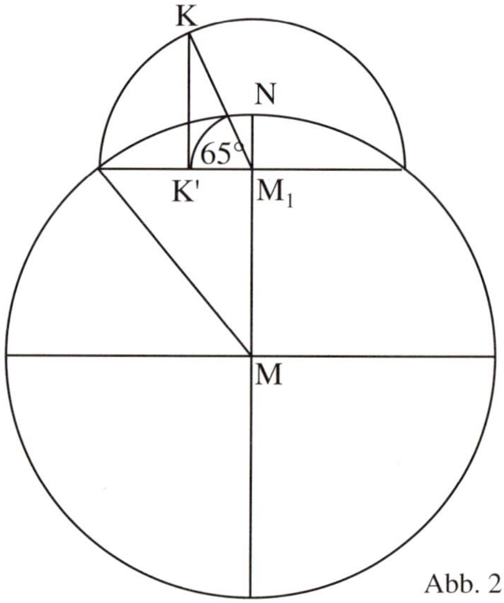

Abb. 2

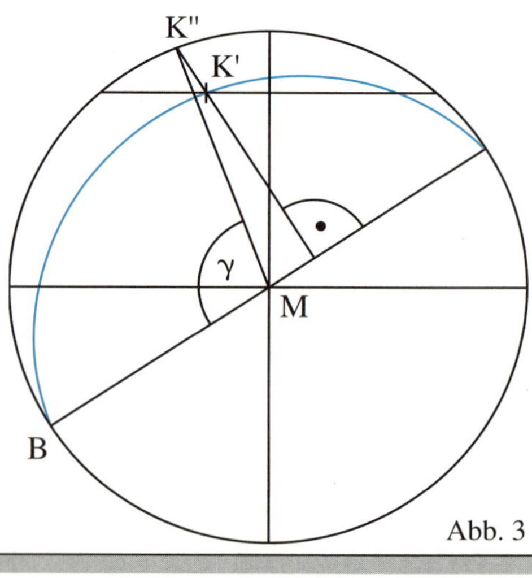

Abb. 3

12 Bestimme die Entfernung deines Heimatortes von *Buenos Aires (New York, Tokio)* mit der oben beschriebenen Methode.

13 Ein Airbus A340 soll einen Direktflug von *London* nach *Brasilia* durchführen. Seine maximale Reichweite mit einer Tankfüllung ist 12 500 km. Ist ein solcher Flug möglich? Falls er möglich ist, berechne auch die Flugdauer bei einer mittleren Geschwindigkeit von 880 $\frac{\text{km}}{\text{h}}$. Ermittle die Breiten und Längen mit Hilfe eines Atlas.

14 Eine Boeing 747-400 startet von *Frankfurt/M.* (50° N; 8,5° O) zu einem Flug auf dem 50. Breitenkreis nach Osten. Sie hat eine Reichweite von ca. 13 500 km.

a) Wo muß sie spätestens umkehren, wenn sie nach Frankfurt zurückkehren will, ohne zwischendurch aufzutanken?

b) Wie weit könnte sie überhaupt kommen, wenn sie ununterbrochen nach Osten fliegt? Wäre eine Landung in *Petropavlovsk-Kamčatskij* möglich, falls sich dort eine geeignete Landebahn befindet?

c) Bestimme mit der zeichnerischen Methode den sphärischen Abstand von *Frankfurt/M.* und *Petropavlovsk-Kamčatskij.*

15 Bestimme zeichnerisch die Entfernung von *Frankfurt/M.* (50° N; 8,5° O) nach *Peking* (40° N; 116,5 ° O) im Gradmaß und im Längenmaß. Könnte ein Airbus 310, der eine maximale Reichweite von 7 300 km hat, diese Strecke im Direktflug schaffen?

16 Ermittle die kürzeste Flugroute von *Frankfurt/M.* nach *Peking* mit einem Faden auf dem Globus und bestimme ungefähr die Koordinaten des nördlichsten Punktes der Route. In welcher Weltgegend liegt er?

17 Den sphärischen Abstand e zweier Orte A und B kann man mit Hilfe der Formel

$$\cos \varepsilon =$$
$$\sin \varphi_A + \cos \varphi_B + \cos \varphi_A \cos \varphi_B \cos (\lambda_A - \lambda_B)$$

berechnen, worin λ und φ die geographischen Längen und Breiten dieser Orte sind. Diese Formel wird mit Hilfe der sphärischen Trigonometrie hergeleitet, die uns leider nicht zur Verfügung steht. Überprüfe deine zeichnerischen Lösungen mit Hilfe dieser Formel.

6.3 Anwendungen in der Astronomie

1 Die nebenstehende Abbildung zeigt eine Himmelsphotographie, die man erhält, wenn man die Kamera auf den Polarstern ausrichtet und den Film dann etwa eine Stunde lang belichtet. Beschreibe, was du auf diesem Bild siehst, und erkläre es.

2 Wie lange müßte man den Film belichten, damit man geschlossene Kreise bekommt? An deinem Heimatort ist es allerdings nicht möglich, eine solche Aufnahme zumachen. Warum geht dies nicht? In welcher Gegend der Erde könnte man aber solche Aufnahmen machen?

Mathe-Brücke

Aus der Astronomie: **Die scheinbare Himmelskugel**

Betrachtet man die Sterne am Himmel, so liefert deren Anblick keinerlei Anhaltspunkte, aus denen man auf ihre Entfernung schließen könnte. Erst bei genaueren, länger andauernden Beobachtungen stellt man fest, daß der Mond gelegentlich andere Sterne bedeckt, woraus man schließen kann, daß er sich näher an der Erde befindet als jene. Auch Planeten können einen hinter ihnen liegenden Fixstern gelegentlich bedecken. Diese Vorgänge sind aber gedanklich erschlossen. Für die unmittelbare Wahrnehmung erscheinen alle Himmelskörper in gleicher, unbestimmter Entfernung. Lediglich die Richtungen, in denen bestimmte Sterne erscheinen, sind unterscheidbar. Deshalb erlebt der Beobachter den über dem Horizont befindlichen Teil des Nachthimmels wie eine Halbkugel, die sich über ihm wölbt. Er selbst befindet sich im Zentrum dieser Kugel. Der Himmel erscheint wie auf eine halbkugelförmige Kuppel projiziert. Dies macht man sich beim Bau der sogenannten **Planetarien** zunutze. Dort werden mit Hilfe eines speziellen Projektionsgerätes die Sternbilder von innen auf eine halbkugelförmige Kuppel projiziert, so daß der Zuschauer einen Anblick genießen kann, der dem des echten Himmels sehr nahekommt.

Die Gliederung der Himmelskugel

Die Himmelskugel besteht aus einem sichtbaren und einem unsichtbaren Teil, deren Trennlinie der **Horizont** ist. Senkrecht über dem Beobachter befindet sich der **Zenit** und senkrecht unter ihm der **Nadir** als Gegenpunkt an der unsichtbaren Hälfte der Himmelskugel. Die Punkte des Horizontes, die genau im Norden bzw. im Süden liegen, bezeichnet man als **Nord-** bzw. **Südpunkt**.

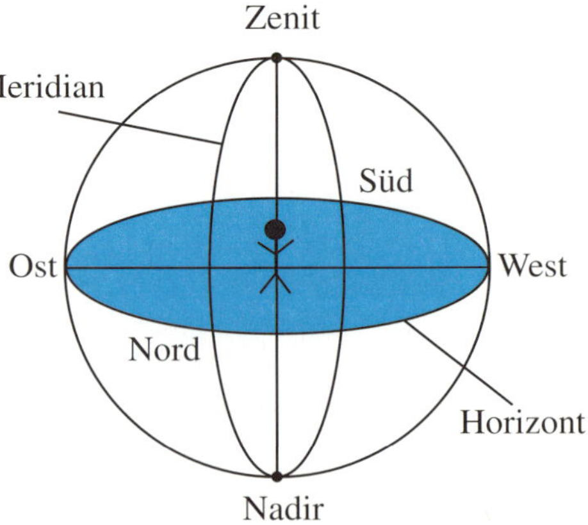

1 Ist der Horizont ein Groß- oder ein Kleinkreis auf der Himmelskugel?

2 Ist die Kreislinie, die durch Zenit, Nadir und Nord- bzw. Südpunkt geht, ein Groß- oder Kleinkreis?

Die gedachte Kreislinie, die durch Zenit, Südpunkt, Nadir und Nordpunkt geht, heißt **Meridian** des Beobachtungsortes.

Die Abbildung vor Aufgabe 1 zeigt, daß alle Gestirne sich scheinbar um einen Punkt am Himmel drehen, den **Himmelspol**. Auf der nördlichen Halbkugel ist dies der **Himmelsnordpol**, der leicht aufzufinden ist, da der **Polarstern** fast genau am Himmelsnordpol steht. Der **Himmelssüdpol** ist nur auf der Südhalbkugel der Erde sichtbar, da er der Gegenpunkt des Himmelsnordpols ist. Die Verbindungslinie der beiden Himmelspole wird als **Himmelsachse** bezeichnet. Sie steht senkrecht zu einer Großkreisebene, deren zugehöriger Großkreis der **Himmelsäquator** ist. Der Winkel zwischen der Himmelsachse und der Verbindungslinie von Nord- und Südpunkt ist die **Polhöhe**.

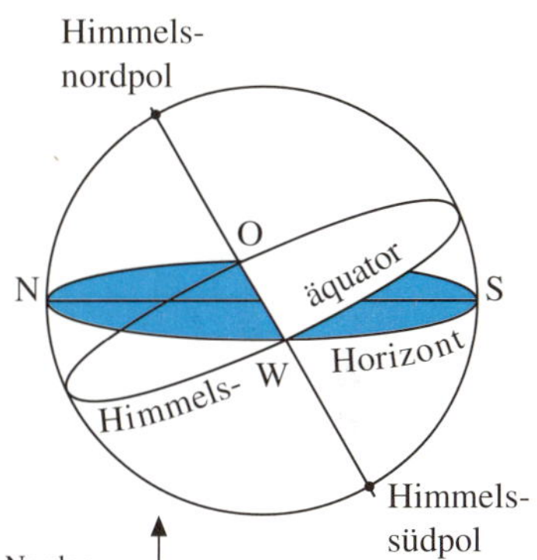

3 Die Sterne bewegen sich im Laufe von 24 Stunden scheinbar auf Kreisen um die Himmelsachse. Handelt es sich um Groß- oder Kleinkreise?

4 An welchem Punkt der Himmelssphäre sieht ein Beobachter am Nordpol (bzw. am Äquator) der Erde den Polarstern?

5 Erläutere an Hand der nebenstehenden Abbildung, daß die Polhöhe gleich der geographischen Breite ist. Gib ein einfaches Verfahren an, wie man auf See die geographische Breite bestimmen kann.

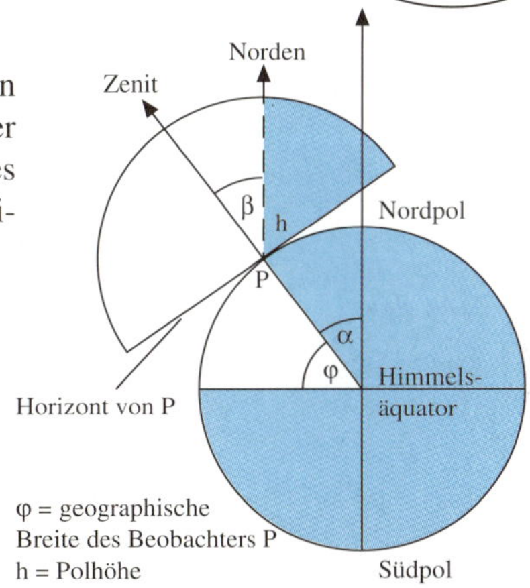

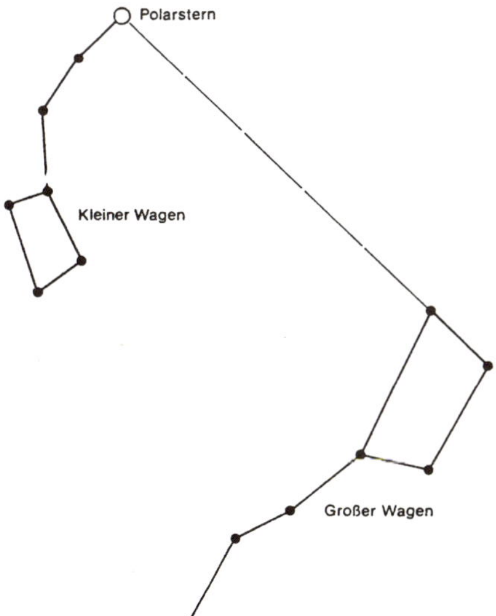

Der Himmelsnordpol ist relativ einfach zu finden, da in seiner unmittelbaren Nähe der Polarstern steht. Das markanteste Sternbild am Nordhimmel ist der *Große Wagen*. Wenn du seine Hinterachse ungefähr auf das fünffache verlängerst, gelangst du zum Polarstern. Der Himmelsnordpol ist allerdings noch etwa eineinhalb Mondbreiten vom Polarstern entfernt. Du findest ihn genauer, wenn du vom äußersten linken Stern des Sternbildes Cassiopeia (Himmels-W) aus zum Polarstern gehst und diese Linie dann um eineinhalb Mondbreiten verlängerst.

Die scheinbare tägliche Bewegung

Verfolgt man die Position bestimmter Sterne im Lauf einer Nacht, so stellt man fest, daß sie sich auf Kreisbahnen um die Himmelsachse zu bewegen scheinen. Diese Bewegung ist eigentlich eine Widerspiegelung der täglichen Drehung der Erde um ihre eigene Achse. Die Zeit, die ein Stern für einen vollständigen Umlauf auf der Himmelssphäre benötigt, bezeichnet man als **Sterntag**. Alle diese Kreisbahnen sind parallel zum Himmelsäquator. Je näher die Sterne dem Himmelspol liegen, desto kleiner sind die Radien der Kreise. Ist der Radius genügend klein, so befindet sich die Bahn dieses Gestirns vollständig oberhalb der Horizontlinie. Solche Sterne bezeichnet man als **Zirkumpolarsterne**. Die bekanntesten Zirkumpolarsterne für uns in Mitteleuropa sind die Sterne des *Großen* und *Kleinen Bären*. Zweimal im Verlaufe eines Sterntages geht jedes Gestirn durch den Meridian des Beobachters. Diese Durchgänge bezeichnet man als seine **Kulminationen**. Man unterscheidet zwischen einer **oberen** und einer **unteren Kulmination** je nach der Höhe des Kulminationspunktes auf der Himmelskugel.

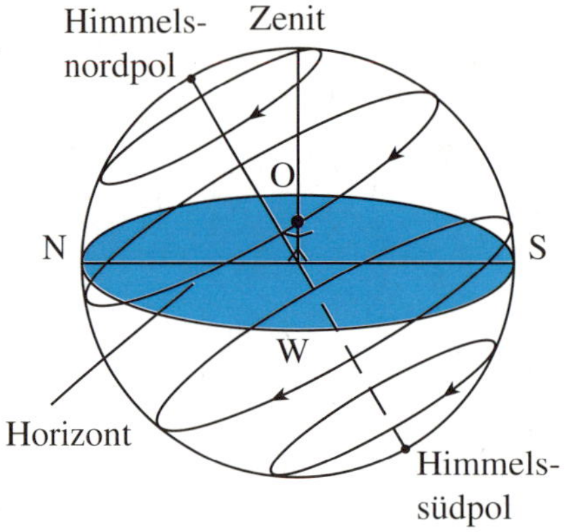

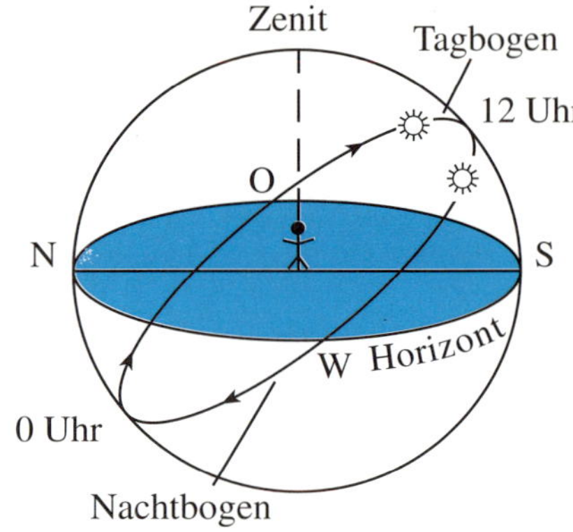

Die Sonne führt ebenfalls eine scheinbare tägliche Bewegung auf der Himmelskugel aus, die annähernd mit der der Fixsterne übereinstimmt. Befindet sich die Sonne in der oberen Kulmination, so ist *Mittag*, in der unteren hingegen *Mitternacht*. Da die Erde aber noch eine jährliche Rotation um die Sonne ausführt, wirkt sich dies auch auf die scheinbare Bewegung der Sonne auf der Himmelskugel aus. Die Bahn der Sonne ist nicht genau ein Kreis auf der Himmelskugel, sondern hat eher den Charakter einer Spirale. Im Frühjahr „schraubt" sich diese Bahn allmählich immer weiter auf der Himmelskugel hoch, während im Herbst die Bewegung wieder abwärts geht. Die Zeitdauer zwischen zwei aufeinanderfolgenden oberen Kulminationen unterscheidet sich deshalb auch geringfügig von einem Sternentag. Man bezeichnet sie als **Sonnentag**. Unsere Zeitmessung bezieht sich auf den Sonnentag. Die Stunde ist so festgelegt worden, daß ein Sonnentag 24 Stunden ergibt. Der Sternentag hat hingegen nur eine Dauer von etwa 23 h 56 min.

6 Skizziere die Himmelskugel und die scheinbaren täglichen Bahnen einiger Gestirne für einen Beobachter am Nordpol (bzw. am Äquator).

7 Wo gehen die Sterne auf bzw. unter?

8 Beobachte die scheinbare Bewegung des *Großen Bären* um den Himmelsnordpol.

6.4 Kugelzweiecke und Kugeldreiecke

1 Der fiktive Planet Telluria hat an seiner Oberfläche nur festes, ebenes Land, so daß man sich ungehindert auf ihm bewegen kann. Zwei Forschungsreisende brechen vom Südpol des Planeten zu einem Marsch nach Norden auf. Allerdings gehen sie nicht auf dem gleichen Weg, vielmehr laufen ihre Wege unter einem Winkel von 10° auseinander.

a) Beschreibe, auf welcher Art von Linie sie laufen, wenn sie beide stets genau geradeaus nach Norden laufen. Wo treffen beide wieder zusammen, wenn sie mit gleicher Geschwindigkeit gehen?

b) Zwischen den beiden Wegen, die sie bis zum Treffpunkt zurückgelegt haben, liegt ein Gebiet der Oberfläche von Telluria, das sie genauer erforschen wollen. Beschreibe die Gestalt dieses Gebietes. Warum ist es gerechtfertigt, es als Kugelzweieck zu bezeichnen?

2 Die Zeichnung zeigt eine Kugel mit zwei Großkreisen.

a) In wie viele Gebiete wird die Kugeloberfläche durch diese beiden Großkreise zerlegt? Wodurch wird ein einzelnes dieser Gebiete begrenzt?

b) Wie viele Eckpunkte gibt es? Was läßt sich über die Lage der Eckpunkte sagen?

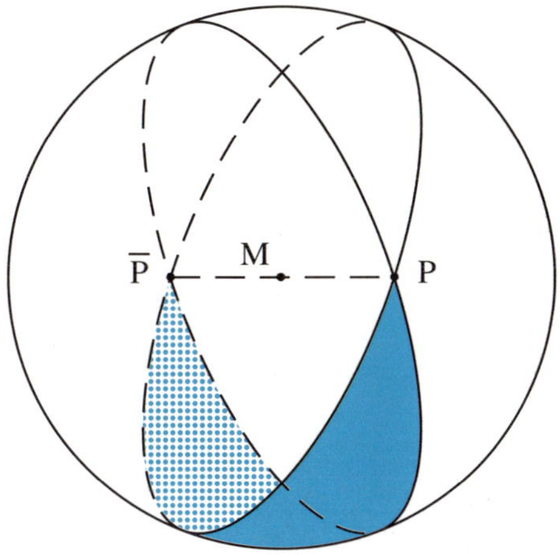

Kugelzweiecke

Zwei Großkreise zerlegen die Kugelfläche in vier Gebiete, die wir als **Kugelzweiecke** bezeichnen, da sie jeweils zwei (diametral gegenüberliegende) Eckpunkte besitzen. Ein Kugelzweieck wird also von zwei Halbgroßkreisen gebildet, deren Schnittpunkte die Eckpunkte des Zweiecks sind.

Im Prinzip zerlegen zwei Halbgroßkreise die Kugel in zwei Gebiete. Das kleinere der beiden gilt als das im **Innern des Zweiecks** gelegene Gebiet, d.h. als das zum Zweieck gehörige Gebiet.

3 Zeichne mit Hilfe der Ellipsenschablonen zu je zwei vorgegebenen Gegenpunkten P und $\overline{P}$ Kugelzweiecke, die diese Gegenpunkte als Eckpunkte haben. Hebe das gemeinte Kugelzweieck durch Schraffur oder Färbung hervor. Fertige mindestens drei Zeichnungen mit drei verschiedenen Lagen an.

4 Was läßt sich über zwei einander gegenüberliegende Kugelzweiecke aussagen, die von den gleichen Großkreisen erzeugt werden?

5 Zeichne einen Kreis mit Radius 5 cm und innerhalb dieses Kreises, der die Kugel darstellen soll, mit Hilfe der früher angefertigten Ellipsenschablonen 5 : 3 und 5 : 2 Kugelzweiecke mit selbstgewählten Eckpunkten. Fertige mindestens drei verschiedene Zeichnungen an. Welche gegenseitige Lage haben die Ellipsenschnittpunkte (bzw. Großkreisschnittpunkte) und der Kreismittelpunkt (bzw. Kugelmittelpunkt)?

6 Erläutere, unter welchen Umständen es möglich ist, daß alle vier Kugelzweiecke, die von zwei Großkreisen erzeugt werden, kongruent sind. Wie müssen insbesondere die beiden Großkreisebenen angeordnet sein?

7 Berechne den Umfang eines Kugelzweiecks für eine Kugel mit Radius 10 cm.

8 Erläutere, warum alle Kugelzweiecke einer Kugel mit vorgegebenem Radius den gleichen Umfang haben.

9 Die Ebenen zweier Großkreise sollen einen Winkel von 50° einschließen. Stelle diesen Sachverhalt mit Hilfe der Zweitafelprojektion dar, wobei die Großkreisebenen senkrecht zur Grundrißebene stehen sollen. Im übrigen ist die Lage der Großkreisebenen frei zu wählen. Vergleiche die unterschiedlichen Bilder (je nach Lage der Ebenen) miteinander.

10 Was bedeutet es eigentlich, wenn in Aufgabe 1 gesagt wird, daß die Wege der beiden Forschungsreisenden unter einem Winkel von 10° auseinanderlaufen? Es kann kein gewöhnlicher Winkel sein, da seine Schenkel, wie wir gesehen haben, Großkreise sind. Aus der gewöhnlichen Geometrie in Ebene oder Raum kennt man nur Winkel zwischen Geraden und Ebenen. Zwischen welchen Ebenen (oder Geraden) liegt hier ein Winkel von 10°? Man bezeichnet diesen Winkel als **Keilwinkel**.

Winkel zwischen Großkreisen

Unter dem Winkel α zwischen zwei Großkreisen versteht man den **Keilwinkel** zwischen den beiden zugehörigen Großkreisebenen. Dies ist der kleinere der beiden Winkel zwischen den Ebenen. Der gleiche Winkel befindet sich auch zwischen den Tangenten an die beiden Großkreise, die durch den Schnittpunkt gehen.

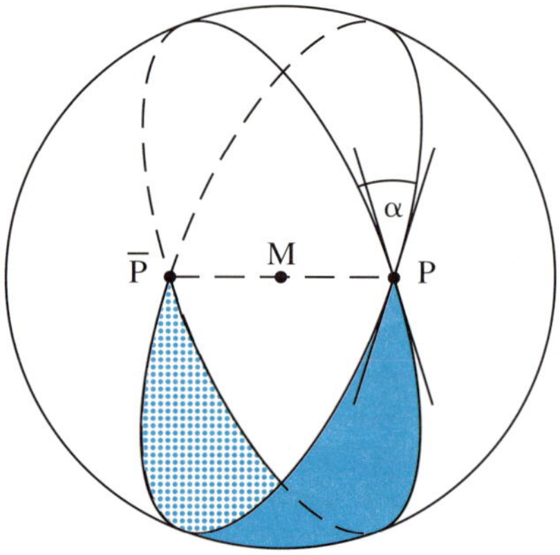

11 Die gesamte Kugeloberfläche soll durch Großkreise in 6 kongruente Kugelzweiecke zerlegt werden. Wie viele Großkreise benötigt man? Welche Winkel schließen sie ein?

12 Welches ist die obere Grenze für Winkelgrößen zwischen zwei Großkreisen?

13 Welchen Teil der Kugeloberfläche umfaßt ein Kugelzweieck mit $\alpha = 30°$ (75°, 120°)?

14 Erläutere, warum für den Flächeninhalt von Kugelzweiecken mit Keilwinkel α die Formel $A = \pi R^2 \frac{\alpha}{90°}$ gilt.

Hinweis: Die gesamte Oberfläche einer Kugel mit Radius R berechnet man mit Hilfe der Formel $4\pi R^2$.

Flächeninhalt von Kugelzweiecken

Ein Zweieck mit dem Winkel α auf einer Kugel mit dem Radius R hat den Flächeninhalt

$$A = \pi R^2 \frac{\alpha}{90°}.$$

15 Zeige, daß die Fläche sich nach der Formel $A = 2R^2 b_\alpha$ berechnen läßt, wenn b_α das Bogenmaß des Winkels α ist.

16 Welchen sphärischen Abstand (im Gradmaß) haben die Pole der beiden Zweieckseiten, wenn das Zweieck $\frac{1}{6}$ (bzw. $\frac{1}{4}$) der gesamten Kugelfläche umfaßt?

17 a) Zeichne mit Hilfe der Ellipsenschablonen 5 : 2, 5 : 3 und 5 : 4 eine Kugel mit drei Großkreisen, deren Schnittpunkte nicht zusammenfallen. In wie viele Gebiete wird die Kugeloberfläche durch diese drei Großkreise zerlegt?

b) Hebe eines dieser Gebiete, das ganz auf der Vorderseite der Kugel liegt, durch Schraffur oder Färbung hervor. Bezeichne die auf dem Rand dieses Gebietes liegenden Großkreisschnittpunkte mit A, B und C. Mit welcher ebenen Figur läßt sich die von den Punkten A, B und C und den dazwischen liegenden Großkreisabschnitten gebildete Figur am ehesten vergleichen?

c) Haben die Berandungen der anderen Gebiete den gleichen Charakter?

Kugeldreiecke

Drei Punkte A, B und C auf einer Kugel, die nicht alle auf einem Großkreis liegen, bilden zusammen mit den sie verbindenden Großkreisabschnitten ein **Kugeldreieck** (auch als **sphärisches Dreieck** bekannt). Die Punkte A, B und C bezeichnet man als **Eckpunkte** des Dreiecks. Die vollständigen Großkreise zerlegen die Kugeloberfläche in insgesamt 8 Kugeldreiecke. Zum Dreieck ABC gehören die drei **Nebendreiecke** $AB\overline{C}$, $A\overline{B}C$ und $\overline{A}BC$, die jeweils eine Seite mit ABC gemeinsam haben, die drei **Scheiteldreiecke** $A\overline{B}\overline{C}$, $\overline{A}B\overline{C}$ und $\overline{A}\overline{B}C$, die jeweils eine Ecke mit ABC gemeinsam haben, und das **Gegendreieck** $\overline{A}\overline{B}\overline{C}$, das die drei Gegenpunkte von A, B und C als Eckpunkte hat.

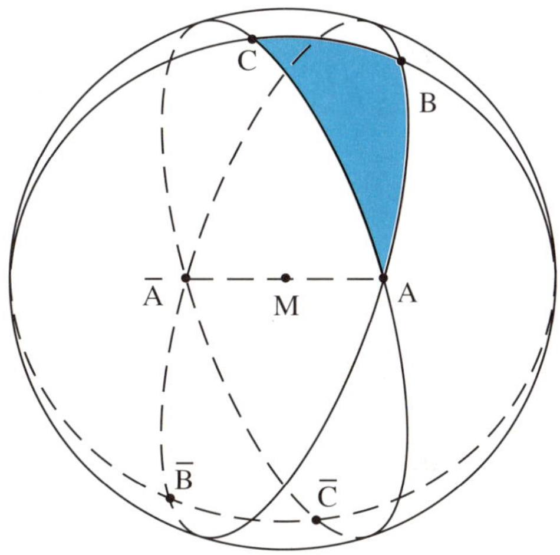

18 Der 0°- und der 90°-Meridian (östl. Länge) bilden zusammen mit dem Äquator ein Kugeldreieck. Wenn du die Möglichkeit hast, schaue es dir auf einem Globus an. Welche Aussagen lassen sich über die Seitenlängen und die Winkel machen? Wie groß ist insbesondere die Innenwinkelsumme?

19 Ein Dreieck, bei dem eine Seitenlänge im Gradmaß gemessen 90° beträgt, bezeichnet man als **rechtseitig**. Gib ein Beispiel für ein Dreieck an, das zugleich rechtseitig und gleichseitig ist. Welche Winkel hat dieses Dreieck? Was kann man über dessen Neben- und Scheiteldreiecke aussagen? Welchen Teil der Kugeloberfläche umfaßt es?

20 a) Das nebenstehende Bild zeigt farbig hervorgehoben drei Kugelzweiecke, die aus dem Kugeldreieck ABC durch Ergänzung mit den Nebendreiecken entstehen. Welche Teile der Kugel werden hierdurch nicht überdeckt?

b) Wir gehen davon aus, daß die Innenwinkel des Kugeldreiecks ABC bekannt sind. Gib für jedes der drei Kugelzweiecke eine Formel zur Flächenberechnung an. Wie groß ist die Summe der Flächeninhalte aller drei Kugelzweiecke zusammen?

c) Erläutere, warum die nicht überdeckten Teile den gleichen Flächeninhalt haben wie die überdeckten Teile. Beachte dabei, daß sich auch die bisher nicht überdeckten Teile der Kugel durch drei Kugelzweiecke überdecken lassen.

d) Ist A der Flächeninhalt des Kugeldreicks ABC, so ist die Summe aller sechs Flächeninhalte gleich $4\pi R^2 + 4A$. Begründe dies.

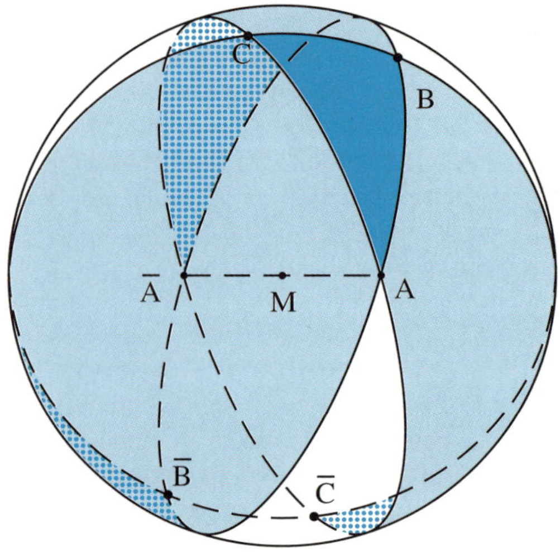

e) Aus den Ergebnissen von c) und d) läßt sich eine Formel für den Flächeninhalt A gewinnen. Führe die Rechnung durch.

Der Flächeninhalt eines Kugeldreiecks

Ein Dreieck mit den Innenwinkeln α, β und γ auf einer Kugel mit dem Radius R hat den Flächeninhalt

$$A = \pi R^2 \frac{\alpha + \beta + \gamma - 180^\circ}{180^\circ}$$

21 Wie groß ist der Flächeninhalt eines Kugeldreiecks mit 3 rechten Winkeln (siehe Aufgabe 18), wenn R = 1 m ist?

22 Gibt es auf der Kugel ein Dreieck mit der Innenwinkelsumme 180°?

23 Erläutere, warum die Innenwinkelsumme in einem Kugeldreieck stets größer als 180° sein muß.

Die Innenwinkelsumme in einem Kugeldreieck ist stets größer als 180°.

Der sphärische Exzeß

Der **sphärische Exzeß** ε gibt an, um wieviel die Innenwinkelsumme die untere Grenze von 180° überschreitet.

$$\varepsilon = \alpha + \beta + \gamma - 180^\circ$$

24 Drücke die Flächeninhaltsformel mit Hilfe des sphärischen Exzesses aus.

25 Welchen Teil der Kugeloberfläche umfaßt ein Dreieck mit
a) $\alpha = 90°, \beta = 90°, \gamma = 60°$,
b) $\alpha = 70°, \beta = 80°, \gamma = 120°$,
c) $\alpha = \beta = \gamma = 135°$,
d) $\alpha = \beta = \gamma = 61°$?

26 Wie viele Quadratkilometer mißt auf der nördlichen Erdhalbkugel die Fläche zwischen dem Nullmeridian und dem 30°-Meridian (östl. Länge)?

27 Europa hat einen Flächeninhalt von rund 10 000 000 km^2. Wie groß wären die Winkel eines Modellkontinents von gleicher Fläche, der die Gestalt eines gleichwinkligen sphärischen Dreiecks hat (Kugelradius R = 6370 km)?

28 Wie groß wären die Winkel aus Aufgabe 27 auf dem Mond (R = 1740 km)?

29 Welche Winkel hat ein gleichwinkliges Kugeldreieck, dessen Fläche
a) $\frac{1}{4}$, b) $\frac{1}{10}$, c) 1%
der Kugeloberfläche beträgt?

30 Aus dem Flächeninhalt A eines sphärischen Dreiecks, dessen Winkel gegeben sind, ist die Kugeloberfläche und der Kugelradius zu berechnen.
a) $\alpha = \beta = \gamma = 90°$; A = 314 cm^2
b) $\alpha = 50°$; $\beta = 60°$; $\gamma = 110°$; A = 80 m^2

31 Begründe die folgende Behauptung: Zerlegen drei Großkreise die Kugeloberfläche in acht Dreiecke, so ist die Summe der sphärischen Exzesse dieser Dreiecke gleich 720°.

32 Erläutere, wie aus der Behauptung von Aufgabe 31 folgt, daß der sphärische Exzeß eines Kugeldreiecks stets kleiner als 360° ist. Was ist demnach eine obere Grenze für die Innenwinkelsumme im sphärischen Dreieck?

33 Zeige, daß ein Kugelviereck einen Flächeninhalt $A = \frac{\alpha + \beta + \gamma + \delta - 360°}{180°} \pi R^2$ hat. Warum kann es kein sphärisches Rechteck geben?

7 Mathematische Kartenkunde

7.1 Kartenentwürfe

1 Überlege, welche Forderungen man an eine ideale Landkarte stellen müßte.

2 Breitenkreise haben bekanntlich überall auf der Erde gleichen Abstand voneinander. Stelle fest, ob dies auch auf den Karten in deinem Atlas der Fall ist. Überprüfe insbesondere Weltkarten und Karten der Polargebiete.

3 Jemand versucht, den Globus auf ein genügend großes Blatt Papier abzubilden, indem er das Blatt überall dicht an der Kugeloberfläche anlegt, um so eine Kontaktkopie herzustellen. Warum ist dies nicht möglich?

4 Die meisten Karten in einem Atlas sind so gestaltet, daß die Fläche der Länder und Kontinente in der richtigen Größe wiedergegeben wird. Warum ist dies wohl wichtig?

Eigenschaften von Landkarten

Die ideale Karte würde alle Linien und Linienabschnitte des Globus in ihrer wahren Länge abbilden. Eine solche Karte bezeichnet man als **längentreu**. Leider ist eine solche Abbildung wegen der Krümmung der Erdoberfläche im strengen Sinne nicht möglich. Ein kugeliges Flächenstück läßt sich nicht vollkommen ähnlich auf der Zeichenebene darstellen. Man muß deshalb stets mit Verzerrungen der Gestalt rechnen, die um so größer sind, je umfangreicher das Gebiet des Globus ist, das abgebildet werden soll. Karten, die nur einen sehr kleinen Ausschnitt der Erdoberfläche erfassen, wie z. B. Wanderkarten, sind allerdings nahezu längentreu, da in diesem Fall die Krümmung der Erdoberfläche kaum ins Gewicht fällt.

Eine weitere Forderung, die man an eine Karte stellen kann, ist die der **Flächentreue.** Karten, die dieser Forderung genügen, geben die Flächen beliebiger Gebiete des Globus in ihrer wahren Größe wieder. Die Gestalt des Gebietes ist aber im allgemeinen verzerrt.

Schließlich gibt es auch noch **winkeltreue** Karten, auf denen man alle Winkel in ihrer korrekten Größe abmessen kann.

5 Warum benötigen Seefahrer winkeltreue Karten?

6 Die folgende Abbildung zeigt eine **quadratische Plattkarte**.

a) Wodurch werden Meridiane und Breitenkreise in dieser Karte dargestellt?
b) Vergleiche die Länge der Meridiane mit der der Breitenkreise in der Karte.
c) Welchen Radius müßte ein Globus haben, auf dem die Meridiane die gleiche Länge wie auf der Plattkarte haben? Gibt es auch Breitenkreise, die in der Plattkarte in der richtigen Länge dargestellt werden?
d) Vergleiche die Gestalt der Kontinente in der Karte mit der Gestalt auf dem Globus. Sind sie einigermaßen korrekt wiedergegeben, oder treten größere Abweichungen auf? Wenn letzteres der Fall ist, stelle fest, wo diese Abweichungen besonders groß sind.

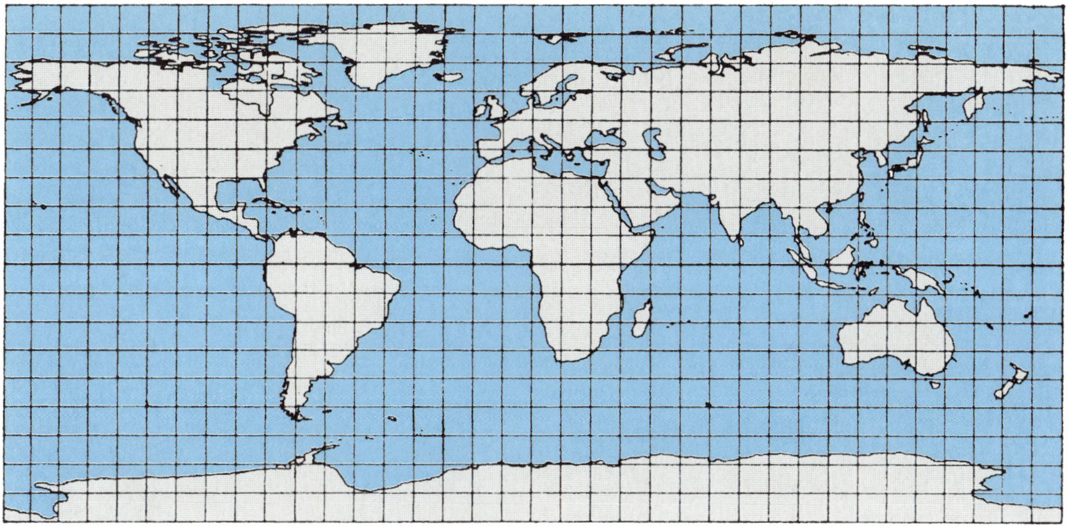

7 Die nebenstehende Abbildung zeigt im Schnittbild, wie man bei der quadratischen Plattkarte für einen beliebigen Punkt P auf dem Globus den entsprechenden Bildpunkt P' auf der Karte bekommt. Dabei ist die Karte zu einem Zylinder aufgerollt und so um den Globus gelegt worden, daß sie ihn am Äquator berührt.

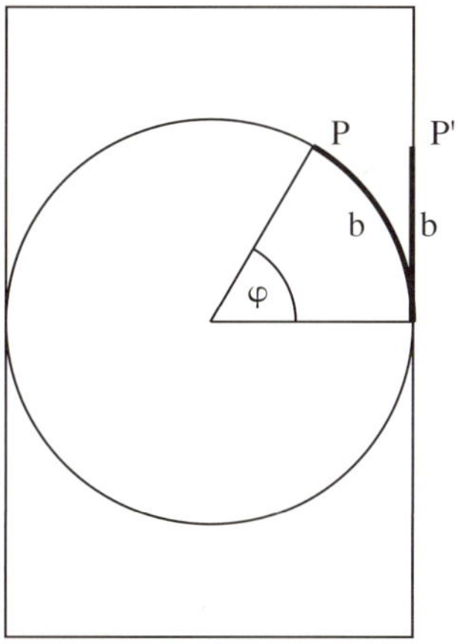

a) Beschreibe, wie man den Bildpunkt P' graphisch ermittelt.
b) Man bezeichnet diese Karte auch als **abstandstreu**. Welche Abstände werden auf ihr in der richtigen Größe (verglichen mit dem Globus) wiedergegeben?

8 Die nebenstehende Karte der Nordhalbkugel sieht völlig anders aus als die eben behandelte.

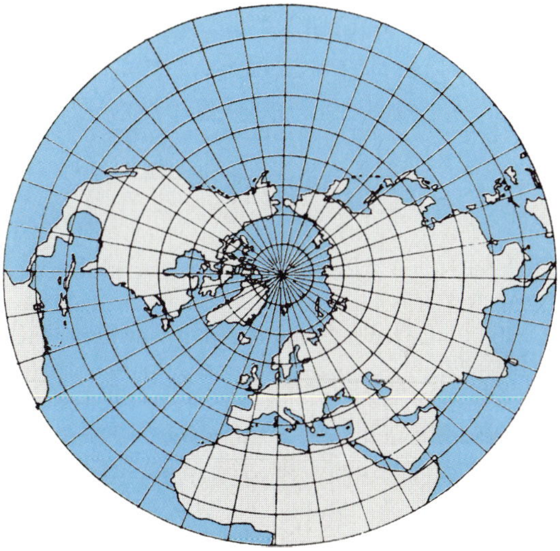

a) Wie werden hier Meridiane und Breitenkreise dargestellt?
b) Vergleiche wiederum die Gestalt der Kontinente auf der Karte mit der Gestalt auf dem Globus. Was stellst du fest?
c) Die Abbildung auf Seite 168 zeigt im Schnittbild, wie die Abbildung vom Globus auf die Karte durchgeführt wird. Die Karte wird nun nicht auf einer Zylinderfläche gezeichnet, sondern auf einer Ebene, die die Erdkugel im Nordpol berührt. Beschreibe das Verfahren.
d) Welche Abstände sind bei dieser Darstellung genauso groß wie auf dem Globus?

e) Mit Hilfe des Ergebnisses aus c) kann man z.B. ein Viertel des Globusumfanges direkt auf der Karte abmessen. Bestimme den Radius des Globus.

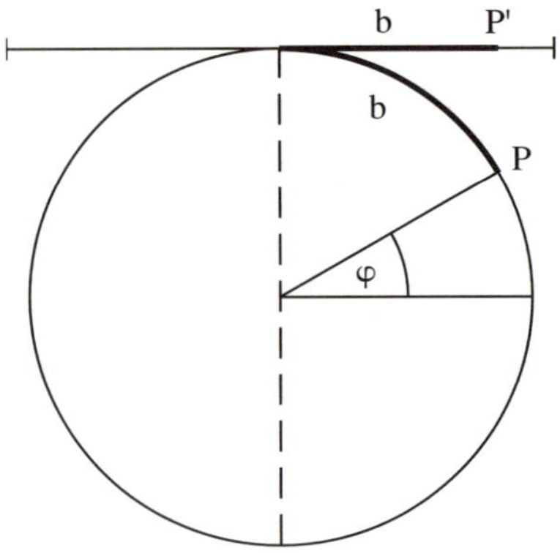

9 Das folgende Bild zeigt, wie der Globus auf einen Kegelmantel abgebildet wird, der ihn berührt. Wenn man den Kegel längs einer Mantellinie aufschneidet und die Mantelfläche in einer Ebene ausbreitet, bekommt man die nebenstehende Karte.

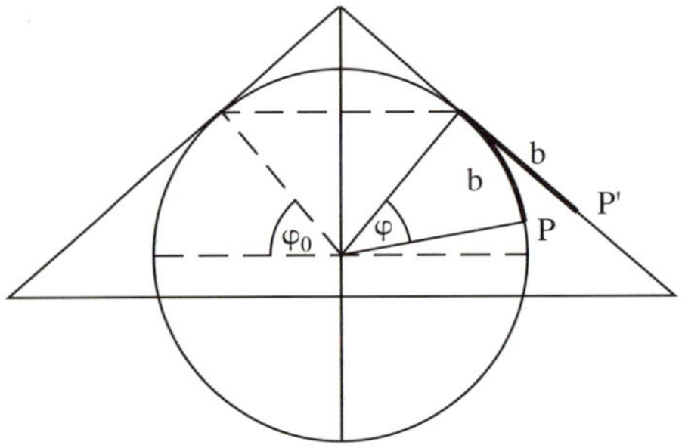

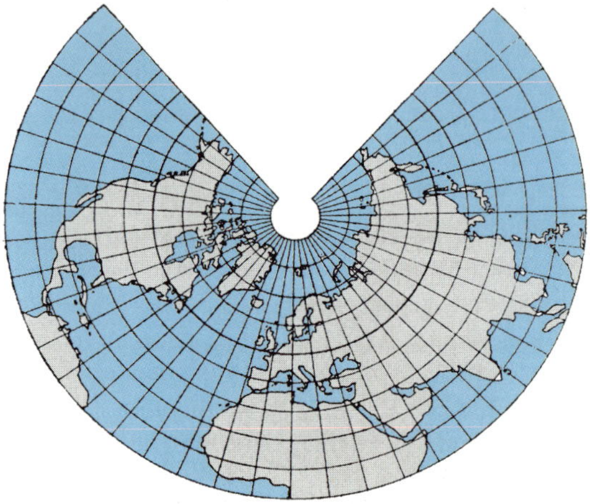

a) Welche Linien oder Linienabschnitte werden bei dieser Abbildung so übertragen, daß die Länge gleich bleibt (d.h. **längentreu** abgebildet wird)?

b) Läßt sich auch hier der Radius des zugehörigen Globus ermitteln? Erläutere, warum Afrika oder Südamerika auf dieser Karte viel zu breit abgebildet werden.

10 Es ist möglich, einen Zylinder oder einen Kegel aufzuschneiden und auf einer Ebene auszubreiten, ohne daß Falten entstehen. Bei einer Kugel geht dies nicht. Welche Folgerungen ergeben sich daraus für die Abbildung der Kugeloberfläche auf eine Ebene?

Kartenentwürfe

Unter einem **Kartenentwurf** versteht man eine Methode, mit deren Hilfe die Oberfläche oder ein Teil der Oberfläche des Globus auf eine Ebene abgebildet werden kann. Die Abbildung kann direkt erfolgen oder auf dem Umweg über eine Hilfsfläche, die anschließend aufgeschnitten und in der Zeichenebene ausgebreitet wird. Als Hilfsflächen können nur solche dienen, die sich verzerrungsfrei in der Ebene ausbreiten lassen (z.B. Kegel- oder Zylindermäntel). Man kennt dementsprechend in der Kartographie

- **azimutale Entwürfe** (Abbildung direkt in die Ebene),
- **Zylinderentwürfe** (Abbildung auf einen Bildzylinder),
- **Kegelentwürfe** (Abbildung auf einen Bildkegel).

Azimutalentwurf

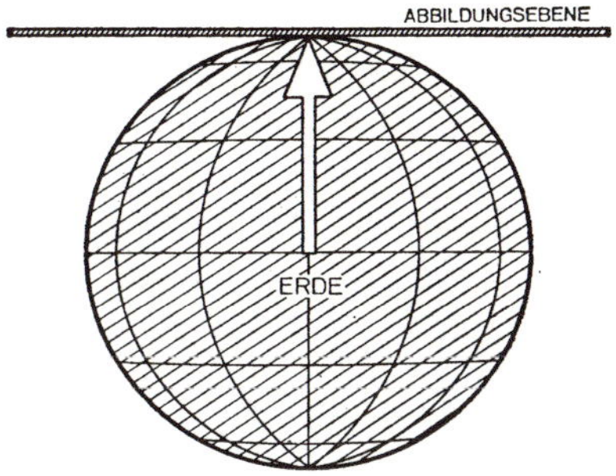

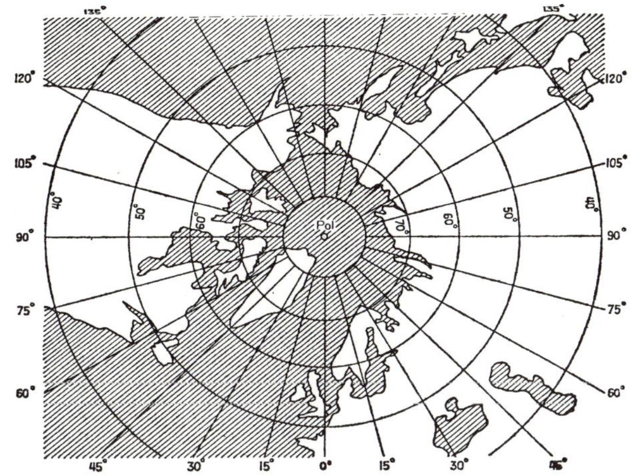

Zylinderentwurf

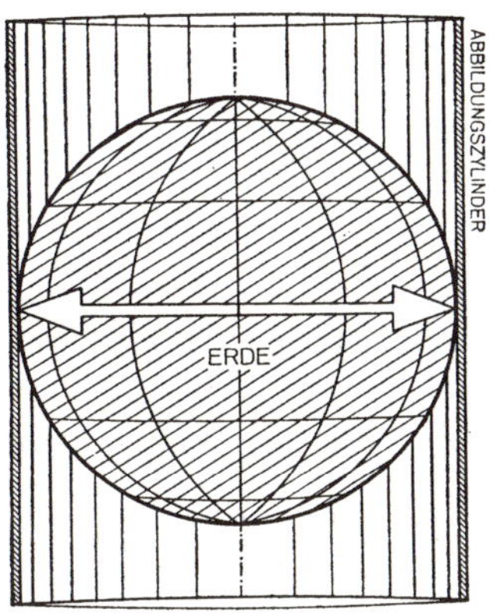

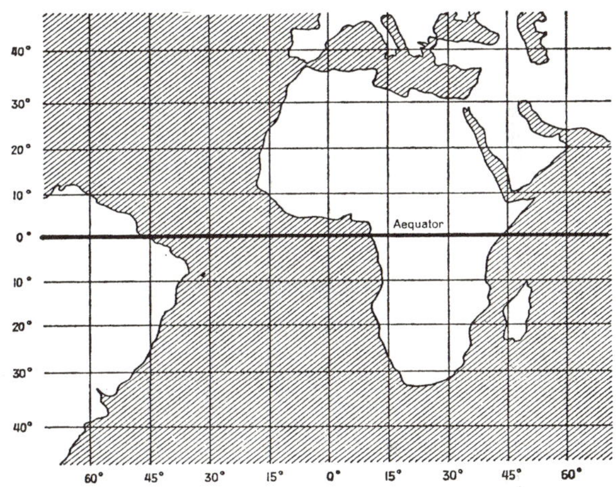

Kegelentwurf

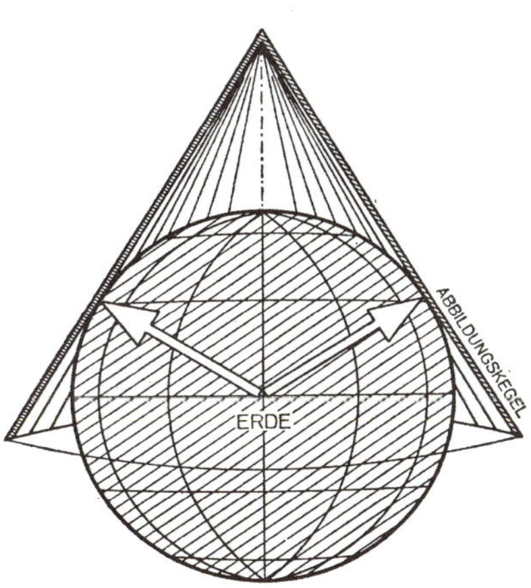

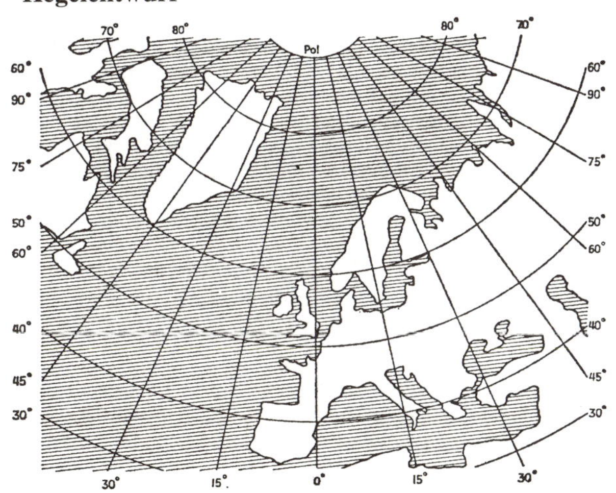

In unseren bisherigen Aufgaben wurden Breiten- und Längenkreise stets durch Kreise oder Geraden dargestellt. Solche Abbildungsmethoden bezeichnet man als **echte Entwürfe**. Alle anderen Entwürfe heißen **unecht**. Die beiden folgenden Abbildungen zeigen, welch kuriose Formen unechte Entwürfe mitunter annehmen können.

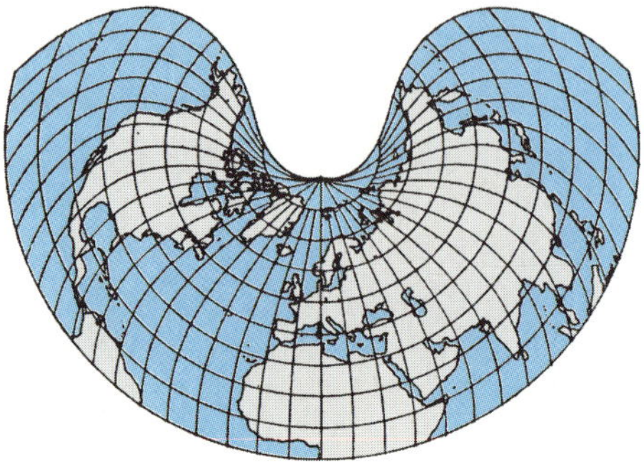

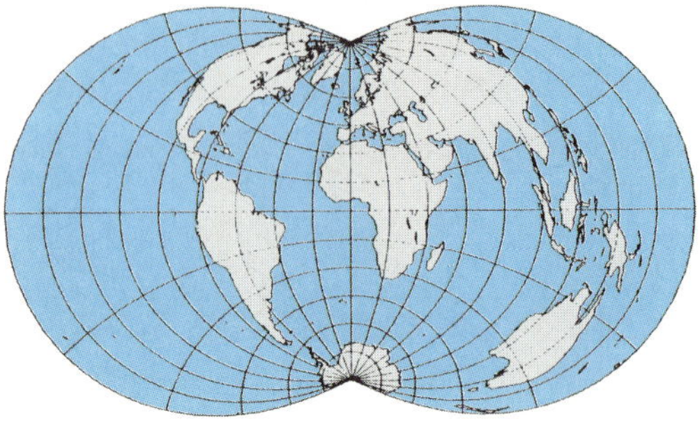

Wir werden uns in diesem Buch fast nur mit echten Entwürfen befassen.

Die bisher behandelten Entwürfe werden alle als **abstandstreu** bezeichnet. Das heißt allerdings nicht, daß sie längentreue Karten liefern, sondern nur, daß die Abstände vom Berührpunkt bzw. vom Berührkreis der Bildfläche mit dem Globus in der wahren Länge dargestellt werden. In den vorliegenden Fällen sind insbesondere die Abstände der Breitenkreise in der Karte korrekt dargestellt.

11 Zu welcher Abbildungsart gehört die quadratische Plattkarte bzw. die Karte der Nordhalbkugel aus Aufgabe 8?

12 Zeichne mit Hilfe der unten angegebenen Koordinaten den Grobumriß der Insel Grönland in eine quadratische Plattkarte, in der das Gradnetz im 10°-Abstand (10° ≙ 2 cm) gezeichnet wird. Wie groß ist der Radius des Globus bei diesen Vorgaben, wenn die Meridiane längentreu abgebildet werden?

Die Koordinaten für den Grobumriß von Grönland (1. Wert: westl. Länge, 2. Wert: nördl. Breite):

(44°;60°), (40°;65°), (22°;70°),
(19°;80°), (12°;82°), (40°;84°),
(60°;82°), (72°;78°), (69°;76°),
(59°;75°), (53°;66°), (48°;61°)

13 Der Bildzylinder muß nicht unbedingt den Globus am Äquator berühren, wie dies bei den bisherigen Beispielen der Fall war. Er kann die Erdkugel auch durchdringen. Auf diese Weise erhält man einen Zylinderentwurf, der den Gegebenheiten einer bestimmten Region besser angepaßt ist. Aus der quadratischen Plattkarte wird allerdings eine **rechteckige Plattkarte**.

a) Der Bildzylinder soll so verkleinert werden, daß er den Globus am 70. Breitengrad (im Norden und Süden) durchdringt. Der Umfang des Globus soll 11 cm betragen (wie in Aufgabe 6). Welchen Umfang und welche Höhe muß der Bildzylinder dann haben?
b) Zeichne die Mantelfläche des Bildzylinders maßstabsgerecht, so wie sie in der Zeichenebene ausgebreitet erscheint. Zeichne auch das Gradnetz in 30°-Abständen ein.
c) Welche Linienabschnitte des Gradnetzes werden hier längentreu abgebildet?

14 Zeichne den Grobumriß von Grönland in eine rechteckige Plattkarte, in der der 70. Breitenkreis längentreu abgebildet wird. Zeichne zunächst ein für die angegebenen Koordinaten geeignetes Gradnetz im 10°-Abstand, bei dem der Abstand der Breitenkreise wieder 2 cm beträgt und der Abstand der Meridiane entsprechend verkürzt wird (siehe Aufgabe 13). Vergleiche das neue Bild mit dem aus Aufgabe 12. Welcher Teil von Grönland wird auch in dem neuen Bild zu breit, welcher zu schmal dargestellt?

15 Eine rechteckige Plattkarte (wie in Aufgabe 14) wurde bereits von Marinos von Tyros (ca. 100 n. Chr.) und Claudius Ptolemäus (90 – 160 n. Chr.) benutzt. Sie war an den 36. Breitengrad angepaßt.

a) Warum hat man damals den 36°-Breitenkreis längentreu abbilden wollen? Schaue im Atlas nach, durch welche Gebiete er geht.
b) Zeichne das Gradnetz für diese Karte im 15°-Abstand für die damals bekannte Welt, die zwischen ca. 15° s. Br. und 60° n. Br. lag. Um welchen Faktor ist der obere Rand dieser Karte zu lang dargestellt?

16 Die folgende Abbildung zeigt eine Weltkarte aus dem Atlas „Cosmographia“ von Claudius Ptolemäus aus einer Handschrift des 15. Jahrhunderts. Welchem der oben genannten Entwürfe läßt sich der obere Teil (nördlich des Äquators) zuordnen?

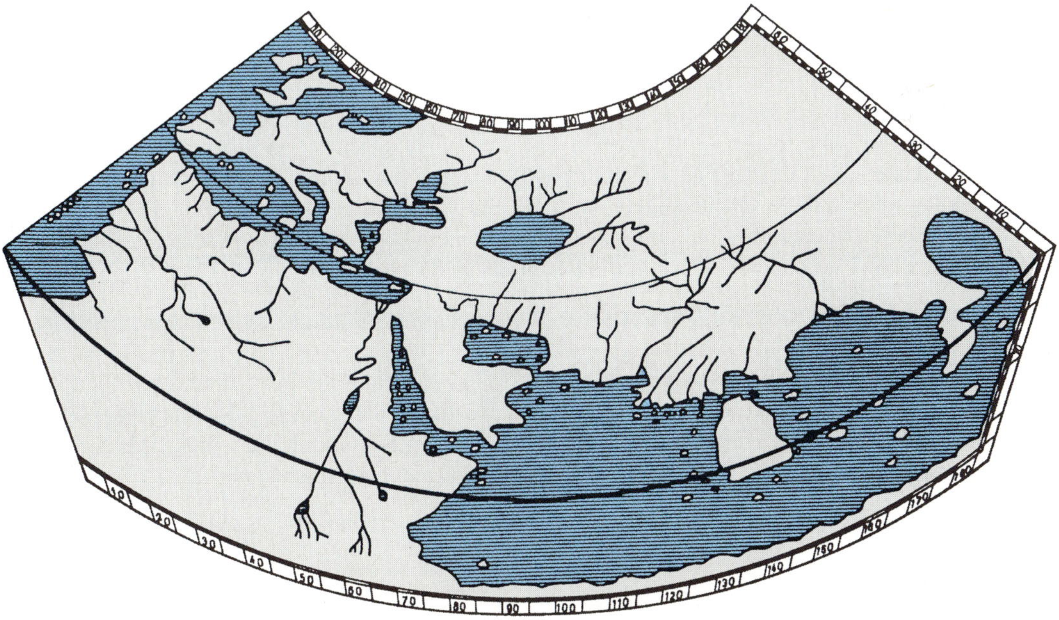

Die Weltkarte des Ptolemäus, 160 n. Chr.

7.2 Stereographische Projektion

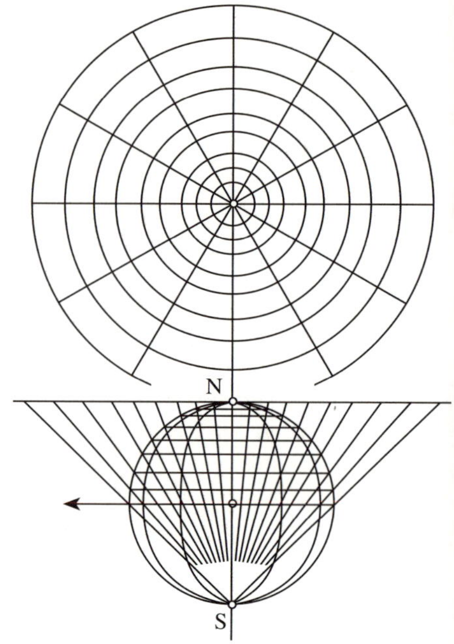

1 Stelle dir vor, daß die Bildebene den Globus am Nordpol berührt. Die Punkte des Globus werden vom Südpol aus durch die Kugel hindurch auf die Bildebene projiziert. Im nebenstehenden Bild ist dies für einige Projektionsstrahlen im Aufriß gezeigt. Die Abbildungsstrahlen sind so ausgewählt, daß sie jeweils durch einen der eingezeichneten Breitenkreise der Nordhalbkugel gehen. Darüber ist das sich daraus ergebende Gradnetz dargestellt. Die Breitenkreise sind im 10°-, die Meridiane im 30°-Abstand gezeichnet. Diese Art der Abbildung bezeichnet man in der Mathematik als **stereographische Projektion**.
Zu welchem der drei Grundtypen von Kartenentwürfen gehört die stereographische Projektion? Begründe deine Antwort.

2 Konstruiere das Gradnetz wie in dem Beispiel in stereographischer Projektion für einen Globus mit R = 3 cm.

Echte Projektionen

Man bezeichnet einen Entwurf als **echte Projektion**, wenn der Globus durch Strahlen auf eine Ebene oder abwickelbare Fläche abgebildet wird. Ein typisches Beispiel ist die **stereographische Projektion**, bei der die Abbildungsstrahlen von einem Punkt P der Kugel ausgehen und jeden anderen Punkt der Kugelfläche auf die Berührebene durch den Gegenpunkt von P abbilden.

3 Zeige an Hand der untenstehenden Abbildung, daß man den Radius ϱ des Breitenkreises im Kartenbild mit Hilfe der folgenden Formel berechnen kann:

$$\varrho = \frac{2R\cos\varphi}{1+\sin\varphi}$$

Darin ist R der Kugelradius. Hinweis: Benutze den zweiten Strahlensatz.

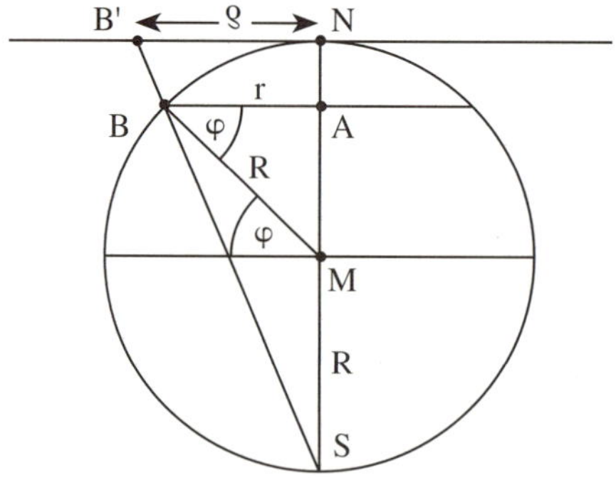

4 Zeige an Hand der untenstehenden Abbildung, daß man den Radius ϱ des Breitenkreises im Kartenbild auch mit Hilfe der folgenden Formel berechnen kann:

$$\delta = 2R\tan\frac{\delta}{2} \qquad \text{mit } \delta = 90° - \varphi$$

Darin ist R der Kugelradius. Hinweis: Benutze den Satz über Umfangs- und Mittelpunktswinkel.

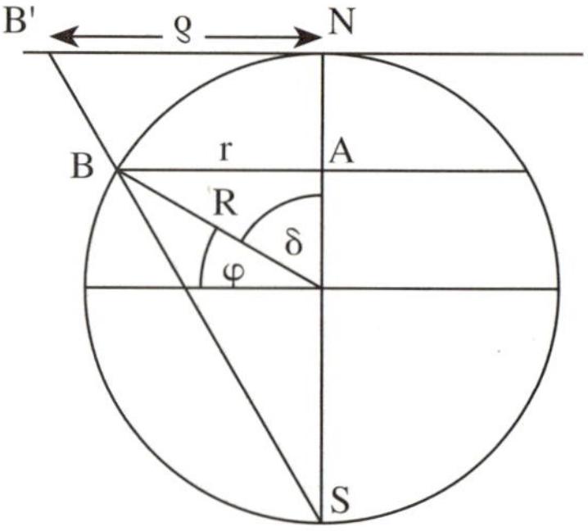

5 Berechne mit Hilfe der Formel aus Aufgabe 3 für einen Globus mit Radius R = 11,34 cm die Radien des 60°-, 70°- und 80°-Breitenkreises. Zeichne in stereographischer Projektion den Teil des Gradnetzes nördlich des 60. Breitengrades im 10°-Abstand, den man benötigt, um eine Karte von Grönland einzutragen (siehe die Koordinaten aus Aufgabe 12, Abschnitt 7.1). Zeichne den Grobumriß von Grönland und vergleiche ihn mit dem aus Aufgabe 12. Ein Vergleich ist besonders gut möglich, wenn du einen der Umrisse auf Transparentpapier abzeichnest und auf den anderen legst.

6 Zeichne einen Grobumriß des nordamerikanischen Kontinents in stereographischer Projektion (Berührpunkt am Nordpol). Den Verlauf der Küstenlinie kannst du dem Atlas entnehmen.

7 Warum ist eine stereographische Projektion, bei der das Projektionszentrum an einem der Pole des Globus liegt, nicht für eine Darstellung des Äquatorialbereiches geeignet?

8 Mit Hilfe der Formel aus Aufgabe 3 kannst du berechnen, wie stark die Länge des Breitenkreises im Kartenbild von der des Originals auf dem Globus abweicht.

a) Berechne die Länge des 60°-Breitenkreises für einen Globus mit R = 1 m und des Radius des entsprechenden Breitenkreises in einem Kartenbild, das durch stereographische Projektion entstanden ist. Um wieviel Prozent ist der Breitenkreis im Kartenbild zu groß?
b) Von welchem Breitengrad ab wird der Fehler größer als 10%?
c) Auf der Karte ist der Radius des 60°-Breitenkreises gleich der Länge eines Meridianabschnittes vom Pol bis zum Breitenkreis. Um wieviel Prozent weicht sie von der tatsächlichen Länge des Meridianabschnittes auf dem Globus ab?

9 Wie müßte eine stereographische Projektion durchgeführt werden, um eine Gegend in der Nähe des Äquators ohne allzu große Verzerrungen abzubilden?

Der Einfluß der Lage des Berührpunktes

Je nach Lage des Berührpunktes der Bildebene bekommt man bei der stereographischen Projektion sehr unterschiedliche Bilder des Gradnetzes der Erde.

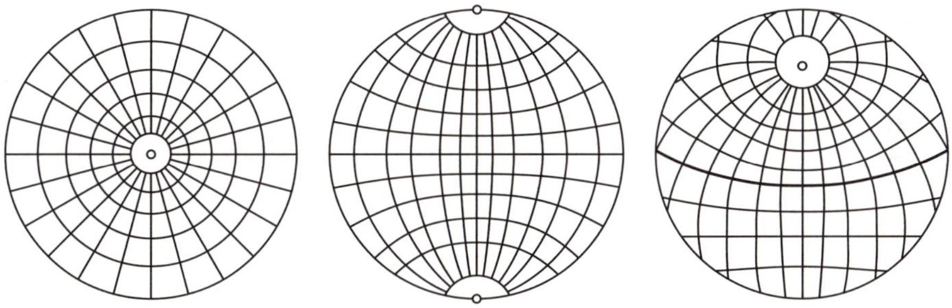

Man unterscheidet im wesentlichen drei Typen, die in der Abbildung dargestellt sind. Das linke Bild zeigt einen **polständigen Entwurf**, da der Berührpunkt an einem der Pole liegt. Das mittlere Bild ist das eines **äquatorständigen Entwurfs**, d.h. der Berührpunkt liegt auf einem Punkt des Äquators. Welchen Punkt auf dem Äquator man auswählt, hängt von der Gegend der Erde ab, die man darstellen will. Der Berührpunkt sollte etwa in der Mitte dieser Gegend liegen. Das rechte Bild zeigt schließlich einen **zwischenständigen Entwurf**. Bei ihm liegt der Berührpunkt irgendwo zwischen Pol und Äquator.

Sinngemäß lassen sich diese Begriffe auf die anderen Azimutalentwürfe, die später noch behandelt werden, übertragen.

10 Die nebenstehende Abbildung zeigt die stereographische Projektion von einem Zentrum P, das auf der Kugelfläche liegt, auf eine Ebene, die die Kugel im Gegenpunkt $\overline{P}$ von P berührt. Der Abbildungsstrahl PA für die Abbildung des Punktes A ist eingezeichnet, d.h. A' ist der Bildpunkt von A. Ferner sind zwei Tangenten t_1 und t_2 eingezeichnet, die die Kugel im Punkt A berühren und die Bildebene in T_1 und T_2 schneiden. Sie schließen einen Winkel $\alpha = \sphericalangle T_1AT_2$ ein.

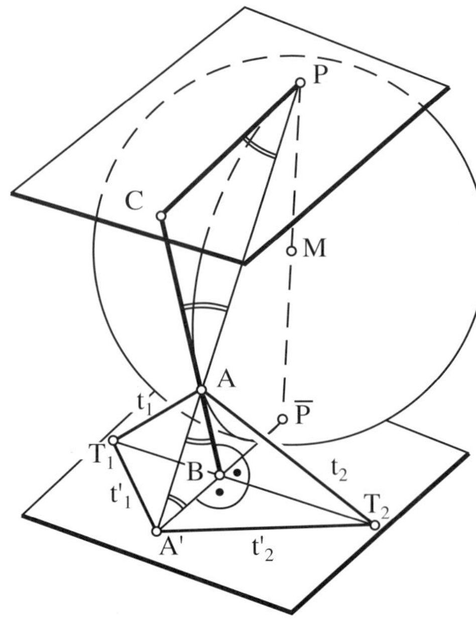

a) Durch die Projektion auf die Ebene werden nicht nur die Punkte der Kugeloberfläche, sondern alle Punkte des Raumes abgebildet, sofern es Abbildungsstrahlen von P durch diese Punkte gibt, die die Bildebene treffen. Der Auftreffpunkt des Abbildungsstrahls auf die Bildebene ist dann jeweils der Bildpunkt für alle Punkte des Raumes, die auf diesem Strahl liegen. Ebenso werden auch die Geraden des Raumes abgebildet. Bestimme die Bildgeraden von t_1 und t_2.

b) Die Berührebenen durch P und $\overline{P}$ sind parallel, da sie durch Gegenpunkte gehen. In der Berührebene durch P wird ein Punkt C so gezeichnet, daß CA und CP Tangenten an den Großkreis PA sind. Begründe, warum folgende Winkel gleich sind:

$$\sphericalangle CAP = \sphericalangle CPA = \sphericalangle AA'B = \sphericalangle A'AB.$$

c) Warum ist das Dreieck AA'B gleichschenklig? Gib die beiden gleich langen Schenkel an.

d) Zeige, daß $\Delta\, ABT_2 \cong \Delta\, A'BT_2$ und $\Delta\, ABT_1 \cong \Delta\, A'BT_1$ ist. Hinweis: Die beiden eingezeichneten rechten Winkel können verwendet werden, da sie durch die Konstruktion bedingt sind.

e) Erläutere, warum aus d) folgt, daß $\sphericalangle T_1AT_2 = \sphericalangle T_1A'T_2$ ist.

11 In der nebenstehenden Abbildung wird dargestellt, wie ein Kreis K auf der Kugel mittels stereographischer Projektion von P auf die Berührebene durch den Gegenpunkt $\overline{P}$ abgebildet wird. Ferner ist ein Kegel von Tangenten mit Spitze S gezeichnet, so daß alle Tangenten die Kugel in Punkten des Kreises K berühren. Die Mantellinien stehen senkrecht zum Kreis.

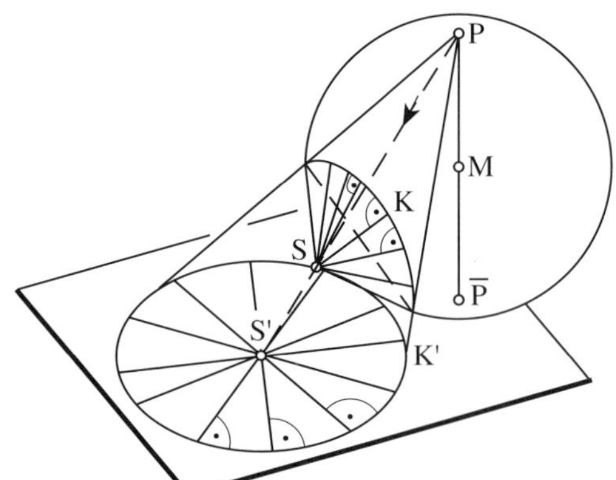

a) Es ist zunächst nicht klar, ob das Bild K' des Kreises wieder ein Kreis ist. Die Mantellinien des Kegels werden auf ein Geradenbüschel durch S' abgebildet. Warum schließen alle Geraden dieses Büschels mit K' einen rechten Winkel ein?

b) Wie groß ist der Winkel zwischen Bogen und Radius bei einem Kreis?

In der Tat ist der Kreis die einzige Kurve mit der Eigenschaft, daß die Tangenten alle senkrecht zu den Geraden eines solche Geradenbüschels stehen.

Die stereographische Projektion ist winkel- und kreistreu.

12 In einem Flugzeug auf dem Flug von *Paris* nach *London* erkrankt die Besatzung plötzlich an Lebensmittelvergiftung. Der Pilot kann gerade noch seine Position (50° N; 0° O) bestimmen und den Autopiloten auf den festen Kurs 70° rw. (siehe Kapitel 1) einstellen, bevor er ohnmächtig wird. Wir wollen den Weg ermitteln, den das Flugzeug voraussichtlich nehmen wird. Dazu können wir das unten dargestellte Gradnetz in stereographischer Projektion benutzen, da die Abbildung winkeltreu ist, Kurswinkel also korrekt dargestellt werden. Strenggenommen müßte jeder Meridian stets unter dem gleichen Winkel geschnitten werden. Das läßt sich aber zeichnerisch kaum durchführen. Deshalb begnügen wir uns mit einer Näherungslösung, die das wesentliche auch zeigt.

a) Suche den Startort (s.o.) und trage dort den Kurs im 70°-Winkel in der richtigen Richtung an. Beim Schnittpunkt der Kurslinie mit dem 10°-Meridian trage als neuen Kurs wieder einen 70°-Winkel an. Beim Schnittpunkt des neuen Kurses mit dem 20°-Meridian verfahren wir ebenso und setzen die Konstruktion in der gleichen Weise mindestens solange fort, bis alle Meridiane einmal durchlaufen worden sind. Wir korrigieren den Kurs auf der Karte also nicht stetig, sondern jeweils erst nach 10°. Den dadurch entstehenden Fehler müssen wir in Kauf nehmen.

c) Stelle dir vor, du würdest die Konstruktion weiterführen. Zu welchem Zielpunkt würdest du unweigerlich gelangen?

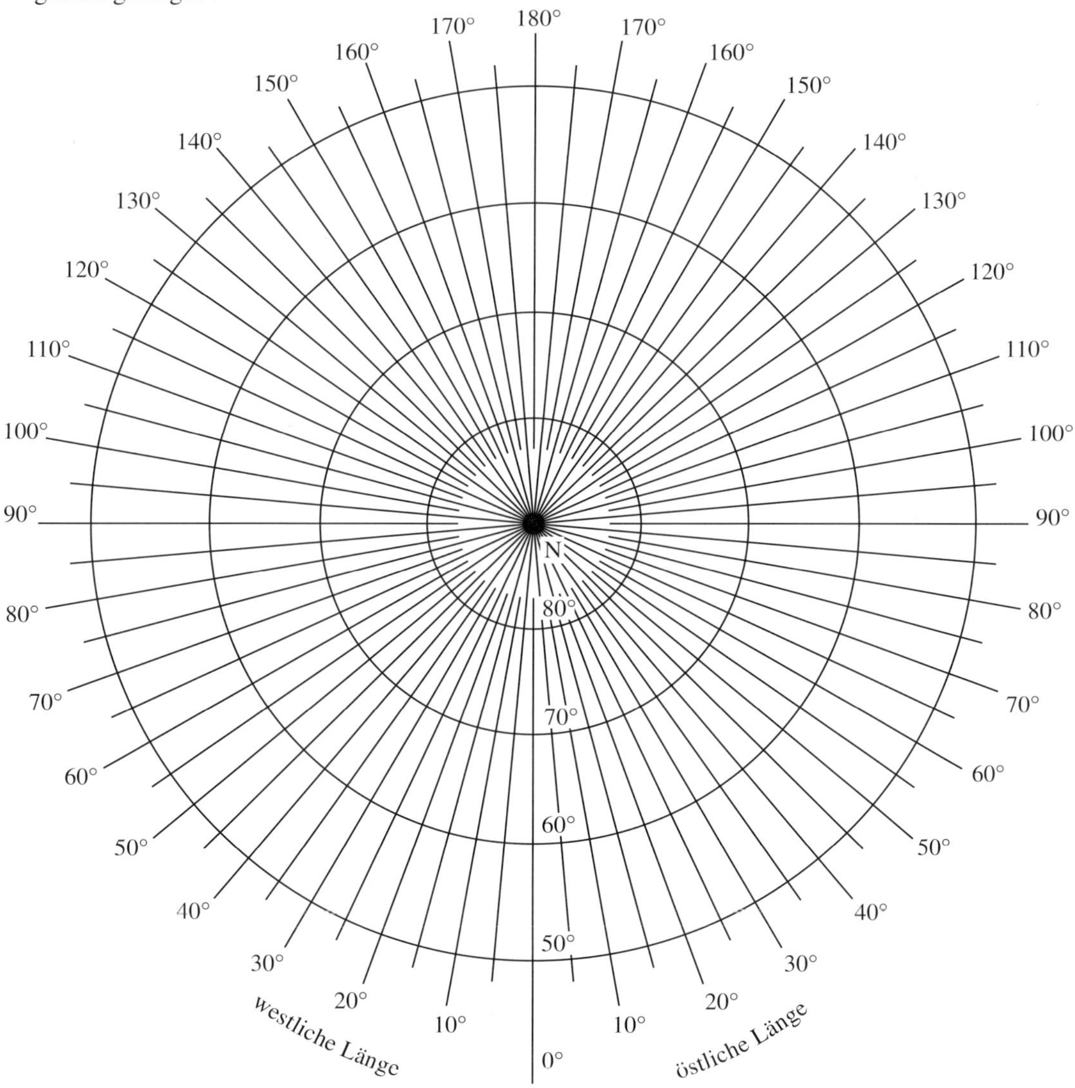

Die Loxodrome

Eine Linie konstanten Kurses wird als **Loxodrome** (griech. loxos = schief, dromos = Weg) bezeichnet. In der nebenstehenden Abbildung ist zu erkennen, wie sich die Loxodrome spiralig dem Südpol nähert. In der stereographischen Projektion wird die Loxodrome durch eine sogenannte logarithmische Spirale beschrieben, da bei der rechnerischen Bearbeitung dieser Kurve die Logarithmusfunktion eine wesentliche Rolle spielt.

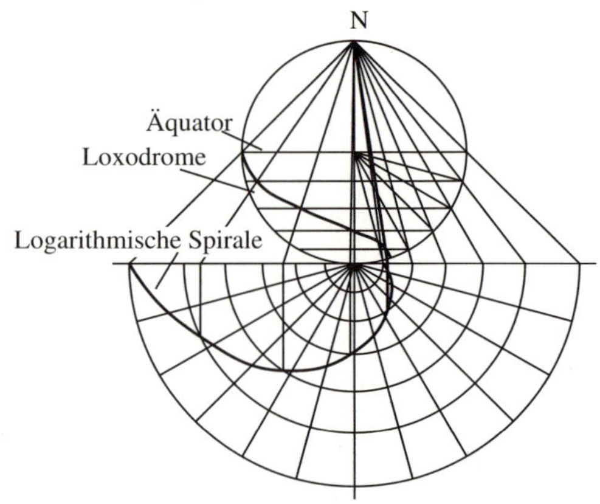

13 Wiederhole die Zeichnung aus Aufgabe 12, aber nun mit einer Kurskorrektur nach bereits 5°, um eine größere Genauigkeit zu erreichen. Was ändert sich?

14 Verfahre wie in Aufgabe 12 mit dem Kurswinkel 330° rw.

15 Welche Loxodromen haben auf der Erde die Gestalt eines Kreises? Wie erscheinen diese in stereographischer Projektion?

16 Ist die gezeichnete Loxodrome der kürzeste Weg zum Nordpol? Kannst du ggf. den kürzesten Weg angeben (siehe Kapitel 6)?

Die Orthodrome

Die kürzeste Verbindung zweier Punkte auf der Erde heißt **Orthodrome** (griech. orthos = gerade). Eine Orthodrome ist stets ein Großkreisbogen.

17 Seefahrer benötigen für die Navigation feste Kurse, d.h. sie fahren zumindest für eine gewisse Zeit auf Loxodromen. Allerdings wird der Kurs regelmäßig korrigiert, so daß sich der Weg, der aus den Loxodromenabschnitten zusammengesetzt ist, der Orthodrome zwischen Start- und Zielort annähert. Warum verfährt man so?

18 Welche Gestalt haben Orthodromen in einer Karte mit stereographischer Projektion?

19 Zeichne drei Kreise mit unterschiedlichen Radien, so daß sich jeder Kreis mit jedem der beiden anderen schneidet. Je zwei der Kreise haben dann eine gemeinsame Sehne. Zeichne alle drei Sehnen. Was stellst du fest?

Ein Verfahren zur Konstruktion der Orthodrome

Die Orthodrome ist ein Großkreisbogen. Wegen der Kreistreue der stereographischen Karte erscheint sie also auch im Kartenbild als Kreisbogen. Unsere Aufgabe ist es demnach, mit Hilfe von Start- und Zielort den Orthodromenkreis zu konstruieren. Dazu ist es notwendig, den Mittelpunkt dieses Kreises zu bestimmen. Wir führen die Konstruktion am Beispiel der Orthodrome von *Frankfurt/M.* nach *Bangkok* (heute *Krung Thep* in Thailand) durch.

Die Konstruktion stützt sich auf den folgenden Lehrsatz: Die drei gemeinsamen Sehnen, die je zwei von drei sich gegenseitig schneidenden Kreisen haben, gehen durch einen Punkt P (siehe nebenstehende Zeichnung). Auf einen allgemeinen Beweis verzichten wir hier (siehe Aufgabe 19).

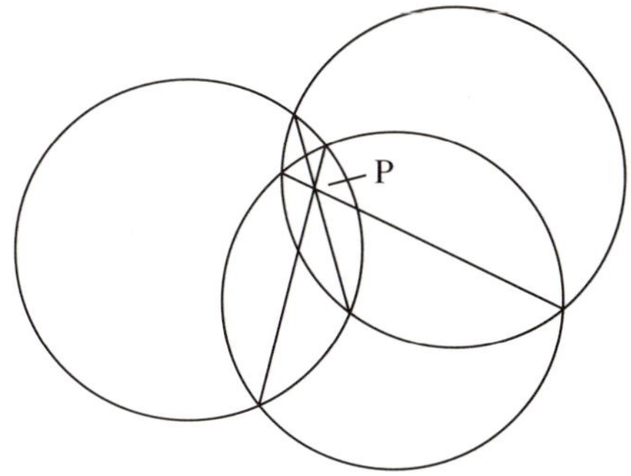

Zunächst zeichnen wir eine Gerade durch F und B und dann einen Hilfskreis k beliebiger Größe, der durch F und B geht und den Äquator schneidet (in den Punkten X und Y). Hinweis: Der Mittelpunkt eines solchen Kreises liegt auf der Mittelsenkrechten von $\overline{FB}$. Als nächstes zeichnen wir die Gerade XY bis zum Schnittpunkt S mit FB. $\overline{YX}$ ist die gemeinsame Sehne von k und dem Äquator, $\overline{FB}$ die gemeinsame Sehne von k und dem gesuchten Großkreis durch F und B. Also muß die gemeinsame Sehne des Großkreises $\overline{FB}$ und des Äquators auch durch S gehen. Da die Schnittpunkte eines Großkreises mit dem Äquator Gegenpunkte sind, geht ihre Verbindungslinie durch den Erdmittelpunkt, im Kartenbild dementsprechend durch den Berührpunkt (das Zentrum Z der Karte). Wir zeichnen also SZ und bezeichnen die Schnittpunkte mit dem Äquator als U und V. Jetzt ist nur noch der Kreis durch U, V, F und B zu zeichnen. Den Mittelpunkt bekommt man als Schnittpunkt zweier Mittelsenkrechten.

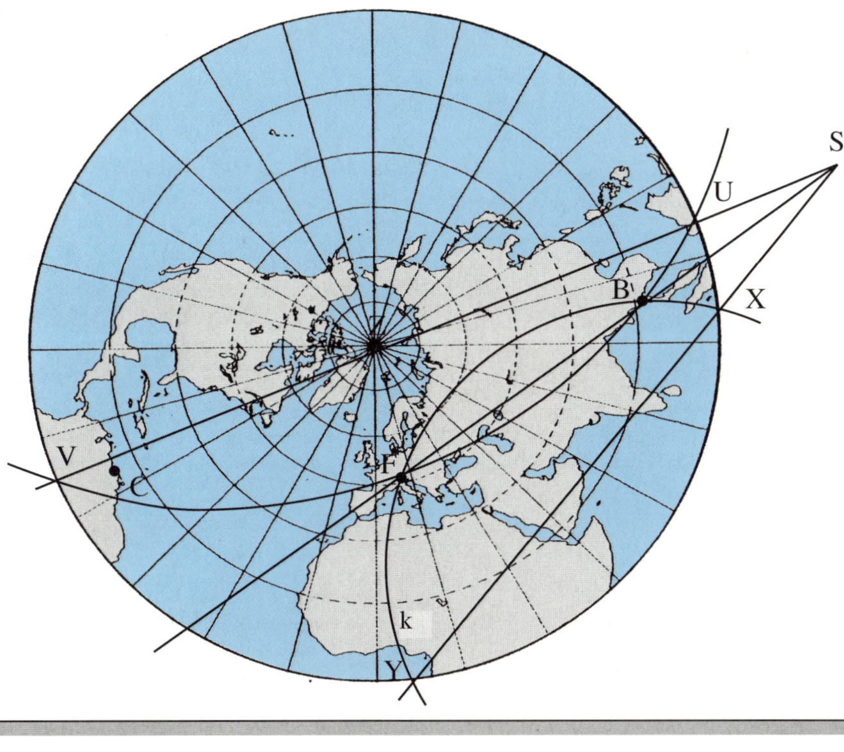

20 Konstruiere mit Hilfe von Transparentpapier den Mittelpunkt des gesuchten Großkreises (Orthodrome von *Frankfurt* nach *Bangkok*) und zeichne auch die Tangenten an den Großkreis in F und B ein. Welchen Winkel schließen sie mit dem durch F bzw. B gehenden Meridian ein? Gib den Kurswinkel für einen Abflug in Frankfurt an.

21 Führe (auf einer Kopie oder auf Transparentpapier) die gesamte Konstruktion für einen Flug von *Frankfurt* (F) nach *Caracas* (C) durch. Bestimme den Kurs beim Abflug und bei der Ankunft.

7.3 Weitere Azimutalentwürfe

1 Neben der stereographischen Projektion sind noch viele andere Projektionsarten praktizierbar. Man kann z.B. den Ausgangspunkt der Projektionsstrahlen in den Mittelpunkt des Globus legen und die Kugelfläche auf eine Berührebene projizieren. Zeichne das Gradnetz, das bei dieser Projektion entsteht, für den Fall, daß die Bildebene den Globus in einem der Pole berührt (polständige Lage). Der Radius des Globus soll 3 cm betragen. Gehe genauso vor wie bei der stereographischen Projektion.

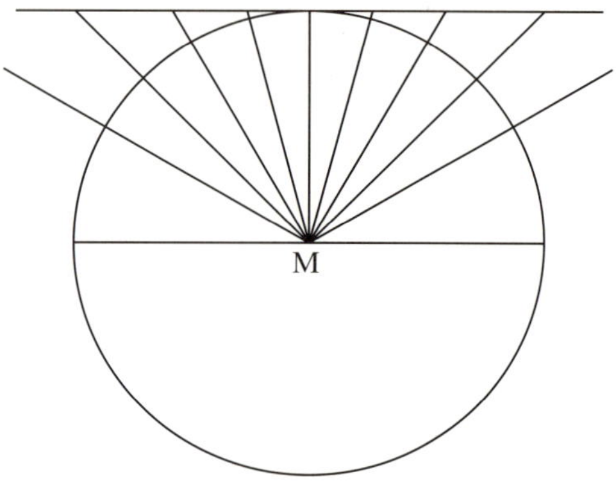

Die gnomonische Projektion

Bei der **gnomonischen Projektion** wird der Globus von seinem Mittelpunkt aus auf eine Berührebene projiziert. Der Berührpunkt kann sich an einer beliebigen Stelle auf der Kugelfläche befinden. Die nebenstehende Abbildung zeigt eine **polständige** gnomonische Karte.

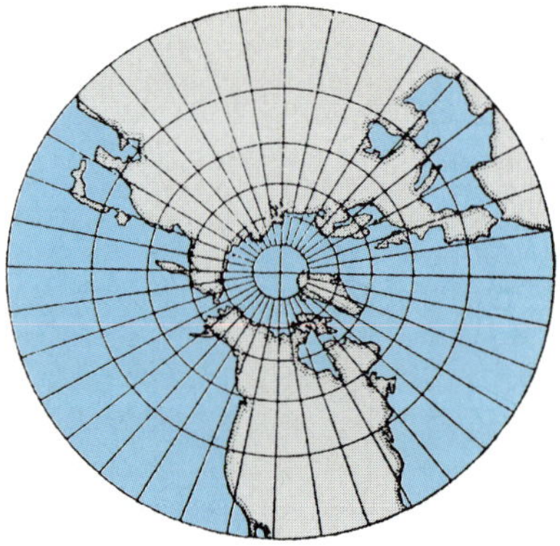

2 Was läßt sich über die Verzerrungen dieser Karte feststellen?

3 Zeige, daß für den Breitenkreisradius ϱ auf der Karte die folgende Formel gilt:

$$\varrho = R \cot \varphi.$$

4 Zeichne den Grobumriß des nordamerikanischen Kontinents in gnomonischer Projektion. Den Verlauf der Küstenlinie kannst du dem Atlas entnehmen. Vergleiche das Ergebnis mit dem aus Aufgabe 6 in Abschnitt 7.2.

5 Erkläre, warum Großkreise auf dem Globus grundsätzlich durch Geraden in der Bildebene der gnomonischen Projektion dargestellt werden.

6 Als bei der Planung der Bahnlinie von *Moskau* nach *St. Petersburg* Unklarheit darüber herrschte, welches die kürzeste Verbindung der beiden Orte sei, soll Zar Nikolaus I. einfach mit dem Lineal eine gerade Linie von Ort zu Ort gezogen haben. Lag er damit richtig?

7 Für welche Zwecke ist eine Karte in gnomonischer Projektion besonders gut geeignet?

Eigenschaften und Verwendung des gnomonischen Entwurfs

Die Karten des gnomonischen Entwurfs sind weder längen- noch winkel- noch flächentreu, also auf den ersten Blick denkbar ungünstige Karten. Dennoch haben sie einen wichtigen Vorteil: **Orthodromen werden durch gerade Strecken dargestellt**, d.h., man kann die kürzeste Verbindung zweier Orte mit dem Lineal einzeichnen. Deshalb benutzen See- und Luftfahrer sie gern bei der Bestimmung des Kurses in Kombination mit einer winkeltreuen Karte. Zunächst wird die Orthodrome vom Start- zum Zielort in die gnomonische Karte eingezeichnet, auf der man die Koordinaten bestimmter Punkte (z.B. Schnittpunkte mit Meridianen) abliest. Diese Punkte überträgt man dann in eine winkeltreue Karte und verbindet sie je nach Bedarf entweder durch gerade Strecken (Loxodromenabschnitte), um dort die Kurswinkel auszumessen, oder durch eine glatte Kurve (Orthodrome).

8 Die untenstehende Abbildung zeigt eine gnomonische Karte des größten Teiles der Nordhalbkugel.

a) Zeichne die Orthodromen von Rom (R) nach Tokio (T) und San Francisco (F) ein. Bestimme jeweils die Koordinaten des nördlichsten Punktes der Orthodrome (so genau es auf dieser Karte möglich ist).
b) Welche Entfernung hat der nördlichste Punkt jeweils vom Nordpol?
c) Wo überquert man beim Flug von Rom nach Tokio den 40°-Meridian (bzw. den 80°-Meridian)?

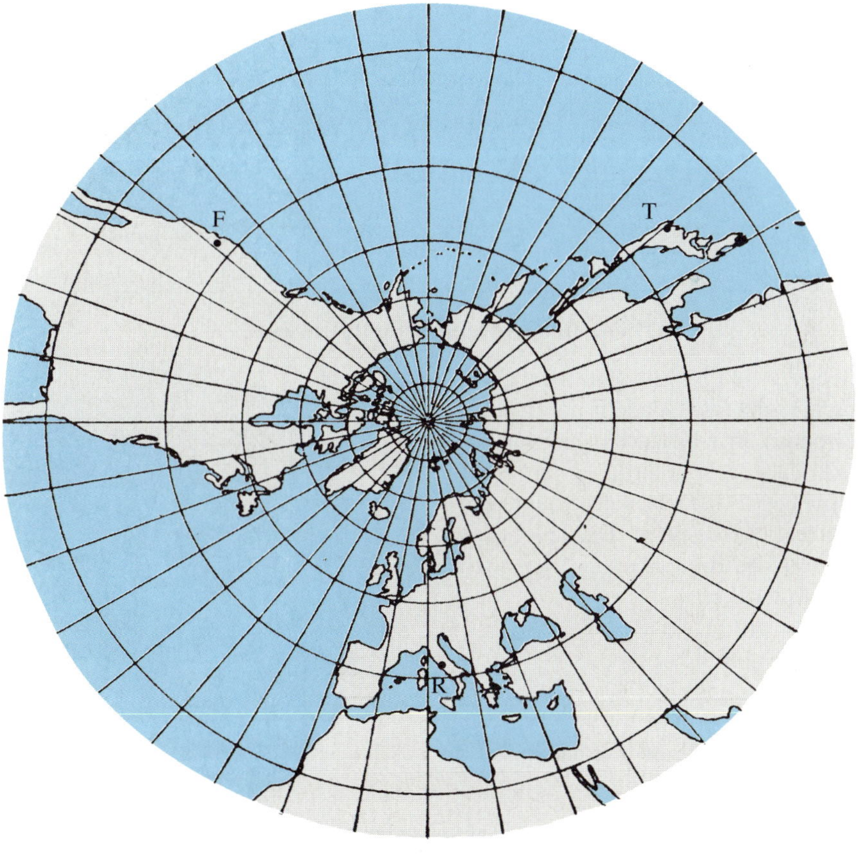

9 In modernen Atlanten werden gewöhnlich flächentreue Karten benutzt, denn für viele geographische Fragen ist eine korrekte Einschätzung der Größe eines Gebietes (Flächeninhalt) von entscheidender Bedeutung. Wie man zu einem **flächentreuen, polständigen Azimutalentwurf** gelangt, wird durch die nächsten Aufgaben deutlich.

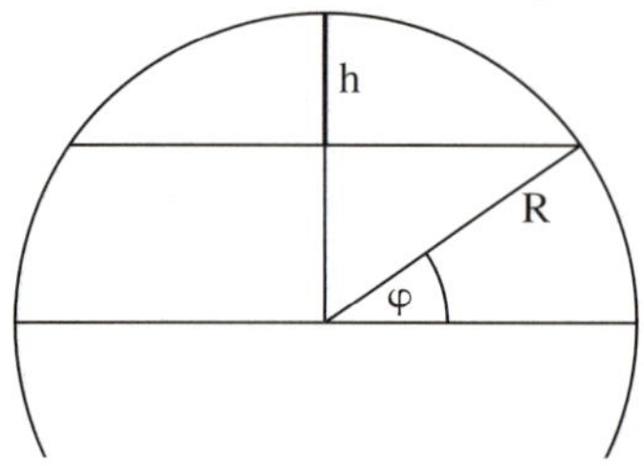

a) Für die Fläche einer Kugelkappe gilt bekanntlich die Formel $A = 2\pi Rh$. Wird die Kugelkappe durch einen Breitenkreis (geogr. Br. φ) begrenzt, so folgt daraus:

$$A = 2\pi R^2 (1 - \sin \varphi).$$

Begründe diese Formel.

b) Im Azimutalentwurf wird diese Kugelkappe durch einen Kreis mit Radius ϱ dargestellt. Dessen Fläche ist also $A = \pi \varrho^2$. Erläutere, warum bei einem flächentreuen, polständigen Azimutalentwurf für den Radius des Breitenkreises die Formel

$$\varrho = R\sqrt{2 - 2 \sin \varphi}$$

gilt.

c) Berechne für einen solchen Entwurf der Nordhalbkugel (Globus mit R = 4 cm) die Radien der Breitenkreise im 15°-Abstand und zeichne das Gradnetz.

10 Nach dem Muster der untenstehenden Abbildung kann man das Gradnetz auch rein konstruktiv gewinnen.

a) Erläutere das Konstruktionsverfahren.

b) Zeige, daß $|\overline{PN}| = \varrho$ ist. Hinweis: Man kann den Kathetensatz des Euklid verwenden.

c) Zeige mit Hilfe des Ergebnisses aus b), daß

$$\varrho = 2R \sin \frac{\delta}{2}$$

ist. Hinweis: Benutze den Satz über Umfangs- und Mittelpunktswinkel.

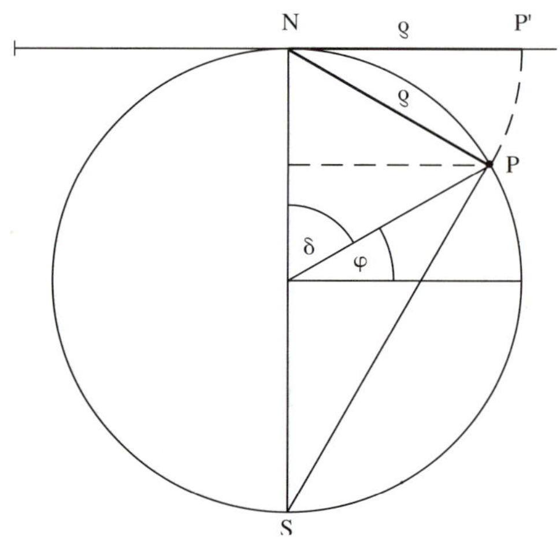

Der flächentreue Azimutalentwurf

Der **flächentreue Azimutalentwurf** wird nicht durch Projektion, sondern durch Rechnung gewonnen. Wir behandeln hier nur den Sonderfall, daß der Berührpunkt am Nord- oder Südpol liegt. Atlaskarten der Polargegenden benutzen häufig diese Darstellungsart. Der Radius ϱ des Breitenkreises im Kartenbild kann mit der Formel

$$\varrho = 2R \sin \frac{\delta}{2}$$

berechnet werden. Darin ist $\delta = 90° - \varphi$, wenn es sich um polständige Entwürfe handelt.

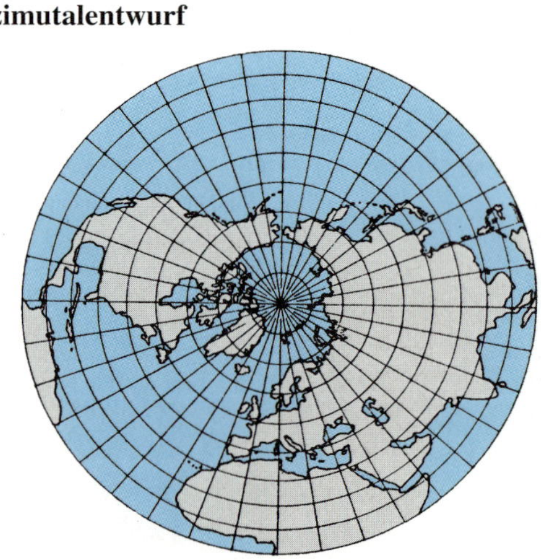

11 Zeichne den Grobumriß von Grönland (siehe Aufgabe 12, Abschnitt 7.1) in einen flächentreuen, polständigen Azimutalentwurf. Der Globusradius soll wieder R = 11,52 cm betragen, damit wir die Bilder vergleichen können. Fertige vorher den benötigten Ausschnitt des Gradnetzes an. Was stellst du bei einem Vergleich mit Hilfe von Transparentpapier fest?

12 Zeichne einen Grobumriß von Nordamerika in einen flächentreuen Azimutalentwurf. Den Verlauf der Küstenlinie kannst du dem Atlas entnehmen. Vergleiche das Ergebnis mit dem aus Aufgabe 6 (Abschn. 7.2) und Aufgabe 4 (Abschn. 7.3).

13 Die folgende Abbildung zeigt auch noch Teile der Südhalbkugel (allerdings stark verzerrt). Wie kann man aus der oben ermittelten Formel die Breitenkreisradien der Südhalbkugel für diese Karte gewinnen?

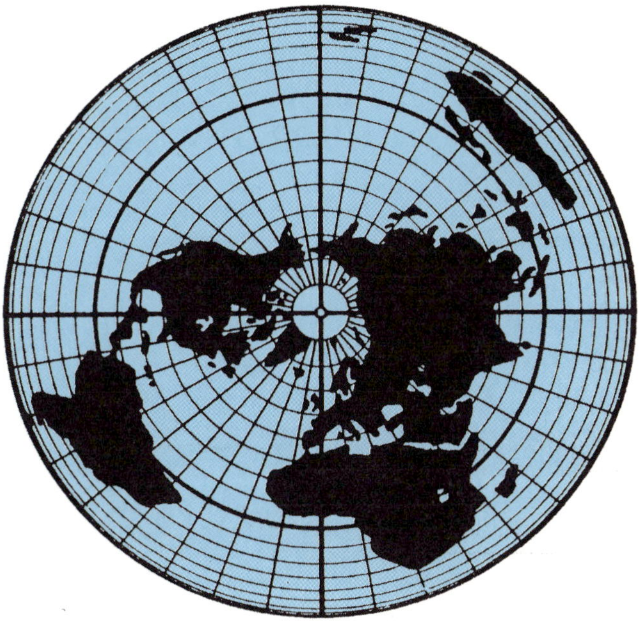

14 Zu den echten Projektionen gehört noch die **orthographische Projektion**, bei der die Kugel durch Parallelstrahlen senkrecht auf eine Berührebene abgebildet wird (siehe Abbildung). Wir untersuchen hier wieder den Fall einer polständigen Berührebene.

a) Zeichne für R = 5 cm das Gradnetz im 15°-Abstand.
b) Zeige, daß für die Radien der Breitenkreise im Kartenbild $\varrho = R \cos \varphi$ gilt.
c) Warum werden alle Breitenkreise längentreu abgebildet?
d) Warum ist es sinnvoll, eine Mondkarte in orthographischer Projektion darzustellen?

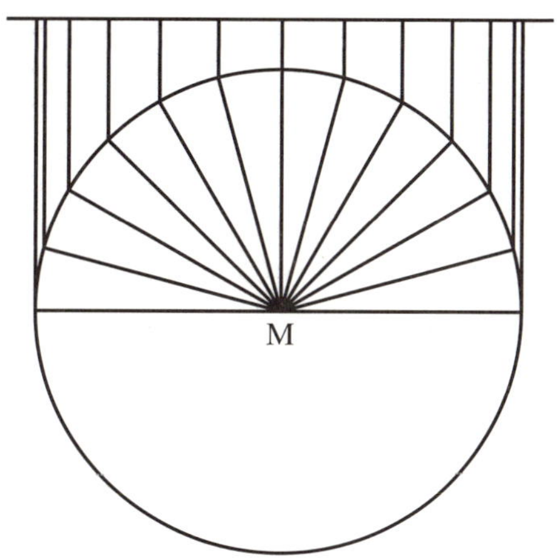

15 Warum werden bei einer äquatorständigen orthographischen Projektion alle Breitenkreise durch gerade Linien dargestellt?

7.4 Kegel- und Zylinderentwürfe

1 Ein Kegel hat eine Höhe h = 10 cm und einen Radius r = 4 cm.

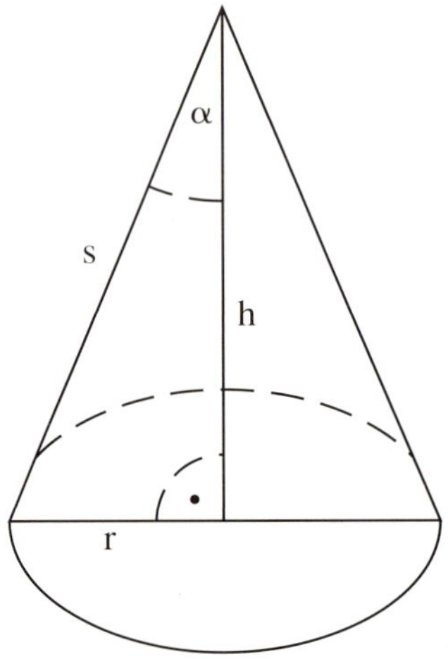

a) Berechne die Länge der **Mantellinie s**.

b) Berechne die Größe des **Öffnungswinkels** α des Kegels (Winkel zwischen s und h).

c) Schneidet man die Mantelfläche längs einer Mantellinie auf und breitet sie anschließend in der Ebene aus, so entsteht der Ausschnitt eines Kreises mit Radius s. Wie groß ist dessen Mittelpunktswinkel?

d) Berechne die Größe der Mantelfläche.

2 Ein Globus mit einem Radius von 10 cm soll auf die Mantelfläche eines Kegels abgebildet werden, die den Globus längs des 50. Breitengrades berührt.

a) Berechne die Länge des 50°-Breitenkreises auf dem Globus.

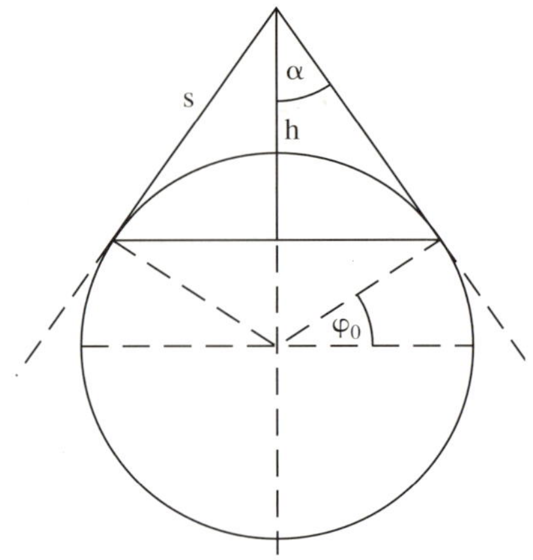

b) Bestimme mit Hilfe der Zeichnung oben die Größe des Öffnungswinkels α des Kegels.

c) Berechne die Höhe und die Länge einer Mantellinie für den Fall, daß die Grundfläche des Kegels die Kleinkreisfläche des 50°-Breitenkreises ist.

d) Stelle dir die Mantelfläche wie oben beschrieben in die Ebene abgewickelt vor, so daß ein Kreisausschnitt entsteht. Berechne dessen Mittelpunktswinkel.

e) Zeichne die Mantelfläche in Originalgröße in abgewickelter Form als Kreisausschnitt.

3 a) Zeige allgemein, daß für einen Berührkegel mit Öffnungswinkel α die Länge der Mantellinie s von der Spitze des Kegels bis zu einem Berührpunkt mit dem Globus (Radius R) durch die Formel $s = R \cot \alpha$ zu berechnen ist. An welchem Breitenkreis berührt der Kegel den Globus, wenn die Spitze auf der Achse des Globus liegt?

b) Zeige allgemein, daß der Mittelpunktswinkel μ der abgewickelten Mantelfläche sich durch die Formel $\mu = 360° \cdot \sin \alpha$ berechnen läßt.

> Ein Kegelentwurf, dessen Bildfläche den Globus längs eines Breitenkreises zum Breitengrad φ berührt, wird innerhalb eines Kreisausschnittes mit dem Mittelpunktswinkel
>
> $$\mu = 360° \cdot \sin \varphi$$
>
> dargestellt. Der Radius dieses Kreisausschnittes hängt von der Größe des Kartenausschnittes und der speziellen Abbildungsart ab (siehe S. 183, Abb. zu Aufg. 4).

4 Die nebenstehende Abbildung zeigt einen Kegelentwurf der Nordhalbkugel. Miß den Mittelpunktswinkel des Kreisausschnittes und berechne, an welchem Breitengrad die Kegelfläche den Globus berührt. Welcher Breitenkreis wird längentreu abgebildet?

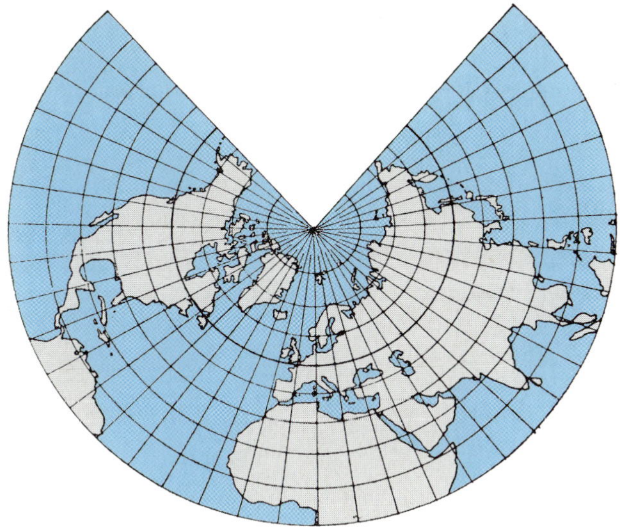

5 Durch eine geschickte Veränderung des Kegelentwurfes kann man erreichen, daß alle Breitenkreise längentreu sind. Dabei geht man vom echten Kegelentwurf aus und dehnt die Breitenkreise so, daß sie längentreu abgebildet werden. Das Ergebnis ist der unechte Kegelentwurf von Bonne, in dem die Meridiane eine ziemlich ungewöhnliche Gestalt haben. Der Abstand der Breitenkreise wird dabei so gewählt, daß die Abbildung insgesamt flächentreu ist. Prüfe an mindestens drei Breitenkreisen nach, ob sie im Verhältnis zur Äquatorlänge längentreu abgebildet worden sind.

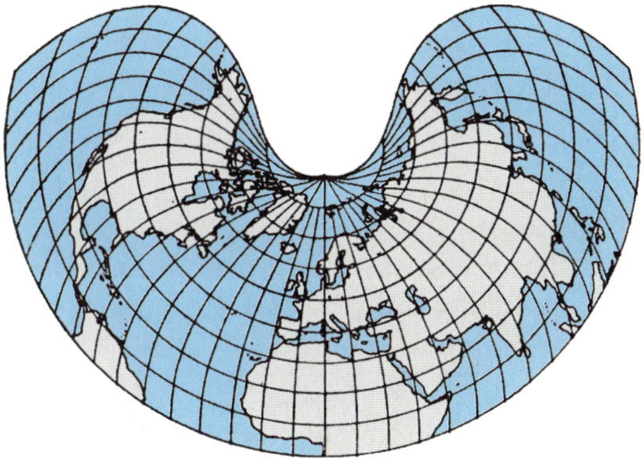

6 Der Globus soll auf die Mantelfläche eines Zylinders abgebildet werden, die den Globus am Äquator berührt. Die Abbildung soll so vorgenommen werden, daß die Abbildungsstrahlen senkrecht auf der Globusachse stehen und durch Punkt P und Bildpunkt P' gehen (siehe Abbildung).

a) Welche Höhe und Breite hat die Mantelfläche im abgewickelten Zustand für einen Globus mit Radius R?

b) Zeige, daß die Mantelfläche des Zylinders und die Oberfläche des Globus gleich groß sind. Die Oberfläche einer Kugel mit Radius R berechnet man mit Hilfe der Formel $A = 4\pi R^2$.

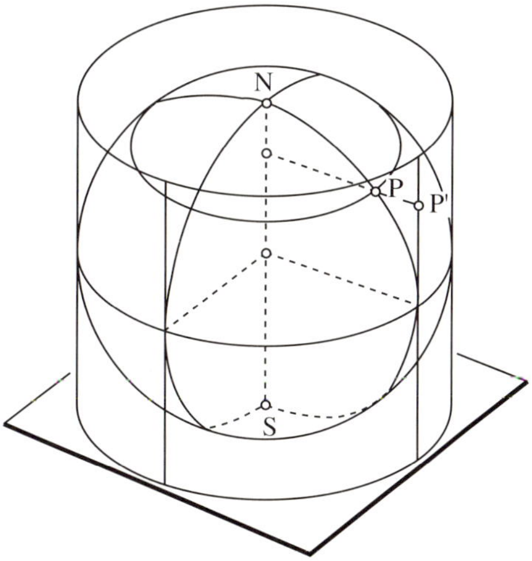

Der Lambertsche Zylinderentwurf

Wird der Globus senkrecht auf einen Zylindermantel projiziert, der den Globus längs des Äquators berührt, so entsteht der nach Johann Heinrich Lambert (1728 – 1777) benannte Zylinderentwurf. Die folgende Abbildung zeigt einen solchen Entwurf. Die Polregionen erscheinen stark verzerrt. Eine besondere Eigenschaft dieses Entwurfs ist die **Flächentreue**.

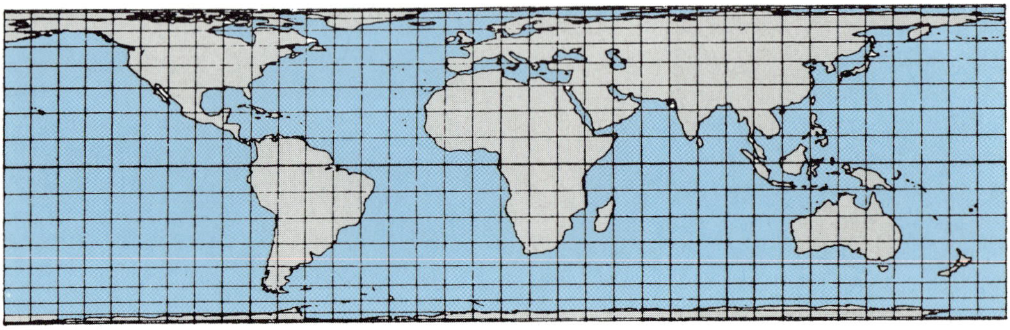

7 Für welche Bereiche der Erde ist der Lambertsche Zylinderentwurf ziemlich ungeeignet?

8 Zeichne das Gradnetz auf der ausgebreiteten Mantelfläche des Zylinders im 15°-Abstand für einen Globus mit Radius R = 3 cm. Berechne vorher Höhe und Länge der abgewickelten Mantelfläche. Wird ein Großkreis längentreu abgebildet?

9 Um wieviel Prozent werden die Meridiane beim Lambertschen Zylinderentwurf verkürzt dargestellt?

10 Breitenkreise werden im allgemeinen zu lang dargestellt. Um wieviel Prozent wird der 20. (bzw. der 50.) Breitenkreis zu lang dargestellt?

11 Welchen Teil der Erdoberfläche kann man mit dem Lambertschen Zylinderentwurf so darstellen, daß die Breitenkreise im Kartenbild höchstens um 10% zu lang erscheinen?

Mathe-Brücke

Aus der Navigation: **Der Mercatorentwurf**

Eines der wichtigsten Hilfsmittel der Navigation auf hoher See ist der Kompaß. Mit seiner Hilfe läßt sich ein bestimmter Kurs einhalten, d.h. ein Schiff fährt längere Zeit immer in die gleiche Himmelsrichtung. Wir wissen bereits, daß derartige Kurslinien **Loxodromen** genannt werden. In den bisher besprochenen Kartenentwürfen ist die Loxodrome aber eine mehr oder weniger komplizierte Kurve (z.B. eine Spirale in der stereographischen Projektion). Für die Ermittlung der Loxodrome zwischen zwei vorgegebenen Orten wäre es natürlich ideal, wenn man sie mit dem Lineal in die Karte einzeichnen könnte. Dies erkannte als erster der geniale Kartograph Gerhard Mercator (1512 – 1594), der als einer der Begründer der modernen Kartographie gilt. Es gelang ihm tatsächlich, eine Weltkarte zu entwerfen, in der Loxodromen als Geraden gezeichnet werden. Sie erschien im Jahre 1569, fand jedoch zunächst weder bei seinen Kollegen noch bei den Seeleuten die Resonanz, die man eigentlich erwarten würde. Erst nach einigen Jahrzehnten erkannte man ihre Vorteile, und sie wurde ein unentbehrliches Hilfsmittel bei allen späteren Seefahrten. Welche Überlegungen Mercator zu seiner Entdeckung geführt haben, kann man heute noch in etwa nachvollziehen, da er im Begleittext zu seiner Seekarte die wesentlichen Gedankenschritte beschrieben hat. Das folgende Verfahren stimmt im großen und ganzen mit der Vorgehensweise Mercators überein.

Ein Näherungsverfahren zur Konstruktion des Mercatorentwurfes

Jeder wissenschaftliche Fortschritt baut auf dem bereits erreichten auf, so auch hier. Wir gehen von einem bekannten Entwurf aus, der gewisse Teilanforderungen bereits erfüllt. Die Meridiane selbst stellen Loxodromen zum Kurs 0° (rw.) dar. Im zu ermittelnden Entwurf müssen Meridiane als Geraden erscheinen. Ferner muß eine Loxodrome zu irgendeinem anderen Richtungswinkel alle Meridiane unter dem gleichen Winkel schneiden. Daraus folgt, daß die Meridiane im zu ermittelnden Entwurf parallele Geraden sein müssen.

1 Begründe diesen Sachverhalt.

Derartige Eigenschaften kennen wir von den polständigen Zylinderentwüfen, d.h. von den Zylinderentwürfen, bei denen die Zylinderachse durch die Pole des Globus geht. Der einfachste dieser Entwürfe ist die am Anfang des Kapitels behandelte quadratische Plattkarte. Deshalb wählen wir sie als Ausgangspunkt für alle weiteren Überlegungen.

Der Kurs eines Schiffes wird durch den Winkel bezüglich der Nordrichtung angegeben. Wenn man ihn also in einer Karte eintragen will, muß diese winkeltreu sein. Leider hat die Plattkarte diese Eigenschaft nicht.

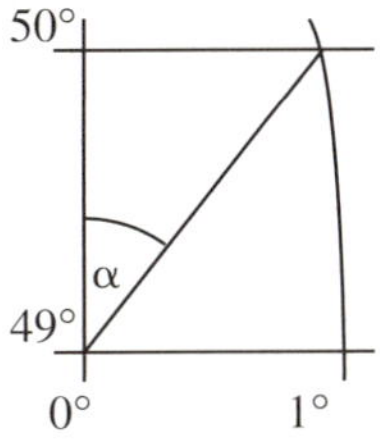

in Wirklichkeit

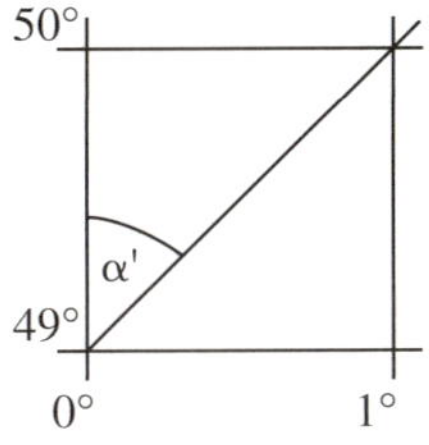

im Bild

In der quadratischen Plattkarte ist die von je zwei benachbarten Linien des Gradnetzes eingeschlossene Figur (siehe Abbildung) ein Quadrat, in der Realität jedoch nicht, da sie eine sphärische Figur mit unterschiedlichen Seitenlängen ist. Je weiter man zu den Polen kommt, desto schmaler ist diese Figur, wobei die den Polen zugewandte Seite stets etwas kürzer ist als die dem Äquator zugewandte Seite. Wie aus der Abbildung zu erkennen ist, ist der Winkel α' zwischen der Diagonalen und dem Meridian im Kartenbild stets größer als der Winkel α in der Originalfigur auf dem Globus. Es ist auch nicht möglich, die Breitenkreisabschnitte wie bei der rechteckigen Plattkarte zu verkürzen, so daß $\alpha' = \alpha$ ist, denn dies müßte für jeden Breitenkreis unterschiedlich gemacht werden. In einem Zylinderentwurf sind aber naturgemäß alle Breitenkreise gleich lang.

Es bleibt aber noch ein anderer Ausweg: Die Meridianabschnitte können so verlängert werden, daß $\alpha' = \alpha$ ist (siehe folgende Abbildung).

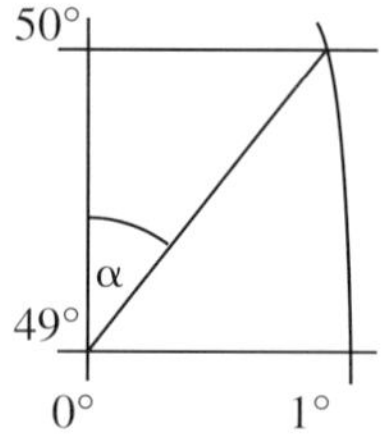

in Wirklichkeit

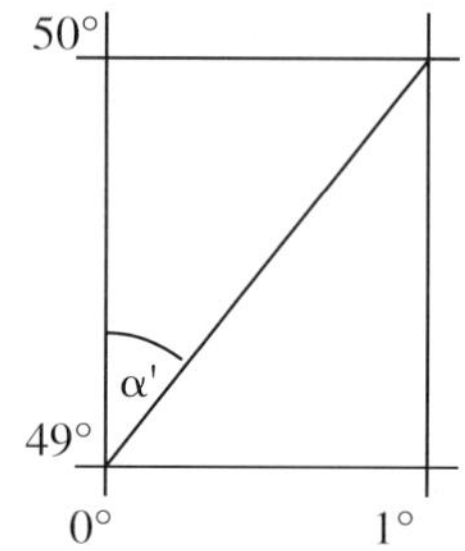

im Bild

Die Größe der Verlängerung der Meridianabschnitte hängt davon ab, wie stark die Breitenkreise verkürzt sind. Diese Frage läßt sich an Hand der nebenstehenden Abbildung klären. Es gilt offenbar

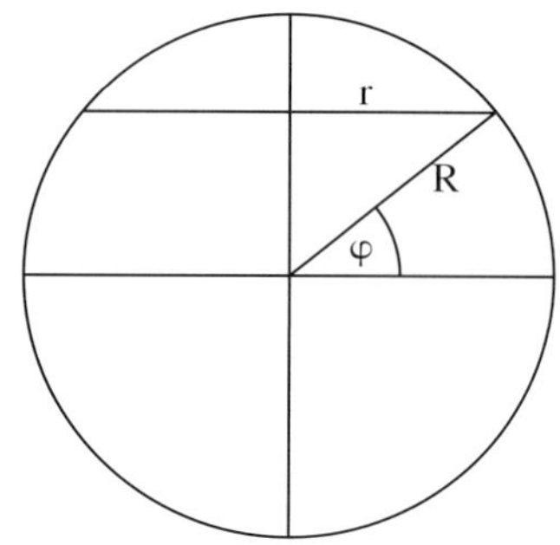

$$r = R \cos \varphi \qquad u = U \cos \varphi,$$

worin U die Äquatorlänge, u die Breitenkreislänge und φ die geographische Breite ist.

In der quadratischen Plattkarte wird der Breitenkreis stets genauso lang wie der Äquator gezeichnet, also um den Faktor k = 1 : cos φ gestreckt. Zum Ausgleich müssen wir nun die Meridianabschnitte jeweils mit dem Faktor k strecken, so daß wir ein Rechteck erhalten, das der Originalfigur des Gradnetzes auf dem Globus annähernd ähnlich ist. Die unterschiedliche Länge der Breitenkreisabschnitte am unteren und am oberen Rand haben wir dabei allerdings noch nicht berücksichtigt. Dies ist mit den uns zur Verfügung stehenden Mitteln nicht möglich, denn für eine exakte Behandlung des Problems benötigt man die Differentialrechnung, die erst im Mathematikunterricht der Oberstufe behandelt wird. Allerdings kannte auch Mercator diese Hilfsmittel noch nicht, da die Differentialrechnung erst später von Newton und Leibniz erfunden wurde.

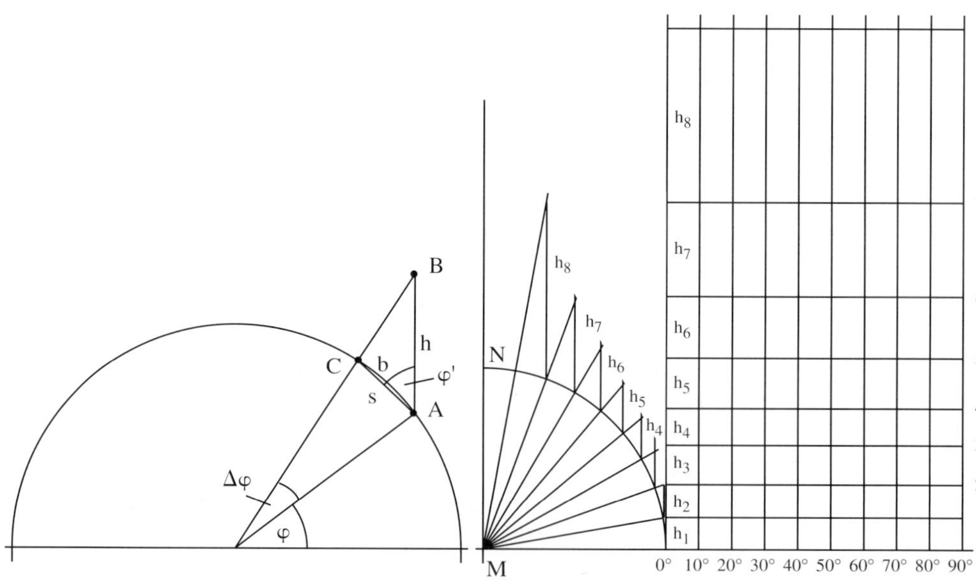

Mercator konstruierte seinen Entwurf tatsächlich in Schritten von einem Grad, wie wir es hier beschrieben haben. Er nahm in Kauf, daß damit ein kleiner Fehler verbunden ist. Wir werden für unsere Konstruktion sogar eine Schrittweite von 10° verwenden, um Zeit zu sparen, und nehmen dadurch einen wesentlich größeren Fehler hin (siehe unten). Das Verfahren ist so angelegt, daß es rein konstruktiv ist, also keine besonderen Rechnungen erfordert.

(1) Wenn der Zuwachs $\Delta\varphi$ im Breitengrad gering ist, ist der Winkel $\sphericalangle ACB$ annähernd ein rechter. Außerdem ist dann $\varphi' \approx \varphi$ und $s \approx b$ ($b = \widehat{AC}$). Erläutere, warum unter diesen Voraussetzungen folgendes gilt:

$$h \approx \frac{s}{\cos \varphi}$$

Offenbar können wir b mit dem wirklichen Meridianabschnitt auf dem Globus und h mit dem um den Faktor k gestreckten Meridianabschnitt auf der Karte identifizieren (näherungsweise).

(2) Die rechte Abbildung zeigt, wie sukzessive die Längen der Meridianabschnitte für die Mercatorkarte konstruiert werden und das Gradnetz gezeichnet wird. Erläutere die Vorgehensweise.

(3) Zur Überprüfung der Genauigkeit der Näherungskonstruktion wird hier noch eine exakte Formel angegeben, mit der man den Abstand y einer Breitengradlinie vom Äquator in der Mercatorkarte berechnen kann, ohne daß wir diese im einzelnen begründen können:

$$y = R \cdot \ln \left[\tan\left(\frac{\varphi}{2} + 45°\right)\right]$$

Darin ist φ der Breitengrad. Auch wenn unsere Näherungskonstruktion in höheren Breiten von der exakten Lösung deutlich abweicht, wird dennoch der Grundgedanke des Entwurfes deutlich.

Die folgende Abbildung zeigt eine Weltkarte im Mercatorentwurf (mit längentreuem Äquator).

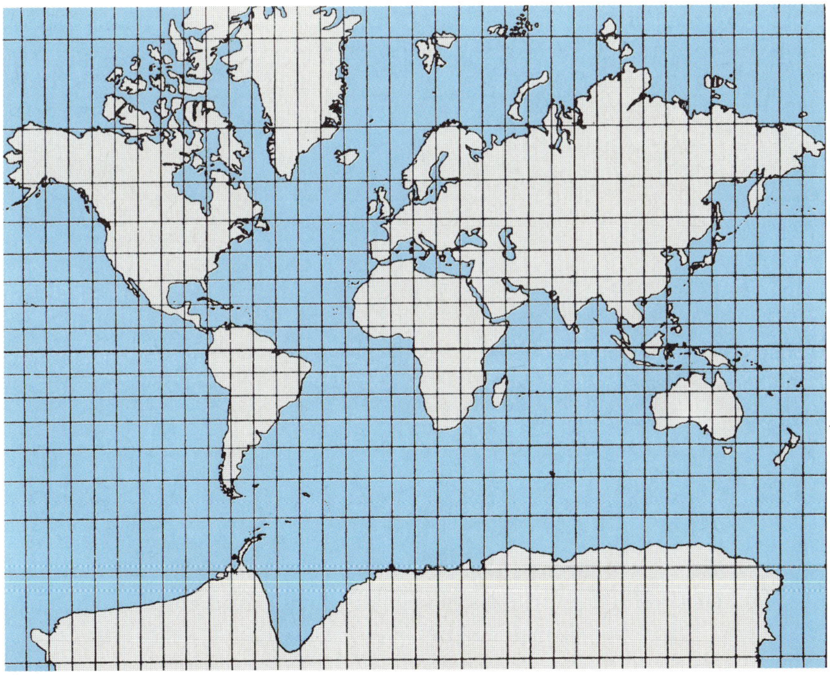

12 Zeichne das Gradnetz für eine Mercator-Weltkarte nach der Näherungsmethode im 10°-Abstand für einen Kugelradius R = 2,86 cm. Vergleiche die Abstände der Breitengradlinien vom Äquator mit denen, die sich aus der Formel ergeben.

13 Zeichne das entsprechende exakte Gradnetz, indem du mit Hilfe der Formel die Abstände vorher berechnest. Lies für einige Punkte der in Aufgabe 12 auf S. 175 konstruierten Loxodrome die Koordinaten ab und übertrage die Punkte in das eben gezeichnete Gradnetz. Liegen die Punkte wirklich auf einer Geraden? Versuche, eventuelle Abweichungen zu erklären.

14 Zeichne das Gradnetz der Nordhalbkugel in gnomonischer Projektion im 10°-Abstand (R = 2 cm). Zeichne die Orthodrome von A (40° N; 0° W) nach B (20° N; 120° W) ein und lies für vier Zwischenpunkte der Orthodrome die Koordinaten ab. Trage die Punkte A und B und die vier Zwischenpunkte in das Mercator-Gradnetz aus Aufgabe 13 ein und zeichne eine glatte Kurve durch alle sechs Punkte. Was läßt sich über die Gestalt der Orthodrome in einer Mercator-Karte aussagen?

15 Die Orthodrome aus Aufgabe 14 soll durch zwei Punkte auf dem 45. und 75. Längengrad geteilt werden. Zeichne die zugehörigen Loxodromenabschnitte im Mercatorentwurf und bestimme die Kurswinkel. Bestimme auch den Kurswinkel für eine durchgehende Loxodrome von A nach B.

Die Orthodrome hat in der Mercatorkarte offenbar eine ziemlich gekrümmte Form und läßt sich nicht so einfach auffinden. Die Abbildung zeigt in einer Mercator-Karte die Orthodromen (kürzeste Verbindungen) und Loxodromen zwischen Moskau, New York und Dakar mit den jeweiligen Längenangaben. Die Orthodromen sehen in der Karte wegen der Verzerrung zwar länger aus, sind in Wahrheit aber kürzer.

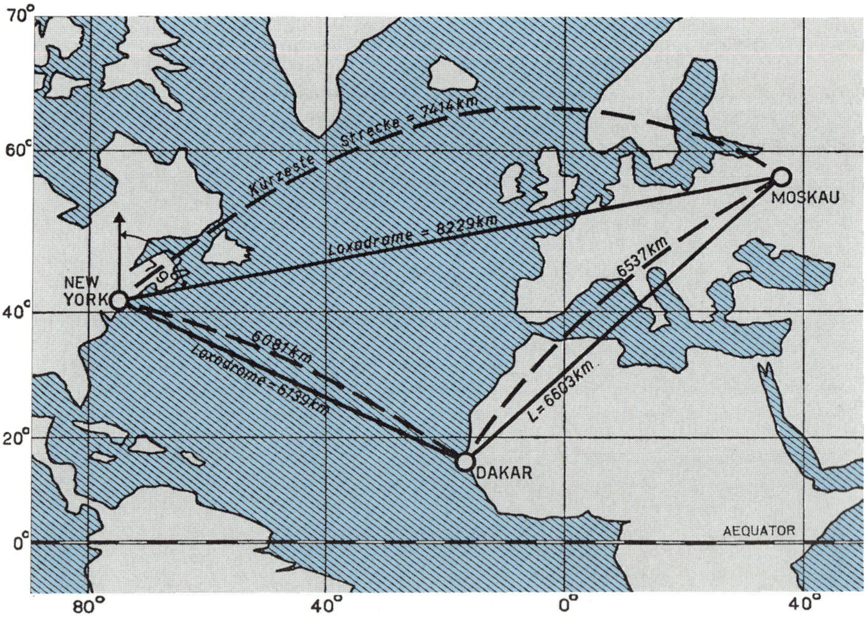

Bei längeren Seefahrten oder Flügen zerlegt man deshalb die Orthodrome wie in Aufgabe 14 in mehrere Abschnitte und verbindet die Zwischenpunkte durch Loxodromenabschnitte. So erhält man einen kürzeren Weg, obwohl man auf Loxodromenabschnitten fährt oder fliegt. Für die Kursbestimmung benötigt man also sowohl die gnomonische Karte wie auch die Mercatorkarte.

Register